高等职业院校理实一体化校企双元特色教材
体现新设备新工艺新技能
对标"岗课赛证"需求

 "扬华书苑"智慧教学服务与数字教材开放平台支持

地基基础工程检测技术
学习手册

主　编	唐秋霞	唐　甫	林小雄	
副主编	杨国浪	朱海鹏	江　鸿	冯逸鹏
参　编	乔稳庆	江　利	吴丽琴	潘冬喜
	黄文珑	朱金华	易胜强	师虎峰
	曾陆川	周忠文	梁　倚	曾丹丹
	魏　翔			
主　审	靳丽莉			

西南交通大学出版社
·成都·

图书在版编目（CIP）数据

地基基础工程检测技术. 1，学习手册 / 唐秋霞，唐甫，林小雄主编. -- 成都：西南交通大学出版社，2024. 7. -- ISBN 978-7-5643-9905-4

Ⅰ．TU47

中国国家版本馆CIP数据核字第2024NF7962号

Diji Jichu Gongcheng Jiance Jishu：Xuexi Shouce/Gongzuo Shouce
地基基础工程检测技术：学习手册/工作手册

主　编／唐秋霞　唐　甫　林小雄　　责任编辑／韩洪黎
　　　　　　　　　　　　　　　　　　封面设计／墨创文化

西南交通大学出版社出版发行
（四川省成都市金牛区二环路北一段111号西南交通大学创新大厦21楼　610031）
营销部电话：028-87600564　　　028-87600533
网址：http://www.xnjdcbs.com
印刷：四川森林印务有限责任公司

成品尺寸　185 mm×260 mm
总印张　24　　总字数　538千
版次　2024年7月第1版　　印次　2024年7月第1次

书号　ISBN 978-7-5643-9905-4
套价（全2册）　69.00元

课件咨询电话：028-81435775
图书如有印装质量问题　本社负责退换
版权所有　盗版必究　举报电话：028-87600562

前言
PREFACE

建筑地基基础是建筑物的根基，地基基础工程质量直接影响建筑物的安全，地基基础质量问题造成建筑物倾斜或倒塌的工程事故时有发生，地基基础质量缺陷的补救和处理措施实施起来十分困难，有时甚至无法补救。因此，建筑地基基础工程检测在建设过程中相当重要。

"地基基础工程检测技术"课程是针对高职高专土木工程检测专业的一门专业核心课程。为了建设好该课程，培养合格的毕业生，广西建设职业技术学院联合广西知名企业，广泛开展调研，紧紧围绕高素质技术技能人才培养目标，对接专业教学标准和"1+X"职业能力评价标准，结合生产实际中需要解决的一些工艺技术应用与创新的基础性问题，采取"以学生为中心，以立德树人为根本"的教学理念，强调知识、能力、思政三大目标并重，组建校企合作的结构化课程开发团队编写本教材。

本教材结合我国地基基础检测实际情况，在教程内容的构建上，以生产企业实际项目案例为载体，采用任务驱动的方式，并以工作过程为导向，对课程内容进行了模块化设计。通过"项目+任务"的形式，开发了工作页式的任务工单，注重课程之间的相互融通及理论与实践的有机衔接，形成了多元多维、全时全程的评价体系，利用互联网和现代信息技术手段，配套开发了一系列数字化资源，并将这些资源整合编写成了便于更新和调整的活页式教材。

本书以工作页式的任务工单为载体，强化学生的自主学习和小组合作探究式学习，在课程内容、学生地位、教师角色、课堂活动和评价方式等多个方面进行了全面革新，着重强调技术应用的重要性，并着力培养学生的创新能力。通过这些改革，我们旨在提升学生的实际操作技能和解决实际问题的能力，从而帮助学生更好地适应未来的职业挑战。书中内容反映了对新设备、新要求和新规范的融合，并展示了校企合作下的双元制教育模式的特点。

本书编写团队构成为：广西建设职业技术学院唐秋霞、林小雄、杨国浪、朱海鹏、江鸿、吴丽琴、潘冬喜、黄文珑、朱金华、曾丹丹、靳丽莉，广西安盛建设工程检测咨询有限公司冯逸鹏，广西有色勘察设计研究院唐甫、师虎峰，广西壮族自治区建筑工程质量检测中心有限公司乔稳庆，广西新长源建筑工程有限公司江利，广西华都建筑科技有限公司易胜强，广西桂兴达交通工程咨询有限公司曾陆川、周忠文，广西壮族自治区建筑科学研究设计院梁倚，南宁天朗项目管理咨询有限责任公司魏翔。

本书在编写过程中参考了国内地基基础检测相关著作、教材、规范及工程实例，在此向相关作者表示衷心感谢。由于编写团队水平有限，书中难免存在不足之处，敬请读者批评指正。

编 者

2023 年 11 月

数字资源目录

序号	二维码名称	资源类型	页码
1	地基基础工程检测的基本知识	视频	1
2	浅层平板载荷试验仪器设备	视频	16
3	浅层平板载荷试验现场检测规定	视频	19
4	深层平板载荷试验相关要点	视频	21
5	地基载荷试验承载力特征值的确定	视频	33
6	圆锥动力触探试验要点	视频	42
7	基桩静载试验的基本知识	视频	56
8	静载试验仪器设备	视频	64
9	单桩竖向抗压静载试验数据分析与判定	视频	78
10	高应变法检测相关要点	视频	114
11	低应变法桩身完整性判定分析	视频	137
12	声波透射法桩身完整性类别判定分析	视频	156
13	芯样的相关规定	视频	173
14	锚杆（索）概述及基础知识	视频	183
15	土钉施工的基本知识	视频	192

目录
CONTENTS

绪 论 ··· 001

项目 1 建筑地基检测技术 ·· 008
任务 1.1 概 述 ··· 008
任务 1.2 地基载荷试验 ··· 012
任务 1.3 其他地基现场试验 ··· 037

项目 2 建筑基桩检测技术 ·· 049
任务 2.1 概 述 ··· 049
任务 2.2 基桩静载荷检测 ·· 056
任务 2.3 高应变法检测 ··· 095
任务 2.4 桩身完整性检测 ·· 120

项目 3 锚杆（索）检测技术 ·· 183
任务 3.1 概 述 ··· 183
任务 3.2 一般规定 ··· 184
任务 3.3 基本试验 ··· 186
任务 3.4 验收试验 ··· 189
任务 3.5 蠕变试验 ··· 190

项目 4 土钉检测技术 ·· 192
任务 4.1 概 述 ··· 192
任务 4.2 土钉的基础知识 ·· 193
任务 4.3 土钉现场测试 ··· 195
任务 4.4 工程实例分析 ··· 196

绪 论

1　地基基础与桩基的基本概念

地基：支承基础的土体或岩体。

人工地基：为提高地基承载力，改善其变形性质或渗透性质，经人工处理后的地基（图 0-1-1）。

基础：将结构所承受的各种作用力传递至地基上的结构组成部分。

桩基础：由设置于岩土中的桩和连接于桩顶端的承台组成的基础，或由柱与桩直接连接的单桩基础。

基桩：桩基础中的单桩。

地基基础工程检测的基本知识

图 0-1-1　地基基础

地基处理：为提高地基土的承载力，改善其变形性质或渗透性质而采取的人工方法。

复合地基：部分土体被增强或被置换，从而形成的由地基土和增强体共同承担荷载的人工地基。

复合桩基：由基桩和承台下地基土共同承担荷载的桩基础。

复合基桩：单桩及其对应面积的承台下地基土组成的复合承载基桩。

地基检测：在现场采用一定的技术方法，对建筑地基性状、设计参数、地基处理的效果进行的试验、测试、检验，以评价地基性状的活动。

平板载荷试验：在现场模拟建筑物基础工作条件的原位测试。可在试坑、深井或隧洞内进行，通过一定尺寸的承压板，对岩土体施加垂直荷载，观测岩土体在各级荷载下的下沉量，以研究岩土体在荷载作用下的变形特征，确定岩土体的承载力、变形模量等工程特性。

单桩复合地基载荷试验：对单个竖向增强体与地基土组成的复合地基进行的平板载荷试验。

多桩复合地基载荷试验：对两个或两个以上竖向增强体与地基土组成的复合地基进行的平板载荷试验。

竖向增强体载荷试验：在竖向增强体顶端逐级施加竖向荷载，测定增强体沉降随荷载和时间的变化，据此检测竖向增强体承载力。

地基承载力特征值：由荷载试验测定的地基土压力变形曲线线性变形内规定的变形对应的压力值，其最大值为比例界限值。

极限承载力标准值：在荷载作用下达到破坏状态前或出现不适于继续承载的变形时所对应的最大荷载，它取决于土对桩的支承阻力和桩身材料强度。

2 地基基础工程检测的必要性

建筑物的地基主要采用天然地基、人工地基（含复合地基）及桩基础，不同的地基所采用的检测方法也不尽相同。

地基作为建筑物（构筑物）的主要受力构件，从它的受力机理来讲，概括起来有以下两方面：

1. 强度及稳定性问题

当地基的抗剪强度不足以支承上部结构的自重及外荷载时，地基就会产生局部或整体剪切破坏，从而影响建（构）筑物的正常使用，甚至引起开裂或破坏。承载力较低的地基容易出现地基承载力不足问题而导致发生工程事故。

土的抗剪强度不足除了会引起建筑物地基失效的问题外，还会引起其他一系列的岩土工程稳定问题，如边坡失稳、基坑失稳、挡土墙失稳、堤坝垮塌、隧道塌方等。

2. 变形问题

当地基在上部结构的自重及外界荷载的作用下产生过大的变形时，会影响建（构）筑物的正常使用；当超过建筑物所能容许的不均匀沉降时，结构可能开裂。

高压缩性土的地基容易产生变形问题。一些特殊土地基在大气环境改变时，由于自身物理力学特性的变化而往往会在上部结构荷载不变的情况下产生一些附加变形，如湿陷性黄土遇水湿陷、膨胀土的遇水膨胀和失水干缩、冻土的冻胀和融沉、软土的扰动变形等。这些变形对建（构）筑物的安全都是不利的。

基于以上两点，对地基的强度及变形检测是非常重要的。建筑地基检测应包括施工前为设计提供依据的试验检测、施工过程的质量检验以及施工后为验收提供依据的工程检测。需要验证承载力及变形参数的地基，应按设计要求或采用荷载试验进行检测。人工地基应进行施工验收检测。

3 地基基础工程检测的基本流程

（1）检测工作应按图 0-3-1 的程序进行。

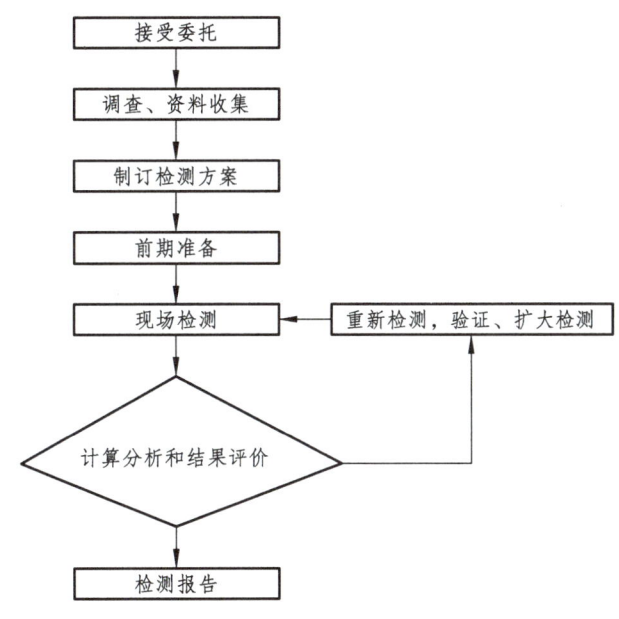

图 0-3-1 检测工作程序

图 0-3-1 是检测机构应遵循的检测工作程序。实际执行检测程序中，由于不可预知的原因，如委托要求的变化、现场调查情况与委托方介绍的不符，或在现场检测尚未全部完成就已发现质量问题而须进一步排查，都可能使原检测方案中的检测数量、受检桩桩位、检测方法发生变化。如首先用低应变法进行普测（或扩检），再根据低应变法检测结果，采用钻芯法、高应变法或静载试验对有缺陷的桩进行重点抽测。总之，

检测方案并非一成不变，可根据实际情况动态调整。

（2）调查、资料收集宜包括下列内容：

① 收集被检测工程的岩土工程勘察资料、桩基设计文件、施工记录，了解施工工艺和施工中出现的异常情况。

② 委托方的具体要求。

③ 检测项目现场实施的可行性。

为了正确地对基桩质量进行检测和评价，提高基桩检测工作的质量，做到有的放矢，应尽可能详细地了解和搜集有关的技术资料，并按表0-3-1填写受检桩设计施工概况。另外，有时委托方的介绍和提出的要求是笼统的、非技术性的，也需通过调查来进一步明确委托方的具体要求和现场实施的可行性；有些情况下还需要检测技术人员到现场了解和搜集。

表 0-3-1　受检桩设计施工概况

桩号	桩横截面尺寸/（mm×mm）	混凝土设计强度等级/MPa	设计桩顶标高/m	检测时桩顶标高/m	施工桩底标高/m	施工桩长/m	成桩日期	设计桩端持力层	单桩承载力特征值或极限值/kN	备注
工程名称				地点				桩型		

（3）检测方案的内容宜包括：工程概况、地基条件、桩基设计要求、施工工艺、检测方法和数量、受检桩选取原则、检测进度以及所需的机械或人工配合。

某些情况下还需要包括桩头加固、处理方案以及场地开挖、道路、供电、照明等要求。有时检测方案还需要与委托方或设计方共同研究制订。

（4）基桩检测用仪器设备应在检定或校准的有效周期内；基桩检测前，应对仪器设备进行检查调试。

检测所用仪器必须进行定期检定或校准，以保证基桩检测数据的准确性、可靠性和可追溯性。测试仪器虽然在有效计量检定或校准周期之内，但由于基桩检测工作的环境较差，使用期间仍可能由于使用不当或环境恶劣等造成仪器仪表受损或校准因子发生变化。因此，检测前还应加强对测试仪器、配套设备的期间核查，发现问题后应重新检定或校准。

（5）基桩检测开始时间应符合下列规定：

① 当采用低应变法或声波透射法检测时，受检桩混凝土强度不应低于设计强度的70%，且不应低于 15 MPa。

② 当采用钻芯法检测时，受检桩的混凝土龄期应达到 28 d，或受检桩同条件养护试件强度应达到设计强度要求。

混凝土是一种与龄期相关的材料，其强度随时间的增加而增大。在最初几天内强度快速增大，随后逐渐变缓，其物理力学、声学参数变化趋势亦大体如此。桩基工程受季节气候、周边环境或工期紧的影响，往往不允许等到全部工程桩施工完并都达到 28 d 龄期强度后再开始检测。为做到信息化施工，尽早发现桩的施工质量问题并及时处理，同时考虑到低应变法和声波透射法检测内容是桩身完整性，对混凝土强度的要求可适当放宽。但如果混凝土龄期过短或强度过低，应力波或声波在其中的传播衰减加剧，或同一场地由于桩的龄期相差大，声速的变异性增大。因此，对于低应变法或声波透射法的测试，规定桩身混凝土强度应大于设计强度的 70%，并不得低于 15 MPa。钻芯法检测的内容之一是桩身混凝土强度，显然受检桩应达到 28 d 龄期或同条件养护试块达到设计强度；如果不是以检测混凝土强度为目的的验证检测，也可根据实际情况适当缩短混凝土龄期。高应变法和静载试验在桩身产生的应力水平高，若桩身混凝土强度低，有可能引起桩身损伤或破坏。为分清责任，桩身混凝土应达到 28 d 龄期或设计强度。另外，桩身混凝土强度过低，也可能出现桩身材料应力-应变关系的严重非线性，使高应变测试信号失真。

③ 承载力检测前的休止时间，除应符合第②款的规定外，当无成熟的地区经验时，尚不应少于表 0-3-2 规定的时间。

表 0-3-2　休止时间

土的类型		休止时间/d
砂土		7
粉土		10
黏性土	非饱和	15
	饱和	25

注：对于泥浆护壁灌注桩，宜延长休止时间。

休止期可以这样来理解：沉桩施工中的挤土、钻进、捶击振动作用，不同程度地扰动了地基土的天然结构，会引起高灵敏土的触变、粉细砂土或粉土的振动液化、桩周土的隆起等现象，使桩周土体结构强度严重削弱，桩体上浮，桩周摩阻力和桩端阻力急剧下降，导致基桩承载力严重降低。随着沉桩结束后时间的增加，桩周土体中超孔隙水压力的逐步消散，触变与液化现象的逐步消失，桩周土体的逐步固结，地基土抗剪强度的逐步提高，地基土对桩的支承力即基桩承载力不断提高。在厚层的软塑或流塑状态的淤泥质土层中，桩基施工对地基土的结构扰动更为严重，波及范围更为广泛。基桩施工结束后，基桩竖向承载力随时间的增长速率由快变慢的衰减过程，是基桩竖向承载力的演变过程。整个过程将延续比较长的时间，反映了基桩承载力有明显的时间效应。

桩在施工过程中不可避免地扰动桩周土，降低土体强度，引起桩的承载力下降，以高灵敏度饱和黏性土中的摩擦桩最明显。随着休止时间的增加，土体重新固结，土体强度逐渐恢复提高，桩的承载力也逐渐增加。成桩后桩的承载力随时间而变化的现象称为桩的承载力时间（或歇后）效应，我国软土地区这种效应尤为突出。大量资料表明，时间效应可使桩的承载力比初始值增长40%～400%。其变化规律一般是初期增长速度较快，随后渐慢，待达到一定时间后趋于相对稳定，其增长的快慢和幅度与土性和类别以及桩的施工工艺有关。除非在特定的土质条件和成桩工艺下积累大量的对比数据，否则很难得到承载力的时间效应关系。另外，桩的承载力随时间减小也应引起注意，除挤土上浮、负摩擦力等原因引起承载力降低外，已有桩端泥岩持力层遇水软化导致承载力下降的报道。

桩的承载力包括两层含义，即桩身结构承载力和支撑桩结构的地基岩土承载力，桩的破坏可能是桩身结构破坏或支撑桩结构的地基岩土承载力达到了极限状态，多数情况下桩的承载力受后者制约。如果混凝土强度过低，桩可能产生桩身结构破坏而地基土承载力尚未完全发挥，桩身产生的压缩量较大，检测结果不能真正反映设计条件下桩的承载力与桩的变形情况。因此，对于承载力检测，应同时满足地基土休止时间和桩身混凝土龄期（或设计强度）双重规定；若验收检测工期紧，无法满足休止时间规定，应在检测报告中注明。

（6）验收检测的受检桩选择，宜符合下列规定：

① 施工质量存疑的桩。

② 局部地基条件出现异常的桩。

③ 承载力验收检测时部分选择完整性检测中判定的Ⅲ类桩。

④ 设计方认为重要的桩。

⑤ 施工工艺不同的桩。

⑥ 除第①～③款指定的受检桩外，其余受检桩的检测数量应符合规范的相关规定，且宜均匀或随机选择。

由于检测成本和周期问题，很难做到对桩基工程全部基桩进行检测。施工后验收检测的最终目的是查明隐患、确保安全。为了在有限的检测数量中能充分暴露桩基存在的质量问题，宜优先检测第①～⑤款所列的桩，其次再考虑随机性。

（7）验收检测时，宜先进行桩身完整性检测，后进行承载力检测。桩身完整性检测应在基坑开挖至基底标高后进行。承载力检测时，宜在检测前后，分别对受检桩、锚桩进行完整性检测。

相对于静载试验而言，桩身完整性检测（除钻芯法外）方法作为普查手段，具有速度快、费用较低和检测数量大的特点，容易发现桩基的整体施工质量问题，能为有针对性地选择静载试验提供依据。所以，完整性检测安排在静载试验之前是合理的。当基础埋深较大时，基坑开挖产生土体侧移将桩推断或机械开挖将桩碰断的现象时有发生，此时完整性检测应等到开挖至基底标高后进行。

竖向抗压静载试验中，有时会因桩身缺陷、桩身截面突变处应力集中或桩身强度不足造成桩身结构破坏，有时也因锚桩质量问题而导致试桩失败或中途停顿，因此建议在试桩前后对试验桩和锚桩进行完整性检测，为分析桩身结构破坏的原因提供证据和确定锚桩能否正常使用。

对于混凝土桩的抗拔、水平或高应变试验，常因拉应力过大造成桩身开裂或破坏，因此承载力检测完成后的桩身完整性检测比检测前更有价值。

（8）当发现检测数据异常时，应查找原因，重新检测。

测试数据异常通常是由测试人员误操作、仪器设备故障及现场准备不足造成的。用不正确的测试数据进行分析得出的结果必然不正确。对此，应及时分析原因，组织重新检测。

（9）当现场操作环境不符合仪器设备使用要求时，应采取有效的防护措施。

操作环境要求是按测量仪器设备对使用温湿度、电压波动、电磁干扰、振动冲击等现场环境条件的适应性规定的。

项目 1　建筑地基检测技术

任务 1.1　概　述

1.1.1　建筑地基基本知识

1. 天然地基

当基础直接建造在未经加固的天然岩土层上时，这样的地基称之为天然地基（图 1-1-1）。作为建筑地基的岩土，可分为岩石、碎石土、砂土、粉土、黏性土和人工填土。

图 1-1-1　天然基地

2. 人工地基

当天然地基不能满足建筑基础要求时，需要对地基进行加固处理，这样的地基统称为人工地基。

（1）天然地基很软弱，不能满足地基强度和变形等要求。

（2）随着结构物的荷载日益增大，对变形的要求越来越严，因而原来被评价是良好的地基，也可能在特定的条件下需要处理。

人工地基的处理方法多种多样，按其作用的机理来说，主要有两大类：

（1）物理处理。

① 换土处理：挖除换土法、强制换土法、爆破换土法。

② 密实处理：浅层密实处理（碾压法、重锤夯实法、振动压实法）和深层密实处理（冲击密实法、振冲法、挤密法）。

③ 排水处理：力学排水、电学排水、其他排水法。

④ 加筋处理：加筋土、土工聚合物、土锚、土钉、树根桩、砂（石）桩。

⑤ 热学处理：热加固法、冻结法。

（2）化学处理。

① 灌浆法。

② 搅拌法。

实际应用中，应根据不同的地质条件、处理目的，采取不同的处理方式，形成各种各样的人工地基。如换填地基、压实地基、预压地基、夯实地基、复合地基，其中复合地基是一种比较特殊的人工地基，在我国（尤其是北方地区）得到大量的采用。

复合地基是指地基中部分土体被增强或置换形成增强体，由增强体和周围地基土共同承担荷载的地基。按照增强体的材料强度，复合地基主要分为：

① 散体材料桩：无桩身强度，如碎石桩、砂桩和矿渣桩。

② 柔性桩：桩身强度小于 1 MPa，变形模量小于 200 MPa，主要包括土桩、灰土桩、石灰桩和强度较低的水泥土桩。

③ 半刚性桩：桩身强度在 1~10 MPa 之间，变形模量在 200~1 000 MPa 之间，主要包括强度较高的水泥土桩。

④ 刚性桩：桩身强度大于 10 MPa，变形模量大于 1 000 MPa，主要包括 CFG 桩和各种混凝土桩。

1.1.2 建筑地基检测方法及适用性

1. 土（岩）地基荷载试验

土（岩）地基荷载试验是一种在现场模拟地基基础工作条件的原位试验方法，在拟检测的地基上放置一定尺寸的刚性承压板，对承压板逐级加荷，测定承压板的沉降随荷载的变化，以确定地基承载力和变形参数。

土（岩）地基载荷试验分为浅层平板载荷试验、深层平板载荷试验和岩基载荷试验。浅层平板载荷试验适用于浅层地基土；深层平板载荷试验适用于深层地基土和大直径桩的桩端土，深层平板载荷试验的试验深度不应小于 5 m；岩基载荷试验适用于完整、较完整、较破碎岩基。

2. 复合地基载荷试验

复合地基载荷试验适用于水泥土搅拌桩、砂石桩、旋喷桩、夯实水泥土桩、水泥粉煤灰碎石桩、混凝土桩、树根桩、灰土桩、柱锤冲扩桩及强夯置换墩等竖向增强体和周边地基土组成的单桩复合地基和多桩复合地基，用于测定承压板下应力影响范围内的复合地基的承载力特征值。当存在多层软弱地基时，应考虑到载荷板应力影响范围，选择大承压板多桩复合地基试验并结合其他检测方法进行。

3. 竖向增强体载荷试验

竖向增强体载荷试验适用于确定水泥土搅拌桩、旋喷桩、夯实水泥土桩、水泥粉煤灰碎石桩、混凝土桩、树根桩、强夯置换墩等复合地基竖向增强体的竖向承载力。

4. 标准贯入试验

标准贯入试验适用于判定沙土、粉土、黏性土天然地基及其采用换填垫层、压实、挤密、夯实、注浆加固等处理后的地基承载力、变形参数，评价加固效果以及砂土液化判别。也可用于砂桩和初凝状态的水泥搅拌桩、旋喷桩、灰土桩、夯实水泥桩等竖向增强体的施工质量评价。

5. 圆锥动力触探试验

圆锥动力触探试验是用标准质量的重锤，以一定高度的自由落距，将标准规格的圆锥形探头贯入土中，根据打入土中一定距离所需的锤击数，判定土的力学特性，具有勘探和测试双重功能。

试验根据锤重分为轻型、重型、超重型三种，应根据地质条件，选择试验类型。

轻型动力触探试验适用于评价黏性土、粉土、粉砂、细砂地基及其人工地基的地基土性状、地基处理效果和判定地基承载力。

重型动力触探试验适用于评价黏性土、粉土、砂土、中密以下的碎石土及其人工地基以及极软的地基土性状、地基处理效果和判定地基承载力；也可用于检验砂石桩和初凝状态的水泥搅拌桩、旋喷桩、灰土桩、夯实水泥土桩、注浆加固地基的成桩质量、处理效果以及评价强夯置换效果及置换墩着底情况。

超重型动力触探试验适用于评价密实碎石土、极软岩和软岩等地基土性状和判定地基承载力，也可用于评价强夯置换效果及置换墩着底情况。

6. 静力触探试验

静力触探试验采用静力方式均匀地将标准规格的探头压入土中，通过量测探头贯入阻力以测定土的力学特性。

适用于判定软土、一般黏性土、粉土和砂土的天然地基及采用换填垫层、预压、压实、挤密、夯实处理的人工地基的地基承载力、变形参数和评价地基处理效果。

7. 十字板剪切试验

十字板剪切试验适用于检测饱和软黏性土天然地基及其人工地基的不排水抗剪强度和灵敏度。

8. 水泥土钻芯法试验

水泥土钻芯法试验适用于检测水泥土桩的桩长、桩身强度和均匀性,判定或鉴别桩底持力层岩土性状。

9. 低应变法试验

低应变法试验适用于检测有黏结强度、规则截面的桩身强度大于 8 MPa 竖向增强体的完整性,判定缺陷的程度及位置。

10. 扁铲侧胀试验

扁铲侧胀试验是将带有膜片的扁铲压入土中预定深度,充气使膜片向孔壁土中侧向扩张,根据压力与变形关系,测定土的模量及其他有关指标。

适用于判定黏性土、粉土和松散-中密的砂土、预压地基和注浆加固地基的承载力和变形参数,评价液化特性和地基加固前后效果对比。在密实的砂土、杂填土和含砾土层中不宜采用。

在进行地基载荷试验前,可参照表 1-1-1,根据各种检测方法的特点和适用范围,考虑地质条件及施工质量可靠性、使用要求等因素,合理选择一种或一种以上的方法对天然地基岩土性状或地基处理质量及增强体施工质量进行普查。

表 1-1-1　建筑地基检测方法选择

地基类型		检测方法									
		土(岩)地基载荷试验	复合地基载荷试验	竖向增强体载荷试验	标准贯入试验	圆锥动力触探试验	静力触探试验	十字板剪切试验	钻芯法试验	低应变动测试验	扁铲侧胀试验
天然土地基		○	×	×	○	○	○	△	×	×	○
换填垫层		○	×	×	○	○	△	×	×	×	△
预压地基		○	×	×	△	△	○	○	×	×	○
压实地基		○	×	×	○	○	○	×	×	×	×
夯实地基		○	×	×	○	○	△	×	×	×	×
挤密地基		○	×	×	△	○	△	×	×	×	△
复合地基	砂石桩	×	○	×	△	○	△	×	×	×	×
	水泥搅拌桩	×	○	○	×	△	×	×	○	×	×
	旋喷桩	×	○	○	×	△	×	×	○	×	×
	灰土桩	×	○	○	△	○	×	×	△	×	×

续表

地基类型		检测方法									
		土(岩)地基载荷试验	复合地基载荷试验	竖向增强体载荷试验	标准贯入试验	圆锥动力触探试验	静力触探试验	十字板剪切试验	钻芯法试验	低应变动测试验	扁铲侧胀试验
复合地基	夯实水泥土桩	×	○	○	×	△	×	×	○	×	×
	水泥粉煤灰碎石桩	×	○	○	×	×	×	×	○	○	×
	柱锤冲扩桩	×	○	○	×	×	×	×	×	×	×
	多桩型	×	○	○	×	×	×	×	×	△	×
注浆加固地基		△	○	×	×	△	×	×	×	×	×
微型桩		×	○	○	×	×	×	×	△	△	×
桩间土		○	×	×	○	△	○	△	×	×	△

注：表中符号○表示比较适合，△表示有可能采用，×表示不适用。

1.1.3 建筑地基检测依据

本书在论述建筑地基检测时主要依据以下国家现行标准：

（1）《建筑地基检测技术规范》（JGJ 340—2015）；
（2）《建筑地基基础设计规范》（GB 50007—2011）；
（3）《建筑地基处理技术规范》（JGJ 79—2012）；
（4）《建筑基桩检测技术规范》（JGJ 106—2014）；
（5）《建筑地基基础工程施工质量验收标准》（GB 50202—2018）；
（6）《公路工程基桩检测技术规程》（JTG/T 3512—2020）；
（7）《岩土工程勘察规范（2019年版）》（GB 50021—2001）。

任务 1.2 地基载荷试验

1.2.1 基本理论

1. 天然地基变形的基本概念

建筑物地基中作用有两种应力：一种是土体自重作用下的应力（自重应力）；另一种是建筑物荷载作用下地基土中超过自重应力的那一部分应力增量称之附加应力。通常地基土在自重应力作用下的变形已经完成，建筑物荷载作用所引起的附加应力是地基土产生新变形的根源。

基础底面下地基土中附加应力分布随深度具有非线性扩散性质。据实测资料证实，条形基础在 1.5 倍基础宽度深处的附加应力相当于基底压力的 50%左右，主要受力层相当于条形基础下 3 倍基础宽度的深度。独立基础在深度为 0.5 倍基础宽度处的附加应力相当于基底压力的 50%左右，主要受力层相当于独立基础下 1.5~2.0 倍基础宽度的深度。可见地基载荷试验（方形或圆形压板）的结果主要反映了压板下 1.5~2.0 倍基础宽度深度范围内持力层的变形特性。两倍压板宽度以下，附加应力已减小到基底压力的 10%以下，已可以不考虑附加应力对地基变形的影响。对于 0.5 m² 的承压板，有效影响深度为 1.10~1.50 m。由此可见，地基浅层平板载荷试验往往只反映了建筑物下浅层地基的变形特性。当地基的主要受力层由性质相差悬殊的多层土组成时，宜分层进行载荷试验或用不同面积的载荷板在同一试验深度进行；也可以补充其他原位测试手段，如轻便触探、标贯试验、静力触探等，对建筑场地的变形特征作出综合判定。为了了解深部地基的承载力和变形特征，在有条件的地方，可以进行深层平板载荷试验。

在竖向荷载作用下，地基土的变形可划分为 3 个阶段：

（1）直线变形阶段（压密阶段）：当竖向载荷 P 小于临塑荷载（比例极限）P_{cr} 时，地基土在竖向荷载作用下的变形近于直线关系，此时地基土的变形是由土的孔隙体积的减小即压密所引起的，见图 1-2-1 中的 OA 段（第Ⅰ阶段）。

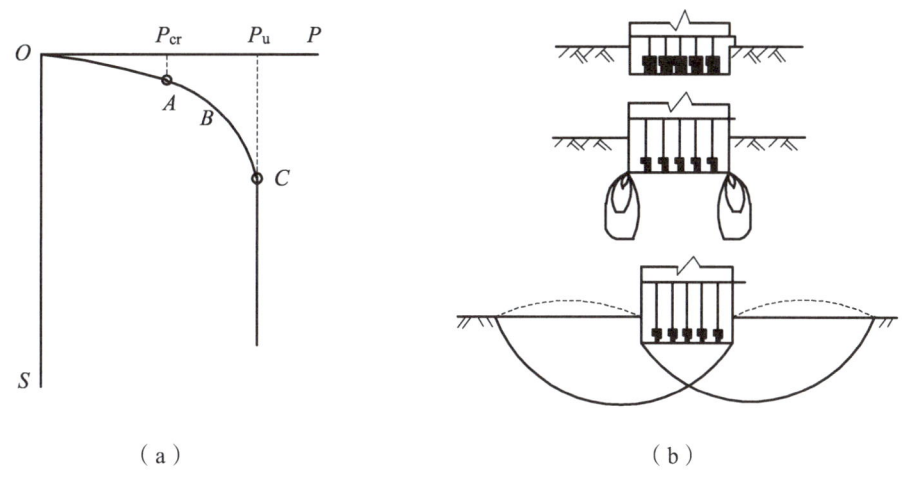

图 1-2-1　地基受压变形的三个阶段

（2）局部剪切阶段：当 $P_{cr}<P<P_u$ 时，地基变形与竖向荷载间不再是直线关系，随着荷载增大，地基变形迅速增大。此时压板下地基土在发生压密的同时，压板两侧基础边缘处的应力首先达到极限平衡，土体受剪切而产生塑性变形区，并随着荷载的增大，塑性变形区范围逐渐扩大，下沉量显著增大。对软土地基，在竖向荷载作用下，基础底板下的地基土除产生竖向变形外，还会产生较大的侧向位移，加速了基础的沉降，见图 1-2-1 中的 AB（第Ⅱ阶段）。

（3）完全破坏阶段：当荷载继续增大，$P \geqslant P_u$，压板连续急剧下沉，即地基土中的塑性变形区不断扩大。

在软弱地基土中，基础的竖向位移产生沿基础周边的竖向剪切，使基础不断向下刺入。在压缩性较小的密实砂土或黏性土地基中，由于塑性区的不断扩大而形成连续滑动面，土从载荷压板下挤出来，形成隆起的土堆，此时地基完全破坏，即基础压板丧失稳定，如图1-2-1中的 BC（第Ⅲ阶段）。显然，作用在基础底面上的实际荷载绝不容许达到极限荷载 P_u，而应有一定的安全系数，一般安全系数采用 2~3。《建筑地基基础设计规范》（GB 50007—2011）虽未提出安全系数的明确概念，但从地基土层承载力特征值取极限荷载值的一半足以说明，地基土层承载力特征值取值时采用的安全系数为 2，岩基承载力特征值取值时采用的安全系数为 3。一般情况下，地基变形的三个阶段是难以明确划分的，只有对砂土和密实的黏性土地基比较典型。

为了使地基载荷试验的结果能较好地反映地基土的变形特征，试验前应加预压荷载，预压荷载（包括设备重量）应等于载荷板以上土的自重，或等于最大加载值的 5%，其相应的沉降量不计。加荷等级可分为 8~12 级，以后每级荷载增量，对较坚硬的土（硬塑或可塑黏性土）不超过 25~50 kPa，对于松软的土（软塑或流塑状态的淤泥或淤泥质土）不超过 10~25 kPa。地基载荷试验施加的总荷载不应小于设计荷载值的 2 倍，或应尽量接近土的极限荷载。

2. 复合地基变形特性

复合地基在刚性基础下的变形特性比较复杂，随桩体与土体的相对刚度（如桩体材料性质、桩土应力比、面积置换率等因素）的变化而变化。根据桩体材料性质，可将复合地基分为：

（1）散体材料桩复合地基。有碎石桩（振冲、挤密、干振）复合地基、渣土桩及砂桩复合地基、强夯置换墩体复合地基、柱锤冲扩桩复合地基等。

（2）一般黏结强度桩复合地基。有灰土桩复合地基、石灰桩复合地基、土挤密桩复合地基、水泥土桩（深层搅拌桩、粉喷桩）复合地基、夯实水泥土桩复合地基等。

（3）高黏结强度桩复合地基。有 CFG（水泥、粉煤灰、碎石）桩复合地基、素混凝土桩复合地基、碎石压力灌浆桩（树根桩）复合地基等。

实践证明，复合地基承载力大小，取决于桩体刚度与桩周刚度间的匹配关系。由于桩体刚度大，单位面积桩体分担的荷载也大，竖向应力的传递深度也大。通常对复合地基施加竖向荷载后，随时间的增长，桩土间应力会相对转移。荷载施加初期，土承担的荷载大于桩承担的荷载。随着荷载的增加，应力逐渐向桩体转移，桩间土承担的荷载比例逐渐减小，桩承担的荷载比例逐渐增大。当桩和土承担的荷载各占 50%之后，在桩身强度满足的条件下，随着桩长的增加，桩承担的荷载势必愈来愈大于桩间土承担的荷载。同样，当竖向荷载达到一定的量值后，在恒定的荷载作用下，桩承担荷载比（δ_P）随桩长增加、桩距减小、土体强度降低、褥垫层厚度减小而增大。为了充分发挥复合地基中桩土的共同作用，以获得最佳的经济指标，桩体强度和桩长应根据桩周土体的强度作适当调整，使桩土应力比处于相对合理范围。对于一般黏结强度桩复合地基，如深层搅拌桩复合地基，桩与桩间土并不会同时达到极限荷载，尤其在水泥掺量较低时，这一现象更为突出。一般桩体到达极限荷载后，上部桩体被压碎，其深度一般距桩顶（2~5）d。对于 8 字形水泥搅拌桩，复合地基中桩的最大轴力位于桩顶下 3 m 以内，而单桩竖向荷载作用下的最大轴力位于桩顶下 5.0 m 以内。这说明复合地基中桩的主要受力段上移，如适当提高桩顶下（5~8）d 范围内的桩体强度，对提高复合地基的承载能力有一定作用。在碎石桩复合地基中，当桩长大于 2.5 倍基础宽度时，再增加桩长对提高复合地基承载能力作用不大。石灰桩弹性模量高于碎石桩，荷载传递深度大于碎石桩，但由于桩身强度不高，随桩长的增加端阻力发挥愈来愈小。CFG 桩由于桩体强度较高，能全长发挥侧阻力，桩长较短时端阻力也能得到较好的发挥。提高复合地基的承载力，应通过调节褥垫层的厚度、桩体强度及桩长，以控制桩土荷载分担比，充分发挥桩周土体的承载作用。

3. 复合地基参数计算

（1）复合地基参数的物理意义。

复合地基承载力受多个因素控制，正确理解复合地基各参数的物理意义十分重要，现分述如下：

① 桩土应力比 n。复合地基竖向荷载中，作用于桩顶应力与作用于桩间土应力之比称为桩土应力比。复合地基中桩土应力比不是常数，当荷载小于某一定值 Q_0 时，桩土应力比随荷载的增大而增大；当荷载大于某一定值 Q_0 时，桩土应力比随荷载增大而减少；当荷载为某一定值 Q_0 时，桩土应力比达到峰值。通常柔性桩的桩土应力比 $n \leqslant 10$，刚性桩的桩土应力比 n 为 15~40。

② 面积置换率 m。复合地基中桩体所占据的面积与桩土总面积之比称为平均面积置换率。面积置换率反映了复合地基中桩体的面积分布密度。一般来说，在同一建筑场地、同等条件下，面积置换率愈高，复合地基加固效果愈好。面积置换率的采用，必须考虑复合地基中竖向增强体与土体的协调作用，不是面积置换率愈高愈好。同一工程中因荷载分布的变化，面积置换率也应做相应改变。复合地基载荷试验的位置应选择在有代表性的地段和基础底面标高处，并在技术钻孔附近。这里所指的有代表性地段，既要考虑建筑场地的工程地质条件，又要考虑到面积置换率的变化。对于规模较大的单体工程，如面积置换率不同时，应分别取单元体检测其承载力。对于规模较小的单体工程，在场地地质条件比较均匀时，试验通常选择面积置换率中等偏低的位置，以保证检测结果对整个建筑场地而言，既发挥了复合地基的承载能力，又偏于安全。

③ 等效影响圆直径 d_e。等效影响圆直径是指复合地基中与加固单元体（一根桩及桩周加固土体）面积相等的圆面积的直径，是确定复合地基载荷试验承压板面积的重要参数。

（2）复合地基参数计算。

根据竖向增强体（桩体）的分布形态，其计算方法如下：

竖向增加体（桩体）为整片分布时，单桩复合地基载荷试验承压板面积 A（承压板形状根据布点方式可以选择方形压板、矩形压板和圆形压板）、等效影响圆直径 d_e 及面积置换率 m 的计算公式见式（1-2-1）、式（1-2-2）。

$$置换率：m = \frac{A_{桩}}{A_{土} + A_{桩}} = \frac{A_{桩}}{A} = \frac{d}{d_e} \qquad (1-2-1)$$

$$\left.\begin{array}{l}\text{正方形分布[图 1-2-2（a）]：} d_e = 1.13S \\ \text{矩形、平行四边形、等腰三角形分布：} d_e = 1.13\sqrt{S_1 S_2} \\ \text{等边三角形分布：} d_e = 1.05S\end{array}\right\} \quad (1\text{-}2\text{-}2)$$

式中 m——面积置换率；

　　d——竖向增强体直径（m）；

　　d_e——等效影响圆直径（m）；

　　S——桩间距（m）；

　　S_1——桩横向间距（m）；

　　S_2——桩纵向间距（m）；

　　A——承压板面积（m²）；

　　$A_桩$——竖向增强体基桩面积（m²）；

　　$A_土$——竖向增强体周边土体的面积（m²）。

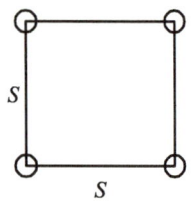 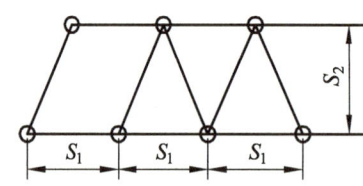 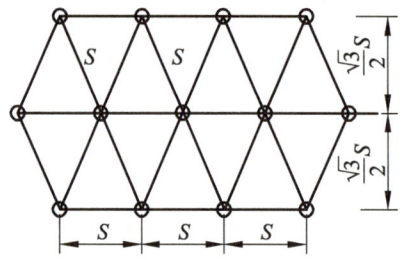

（a）正方形分布　　　（b）矩形、平行四边形、　　　（c）等边三角形分布
　　　　　　　　　　　　等腰三角形分布

图 1-2-2　面积置换率计算示意图

综上所述，复合地基载荷试验所采用的承压板面积可以根据桩体纵横向间距及布点方式作出准确计算。但考虑到操作的可行性，实际采用的压板面积与计算面积间的误差，应在 -5%～+10% 之内。

1.2.2　静载试验仪器设备

1. 主要仪器设备

（1）各类地基或基桩竖向载荷试验的装置通常由加载反力装置、荷载测量装置和变形测量装置三部分组成。荷载测量装置包括刚性承压板、立柱、油压千斤顶及稳压器等。荷载反力装置通常采用堆重系统或地锚（锚桩）系统。变形测量装置包括位移传感器（或大量程百分表）、基准梁、基准桩等。位移传感器或百分表固定在基准梁上，位移传感器或百分表的触杆应与光滑平面接触。基准梁的一端固定在基准桩上，另一端应与基准桩简支，以减小温度变化造成的基准梁的挠曲变形，并远离沉降影响区。一般情况下温度对沉降的影响为 1～2 mm。

（2）仪器设备性能要求应符合下列规定：

① 压力传感器的测量误差不应大于 1%，压力表精度应优于或等于 0.4 级。

浅层平板载荷试验仪器设备

② 在最大试验荷载时，试验用油泵、油管的压力不应超过规定工作压力的 80%。

③ 荷重传感器、千斤顶、压力表或压力传感器的量程不应大于最大试验荷载的 3.0 倍，且不应小于最大试验荷载的 1.2 倍。

④ 采用大量程（≥50 mm）位移测量仪表，测量误差不大于 0.1% FS，分辨力优于或等于 0.01 mm。

2. 试验准备工作

检测单位承接地基或基桩载荷试验后，应首先到现场进行踏勘，详细收集建筑场地的工程地质资料，以掌握试验区土层分布、土层性质、持力层的承载特性等。对于桩基工程，还应掌握桩的入土深度与桩周及桩端土层的关系，掌握桩的设计与施工参数，包括桩长、桩型、截面尺寸等其他一切影响基桩承载力的因素，如桩身施工质量、桩的入土时间、桩的打入程序、试桩在群桩中的位置、被测桩的代表性、试桩周围环境条件（有否振动源、道路与路面状态）、施工过程中出现的异常情况、委托方的具体要求、检测项目现场实施的可行性等。

根据设计对地基土或基桩承载力的要求选择加载方式，包括压板尺寸、主次梁及千斤顶、配重等，并编制地基或基桩载荷试验方案。根据调查结果和确定的检测目的选择检测方法，制订检测方案。检测方案应包括以下内容：工程简介（包括工程名称，建设、勘察、设计、施工、监理及检测单位，设计与施工参数、基桩或地基处理施工原始记录，抽样方法等），试验方法简介（包括桩顶处理、试验目的、要求及试验设备配置清单、检测数量、最终加载量、检测依据标准、试验装置简图、休止龄期、荷载分级、观测时间间隔、稳定标准、终止加载条件、试验资料整理等内容），试验方案还应包括质量安全保证措施及检测人员网络图。

1.2.3 现场检测技术方法

1.2.3.1 地基土载荷试验

1. 基本原理

平板载荷试验是一种最古老的并被广泛应用的土工原位测试方法。法国布辛奈斯克（Boussinesq）运用弹性理论推导出了在弹性半空间表面上作用一个竖向集中力时，半空间内任意点处所引起的位移和应力的弹性力学解，后来推广到在面荷载作用下的地基土的沉降与荷载的关系。

$$S = \omega(1-v^2)pd/E_0 \qquad (1\text{-}2\text{-}3)$$

$$S = \omega(1-v^2)pb/E_0 \qquad (1\text{-}2\text{-}4)$$

式中　ω——沉降影响系数，与承压板的刚度、形状有关，方形刚性板 $\omega = 0.88$，圆形刚性板 $\omega = 0.79$；

　　　v——土的泊松比，与土的特性有关，一般为 0.15～0.42；

　　　p——载荷-沉降曲线（P-S 曲线）直线段内任一点的压力（kPa）；

$d(b)$——承压板的直径（边长）（m）；

E_0——土的变形模量（kPa）。

利用上式就可通过 P-S 曲线上直线比例段反求出土的变形模量。

2. 试验分类

地基土载荷试验分为浅层平板载荷试验、深层平板载荷试验和岩基载荷试验。

地基土载荷试验适用于具有足够厚度的天然地基，这是由于采用平板载荷试验，其作用的主要影响深度为 1.5~2 倍载荷板边长。对于面积为 0.5 m²、边长为 0.707 m 的方形载荷板，要求天然地基的厚度不小于 1.5 m。

3. 试验点位置选择

天然地基载荷试验点应布置在有代表性的地点和基础底面标高处，且布置在技术钻孔附近。当场地地质成因单一、土质分布均匀时，试验点到技术钻孔的距离不应超过 10 m，反之不应超过 5 m，也不宜小于 2 m。严格控制试验点的位置，目的是使载荷试验反映的承压板影响范围内地基土的性状与实际基础下地基土的性状基本一致。当然，在实际操作时，要真正做到试验点处地基土的性状能真实反映建筑场地地基土的性状是比较困难的，只能通过对现场地质条件的详细分析，使选择的检测点能代表建筑场地地基土的基本性状，并通过一定测试数量控制，以使得检测结果尽可能具有代表性。

4. 试验方法

1）浅层平板载荷试验

（1）适用范围。

浅层平板载荷试验（图 1-2-3）适用于检测浅部（埋深小于 3 m）天然地基土层的承压板下应力主要影响范围内的承载力和变形参数。

图 1-2-3　浅层平板载荷试验

（2）仪器设备及其安装。

① 试验设备通常由加载反力装置、荷载测量装置、变形测量装置三部分组成。加荷系统控制并稳定加荷的大小，通过反力系统反作用于承压板，承压板将荷载均匀传递给地基土，地基土的变形由观测系统测定。

② 承压板应有足够刚度。承压板可采用圆形或方形钢板或钢筋混凝土板。地基土的承压板尺寸应根据所需评估的地基土的应力主要影响深度范围确定，承压板面积不应小于 $0.25\ m^2$，对于软土不应小于 $0.5\ m^2$。

③ 试验加载应采用液压千斤顶，千斤顶应以承压板为中心，使其重心保持在一条垂直直线上。当采用两台及两台以上千斤顶加载时，应符合下列规定：

　　a. 千斤顶的规格、型号相同。

　　b. 千斤顶的合力中心、承压板中心应在同一铅垂线上。

　　c. 当采用两台及两台以上千斤顶时，应并联同步工作。

④ 加载反力装置可根据现场条件选择锚桩横梁反力装置、压重平台反力装置、锚桩压重联合反力装置、地锚反力装置，并应符合下列规定：

　　a. 加载反力装置能提供的反力不得小于最大试验荷载的 1.2 倍。

　　b. 应对加载反力装置的主要受力构件进行承载力和变形验算。

　　c. 压重应在检测前一次加足，并均匀稳固地放置于平台上。

　　d. 压重平台支墩施加于地基土上的压应力不宜大于地基土承载力特征值的 1.5 倍。

⑤ 荷载测量可用放置在千斤顶上的荷重传感器直接测定，或采用并联于千斤顶油路的压力表或压力传感器测定油压，根据千斤顶校准结果换算荷载。

⑥ 宜采用位移传感器或大量程百分表进行承压板沉降测量，其安装应符合下列规定：

　　a. 承压板面积大于 $0.5\ m^2$ 时，应在其两个方向对称安置 4 个位移测量仪表，承压板面积小于等于 $0.5\ m^2$ 时，可对称安置 2 个位移测量仪表。

　　b. 位移测量仪表应安装在承压板上。各位移测量仪表在承压板上的安装点到承压板边缘的距离应一致，宜为 25～50 mm；对于方形承压板，测量点应位于承压板每边的中点。

　　c. 应牢固设置基准桩，基准桩和基准梁应具有一定的刚度，梁的一端应固定在基准桩上，另一端应简支于基准桩上。

　　d. 基准桩、基准梁和固定沉降测量仪表的夹具应避免太阳照射、振动及其他外界因素的影响。

⑦ 试验试坑宽度或直径不应小于承压板宽度或直径的 3 倍。应保持试验土层的原状结构和天然湿度。承压板底面下宜用中粗砂找平，其厚度不超过 20 mm。

⑧ 试验前应采取相应措施，防止试验过程中因场地地基土含水量发生变化或地基土的扰动影响试验效果。必要时，承压板周边应覆盖防水布。

（3）现场检测。

① 最大试验荷载应不小于设计要求的地基承载力特征值的 2 倍。

浅层平板载荷试验
现场检测规定

② 正式试验前应进行预压。预压荷载为最大试验荷载的 5%。预压后卸载至零，测读位移测量仪表的初始读数或重新调整零位。

③ 试验加卸载方式应符合下列规定：

　　a. 加载应分级进行，采用逐级等量加载，分级荷载宜为最大试验荷载的 1/8～1/12，其中第一级荷载可取分级荷载的 2 倍。

b. 卸载应分级进行，每级卸载量为分级荷载的 2 倍，逐级等量卸载；当加载等级为奇数级时，第一级卸载量宜取分级荷载的 3 倍。

c. 加、卸载时应使荷载传递均匀、连续、无冲击，每级荷载在维持过程中的变化幅度不得超过该级增减量的±10%。

④ 试验步骤应符合下列规定：

a. 每级荷载施加后应在第 10、20、30、45、60 min 测读承压板的沉降量，以后每隔 30 min 测读一次。

b. 承压板沉降相对稳定标准：当在连续两小时内，每小时的沉降量小于 0.1 mm 时，则认为沉降已趋于稳定，可施加下一级荷载。

c. 卸载时，每级荷载维持 1 h，应在第 10、30、60 min 测读承压板沉降量；卸载至零后，应测读承压板残余沉降量，维持时间为 3 h，测读时间应为第 10、30、60、120、180 min。

⑤ 施加荷载未达到最大试验荷载，当出现下列情况之一时，重新选择试验点进行试验：

a. 由于加载系统漏油、反力支墩下沉等原因，无法施加荷载。

b. 已达加载反力装置的最大加载量。

（4）为了确定地基的极限承载力，应加载至地基破坏；当出现下列条件之一时，可终止加载。

① 承压板周围的土明显出现侧向挤出。

② 本级荷载的沉降量大于前级荷载沉降量的 5 倍，P-S 曲线出现陡降段。

③ 在某级荷载下，24 h 内沉降速率不能达到稳定。

④ 沉降量与承压板的宽度或直径之比大于或等于 0.06 或累计沉降量大于等于 150 mm。

⑤ 加载至要求的最大试验荷载且承压板沉降达到相对稳定标准。

（5）承载力特征值的确定。

① 当满足终止加载条件的前 3 种情况之一时，其对应的前一级荷载可定为极限荷载，取极限荷载值的一半。

② 当 P-S 曲线上有比例界限时，取该比例界限所对应的荷载值。

③ 当极限荷载小于对应比例界限的荷载值的 2 倍时，取极限荷载值的一半。

④ 当满足终止加载条件的第⑤款，且 P-S 曲线上无法确定比例界限，承载力又未达到极限时，应取最大试验荷载为极限荷载，取极限荷载值的一半为承载力特征值。

如不能按上述要求确定承载力特征值，当压板面积为 0.25～0.50 m^2 时，可取 S/d = 0.01～0.015 所对应的荷载值，但其值不应大于最大加载量的一半。

⑤ 同一土层参加统计的试验点不应少于 3 点，各试验实测值的极差不得超过其平均值的 30%，取此平均值为该土层的承载力特征值（f_{ak}）。

2）深层平板载荷试验

（1）适用范围。

① 深层平板载荷试验适用于检测深部（埋深等于或大于 3 m 且在地下水位以上）的地基土层承载力特征值。

② 深层平板载荷试验可确定深部地基土及大直径桩桩端土层在承压板下应力主要影响范围内的承载力和变形参数。

深层平板载荷试验相关要点

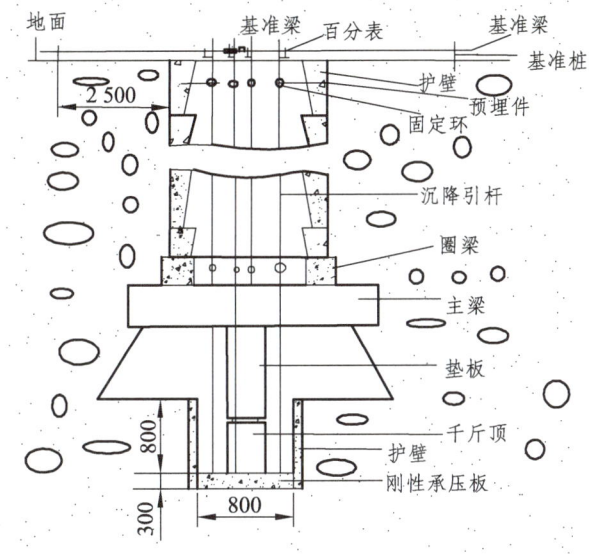

图 1-2-4　深层平板载荷试验设备（单位：mm）

（2）仪器设备及其安装。

① 试验设备通常由加载反力装置、荷载测量装置、变形测量装置三部分组成（见图 1-2-4）。

② 承压板应有足够刚度。承压板采用直径 0.8 m 的刚性板或现浇混凝土板，紧靠承压板周围外侧的土层高度应不小于 80 cm。

③ 试验加载应采用液压千斤顶，千斤顶应以承压板为中心，使其重心保持在一条垂直直线上。当采用两台及两台以上千斤顶加载时，应符合下列规定：

a. 千斤顶的规格、型号相同。

b. 千斤顶的合力中心、承压板中心应在同一铅垂线上。

c. 采用两台或两台以上千斤顶时，应并联同步工作。

④ 加载反力装置可根据现场条件选择锚桩横梁反力装置、压重平台反力装置、锚桩压重联合反力装置、地锚反力装置，并应符合下列规定：

a. 加载反力装置能提供的反力不得小于最大试验荷载的 1.2 倍。

b. 应对加载反力装置的主要受力构件进行承载力和变形验算。

c. 压重应在检测前一次加足，并均匀、稳固地放置于平台上。

d. 压重平台支墩施加于地基土上的压应力不宜大于地基土承载力特征值的 1.5 倍。

⑤ 荷载测量可用放置在千斤顶上的荷重传感器直接测定，或采用并联于千斤顶油

路的压力表或压力传感器测定油压，根据千斤顶校准结果换算荷载。

⑥宜采用位移传感器或大量程百分表进行承压板沉降测量，其安装应符合下列规定：

a. 应在承压板两个方向对称安置4个位移测量仪表。

b. 位移测量仪表应安装在承压板上。各位移测量仪表在承压板上的安装点距承压板边缘的距离应一致，宜为25～50 mm。

c. 应牢固设置基准桩，基准桩和基准梁应具有一定的刚度，梁的一端应固定在基准桩上，另一端应简支于基准桩上。

d. 基准桩、基准梁和固定沉降测量仪表的夹具应避免太阳照射、振动及其他外界因素的影响。

⑦试验前应采取相应措施，防止试验过程中因场地地基土含水量发生变化或地基土的扰动影响试验效果。必要时，承压板周边应覆盖防水布。

（3）现场检测。

①最大试验荷载应不小于设计要求的地基承载力特征值的2.0倍。

②正式试验前应进行预压。预压荷载为最大试验荷载的5%。预压后卸载至零，测读位移测量仪表的初始读数或重新调整零位。

③试验加卸载方式应符合下列规定：

a. 加载应分级进行，采用逐级等量加载；分级荷载宜为最大试验荷载的1/12～1/8，其中第一级荷载可取分级荷载的2倍。

b. 卸载应分级进行，每级卸载量为分级荷载的2倍，逐级等量卸载；当加载等级为奇数级时，第一级卸载量宜取分级荷载的3倍。

c. 加、卸载时应使荷载传递均匀、连续、无冲击，每级荷载在维持过程中的变化幅度不得超过该级增减量的±10%。

④试验步骤应符合下列规定。

a. 每级荷载施加后应在第10、20、30、45、60 min测读承压板的沉降量，以后每隔30 min测读一次。

b. 承压板沉降相对稳定标准：当在连续两个小时内，每小时的沉降量小于0.1 mm时，则认为沉降已趋于稳定，可施加下一级荷载。

c. 卸载时，每级荷载维持1 h，应在第10、30、60 min测读承压板沉降量；卸载至零后，应测读承压板残余沉降量，维持时间为3 h，测读时间应为第10、30、60、120、180 min。

⑤施加荷载未达到最大试验荷载，当出现下列情况之一时，重新选择试验点进行试验：

a. 由于加载系统漏油、反力支墩下沉等原因，无法施加荷载。

b. 已达加载反力装置的最大加载量。

（4）当出现下列情况之一时，可终止加载。

①沉降量急骤增大，荷载-沉降（$P\text{-}S$）曲线上有可判定极限承载力的陡降段，且沉降量超过$0.04d$（d为承压板直径）。

② 在某级荷载下，24 h 内沉降速率不能达到稳定。

③ 本级荷载的沉降量大于前级荷载沉降量的 5 倍，荷载-沉降（P-S）曲线出现陡降段。

④ 当持力层土层坚硬，沉降量很小时，最大加载量不小于设计要求的 2 倍。

（5）承载力特征值的确定。

① 当 P-S 曲线上有比例界限时，取该比例界限所对应的荷载值。

② 当满足终止加载条件的前 3 种情况之一时，其对应的前一级荷载可定为极限荷载，当该值小于对应比例界限的载荷值时，取极限荷载值的一半。

③ 不能按上述两款要求确定时，可取 $S/d = 0.01 \sim 0.015$ 所对应的荷载值，但其值不应大于最大加载量的一半。

④ 同一土层参加统计的试验点不应少于 3 点，各试验实测值的极差不得超过其平均值的 30%，取此平均值为该土层的承载力特征值（f_{ak}）。

3）岩基载荷试验

（1）适用范围。

岩基载荷试验适用于确定完整、较完整、较破碎岩石地基（图 1-2-5）作为天然地基或桩基础持力层时的承载力。

图 1-2-5　岩基基础

（2）仪器设备及其安装。

① 试验设备通常由加载反力装置、荷载测量装置、变形测量装置三部分组成。加荷系统控制并稳定加荷的大小，通过反力系统反作用于承压板，承压板将荷载均匀传递给地基土，地基土的变形由观测系统测定。

② 采用圆形刚性承压板，直径不小于 300 mm。当岩石埋藏深度较大时，可采用钢筋混凝土桩，但桩周须采取措施以消除桩身与土之间的摩擦力。

③试验加载应采用液压千斤顶，千斤顶应以承压板为中心，使其重心保持在一条垂直直线上。当采用两台及两台以上千斤顶加载时，应符合下列规定：

a. 千斤顶的规格、型号相同。

b. 千斤顶的合力中心、承压板中心应在同一铅垂线上。

c. 采用两台或两台以上千斤顶时，应并联同步工作。

④加载反力装置可根据现场条件选择锚桩横梁反力装置、压重平台反力装置、锚桩压重联合反力装置、地锚反力装置，并应符合下列规定：

a. 加载反力装置能提供的反力不得小于最大试验荷载的1.2倍。

b. 应对加载反力装置的主要受力构件进行承载力和变形验算。

c. 压重应在检测前一次加足，并均匀、稳固地放置于平台上。

d. 压重平台支墩施加于地基土上的压应力不宜大于地基土承载力特征值的1.5倍。

⑤荷载测量可用放置在千斤顶上的荷重传感器直接测定，或采用并联于千斤顶油路的压力表或压力传感器测定油压，根据千斤顶校准结果换算荷载。

⑥宜采用位移传感器或大量程百分表进行承压板沉降测量，其安装应符合下列规定：

a. 当承压板面积大于 0.5 m^2 时，应在承压板两个方向对称安置 4 个位移测量仪表；当承压板面积小于等于 0.5 m^2 时，可对称安置 2 个位移测量仪表。

b. 位移测量仪表应安装在承压板上。各位移测量仪表在承压板上的安装点到承压板边缘的距离应一致，宜为 25～50 mm。

c. 应牢固设置基准桩，基准桩和基准梁应具有一定的刚度，梁的一端应固定在基准桩上，另一端应简支于基准桩上。

d. 基准桩、基准梁和固定沉降测量仪表的夹具应避免太阳照射、振动及其他外界因素的影响。

（3）现场检测加载。

①最大试验荷载应不小于设计要求的地基承载力特征值的3.0倍。

②测量系统的初始稳定读数观测应在加压前，每隔 10 min 读数 1 次，连续 3 次读数不变方可开始试验。

③试验加卸载方式应符合下列规定：

a. 加载应采用单循环加载，荷载逐级递增直至破坏，然后分级卸载。

b. 加载时，第一级加载值应为预估设计荷载的 2/15，以后每级应为预估设计荷载的 1/15。

c. 加、卸载时应使荷载传递均匀、连续、无冲击，每级荷载在维持过程中的变化幅度不得超过分级荷载的±10%。

④试验步骤应符合下列规定：

a. 沉降量测读应在加载后立即进行，以后每 10 min 读数 1 次。

b. 承压板沉降相对稳定标准：每 0.5 h 内沉降量不应超过 0.03 mm，并应在 4 次读数中连续出现两次，视为达到稳定标准，可施加下一级荷载。

⑤施加荷载未达到最大试验荷载，当出现下列情况之一时，重新选择试验点进行试验：

a. 由于加载系统漏油、反力支墩下沉等原因，无法施加荷载。

b. 已达加载反力装置的最大加载量。

⑥ 加载过程中出现下列情况之一时，可终止加载：

a. 沉降量读数不断变化，在 24 h 内，沉降速率有增大的趋势。

b. 压力加不上或勉强加上而不能保持稳定。

c. 若限于加载能力，荷载也应增大到不小于设计要求的 3.0 倍。

⑦ 卸载及卸载观测应符合下列规定：

a. 每级卸载为加载时的 2 倍，如为奇数，第一级可为 3 倍。

b. 每级卸载后，隔 10 min 测读 1 次，测读 3 次后可卸下一级荷载。

c. 全部卸载后，当测读到半小时回弹量小于 0.01 mm 时，即认为达到稳定，终止试验。

（4）终止加载条件。

当出现下列现象之一时，即可终止加载：

① 荷载无法保持稳定且逐渐下降。

② 本级荷载的沉降量大于前级荷载沉降量的 5 倍，P-S 曲线出现明显陡降。

③ 某一级荷载作用下，24 h 内沉降速率不能达到相对稳定标准。

④ 加载到要求的最大试验荷载，且承压板沉降达到相对稳定标准。

注：即使加载能力有限制，荷载也应增大到不小于设计要求（设计荷载）的 3.0 倍。

（5）岩基极限承载力的确定。

① 出现终止加载条件的①②③款情况时，取前一级荷载值。

② 出现终止加载条件的第④款情况时，取最大试验荷载。

（6）岩基承载力特征值的确定。

① 对应 P-S 曲线上起始直线段的终点为比例界限。当 P-S 曲线上有比例界限时，应取比例界限所对应的荷载值。

② 当极限荷载值小于对应比例界限荷载值的 3 倍时，应取极限荷载值的 1/3。

③ 当满足终止加载条件的第④款情况，且 P-S 曲线上无法确定比例界限，承载力又未达到极限时，取最大试验荷载的 1/3 所对应的荷载值。

④ 每个岩层载荷试验的数量不应少于 3 个，当其极差不超过平均值的 30%时，取平均值作为该岩层的承载力特征值。当极差超过其平均值的 30%时，应分析原因，结合工程实际判别，可增加试验点数量。

⑤ 岩基承载力不进行深宽修正。

1.2.3.2 复合地基载荷试验

复合地基除应进行静载荷试验外，尚应进行竖向增强体（单桩）及周边土的质量检验。黏结强度的增强体（单桩）还应进行桩身完整性检测。复合地基载荷试验是确定复合地基承载力和变形特性的基本方法；对于大型工程（包括重要工程），采用的载荷板尺寸应尽量与基础宽度相适应，或采用多桩复合地基载荷试验；对于一般工程，可做单桩复合地基载荷试验。由于复合地基是依靠桩（竖向增强体）与桩周土体共同协调作用来承担建筑物荷载的，因此复合地基及增强体承载力特征值应通过现场复合地基载荷试验确定，或采用增强体载荷试验结果和其周边土的承载力特征值结合经验确定，确保处理后的地基土与增强体共同承担荷载的技术要求。

在复合地基工程质量检验方面，除做必要的载荷试验外，尚应进行竖向增强体的连续性、均匀性及强度检验和对周边土的质量检验，其方法包括开剖、钻芯、标贯试验等原位测试手段。对挤密碎石桩应采用动力触探法检验桩身质量，对水泥土桩、低强度素混凝土桩、水泥粉煤灰碎石桩（CFG 桩），应对桩身的连续性和桩身强度进行检验。根据复合地基工程的质量检验结果，通过综合分析手段，对建筑场地复合地基的承载力和变形特性作出综合评价。当地基土为欠固结土、膨胀土、湿陷性黄土、可液化土等特殊土时，检测内容还应考虑土体的特殊性质，应参照有关规范进行。

1）适用范围

（1）适用于单桩复合地基静载荷试验和多桩复合地基静载荷试验。

（2）复合地基静载荷试验用于测定承压板应力主要影响范围内复合土层的承载力与变形参数。

2）仪器设备及其安装

（1）试验设备通常由加载反力装置、荷载测量装置、变形测量装置三部分组成。荷载测量装置控制并稳定加荷的大小，通过加载反力装置将荷载均匀传递给复合地基，复合地基的变形由变形测量装置测定。

（2）承压板应有足够刚度，可采用圆形或方形钢板或钢筋混凝土板，承压板面积根据置换率和增强体单桩直径等相关参数计算，承压板下宜铺设粗砂或中砂，厚度可取 100～150 mm。

（3）试验标高处的基坑宽度不应小于承压板宽度或直径的 3 倍。基准梁及加荷平台支点（或锚桩）宜设置在试坑外，且与承压板边的净距不应小于 2 m。

（4）试验加载应采用油压千斤顶，千斤顶应以承压板为中心，使其重心保持在一条垂直直线上。当采用两台及两台以上千斤顶加载时，应符合下列规定：

① 千斤顶的规格、型号相同。

② 千斤顶的合力中心、承压板中心应在同一铅垂线上。

③ 采用两台或两台以上千斤顶时，应并联同步工作。

（5）加载反力装置可根据现场条件选择锚桩横梁反力装置、压重平台反力装置、锚桩压重联合反力装置、地锚反力装置，并应符合下列规定：

① 加载反力装置能提供的反力不得小于最大试验荷载的 1.2 倍。

② 应对加载反力装置的主要受力构件进行承载力和变形验算。

③ 压重应在检测前一次加足，并均匀、稳固地放置于平台上。

④ 压重平台支墩施加于地基土上的压应力不宜大于地基土承载力特征值的 1.5 倍。

（6）荷载测量可用放置在千斤顶上的荷重传感器直接测定，或采用并联于千斤顶油路的压力表或压力传感器测定油压，根据千斤顶校准结果换算荷载。

（7）宜采用位移传感器或大量程百分表进行承压板沉降测量，其安装应符合下列规定：

① 应在承压板两个方向对称安置 4 个位移测量仪表。

② 位移测量仪表应安装在承压板上。各位移测量仪表在承压板上的安装点到承压板边缘的距离应一致，宜为 25~50 mm。

③ 应牢固设置基准桩，基准桩和基准梁应具有一定的刚度，梁的一端应固定在基准桩上，另一端应简支于基准桩上。

④ 基准桩、基准梁和固定沉降测量仪表的夹具应避免太阳照射、振动及其他外界因素的影响。

复合地基载荷试验现场如图 1-2-6 所示。

图 1-2-6　复合地基载荷试验

3）现场检测

（1）加荷分级应为 8~12 级，最大加载量不应小于设计要求的 2 倍。

（2）正式试验前应进行预压。预压荷载为最大试验荷载的 5%。预压后卸载至零，测读位移测量仪表的初始读数或重新调整零位。

（3）试验加载方式应符合下列规定：

加载时应使荷载传递均匀、连续、无冲击，每级荷载在维持过程中的变化幅度不得超过该级增减量的±10%。

（4）试验步骤应符合下列规定：

① 每加一级荷载前后均应各读记承压板沉降量 1 次，以后每 0.5 h 读记 1 次。当 1 h 内沉降量小于 0.1 mm 时，则认为沉降已趋于稳定，即可加下一级荷载。

② 卸载级数可为加载级数的一半，等量进行，每卸一级，间隔 0.5 h，读记回弹量。卸载至零后，应测读承压板的残余沉降量，维持时间为 3 h，测读时间为第 30、60、180 min。

4）当出现下列条件之一时，可终止加载

① 沉降 S 急骤增大，土被挤出或承压板周围出现隆起。

② 承压板的累计沉降量已大于其宽度或直径的 6%或大于等于 150 mm。

③ 加载至要求的最大试验荷载，且承压板的沉降速率达到相对稳定标准。

5）极限荷载的确定

当出现终止加载条件的第①②款情况之一时，可视为复合地基出现破坏状态，其对应的前一级荷载应定为极限荷载。

6）承载力特征值的确定

（1）当荷载-沉降曲线上极限荷载能确定，且该值不小于对应比例界限压力值的 2 倍时，可取比例界限；当其值小于对应比例界限的 2 倍时，可取极限荷载值的一半。

（2）当荷载-沉降曲线是平滑曲线时，可按相对变形值（S/b）或（S/d）确定。

① 对沉管砂石桩、振冲桩复合地基，或柱锤冲扩桩复合地基，可取 S/b 或 $S/d = 0.01$ 所对应的压力。

② 对灰土挤密桩、土挤密桩复合地基，可取 S/b 或 $S/d = 0.008$ 所对应的压力。

③ 对水泥粉煤灰碎石桩（CFG 桩）或夯实水泥土桩复合地基：当以卵石、圆砾、密实粗中砂为主时，可取 S/b 或 $S/d = 0.008$ 所对应的压力；当以黏性土、粉土为主时，可取 S/b 或 $S/d = 0.01$ 所对应的压力。

④ 对水泥土搅拌桩或旋喷桩复合地基，可取 S/b 或 $S/d = 0.006 \sim 0.008$ 所对应的压力，桩身强度大于 1.0 MPa 且桩身质量均匀时可取高值。

⑤ 对有经验的地区，也可按当地经验确定相对变形值，但原地基土为高压缩性土层时，相对变形的最大值不应大于 0.015。

⑥ 复合地基载荷试验，当采用边长或直径大于 2 m 的承压板进行试验时，b 或 d 按 2 m 计。

⑦ 按相对变形确定的承载力特征值不应大于最大加载压力的一半。

（3）试验点的数量不应少于 3 点，当极差不超过平均值的 30%时，可取其平均值为复合地基承载力特征值；当极差超过平均值的 30%时，应分析极差过大的原因，需要时应增加试验数量，并结合工程具体情况确定复合地基承载力特征值。工程验收时应视建筑物结构、基础形式综合评价，对于桩数少于 5 根的独立基础或桩数少于 3 排的条形基础，复合地基承载力特征值应取最低值。

1.2.3.3 竖向增强体单桩静载荷试验

1）适用范围

本试验要点适用于复合地基增强体单桩竖向抗压静载荷试验（图 1-2-7），采用慢速维持荷载法。

2）仪器设备及其安装

（1）试压前应对桩头进行加固处理，水泥粉煤灰碎石桩等强度高的桩，桩顶宜设置钢筋网片的混凝土桩帽或采用钢护筒桩帽，其混凝土宜提高强度等级和采用早强剂。桩帽高度不宜小于 1 倍桩径。桩帽下复合地基增强体单桩的桩顶标高及地基土标高应与设计标高一致，加固桩头前应凿成平面。

图 1-2-7　复合地基增强体单桩竖向抗压静载荷试验

（2）百分表宜架设在桩顶标高位置。

（3）试验加载应采用油压千斤顶，千斤顶应以试桩为中心，使其重心保持在一条垂直直线上。当采用两台及两台以上千斤顶加载时，应符合下列规定：

① 千斤顶的规格、型号相同。

② 千斤顶的合力中心、承压板中心应在同一铅垂线上。

③ 采用两台或两台以上千斤顶时，应并联同步工作。

（4）加载反力装置可根据现场条件选择锚桩横梁反力装置、压重平台反力装置、锚桩压重联合反力装置、地锚反力装置，并应符合下列规定：

① 加载反力装置能提供的反力不得小于最大试验荷载的 1.2 倍。

② 应对加载反力装置的主要受力构件进行承载力和变形验算。

③ 压重应在检测前一次加足，并均匀、稳固地放置于平台上。

④ 压重平台支墩施加于地基土上的压应力不宜大于地基土承载力特征值的 1.5 倍。

（5）荷载测量可用放置在千斤顶上的荷重传感器直接测定，或采用并联于千斤顶油路的压力表或压力传感器测定油压，根据千斤顶校准结果换算荷载。

（6）宜采用位移传感器或大量程百分表进行承压板沉降测量，其安装应符合下列规定：

① 直径或边宽大于 500 mm 的桩，应在其两个方向对称安置 4 个位移测试仪表，直径或边宽小于等于 500 mm 的桩可对称安置 2 个位移测试仪表。

② 沉降测定平面宜在桩顶标高位置，测点应牢固固定于桩身上；当有桩帽时，位移测量仪表也可以直接安装在桩帽上。

③ 应牢固设置基准桩，基准桩和基准梁应具有一定的刚度，梁的一端应固定在基准桩上，另一端应简支于基准桩上。

④ 基准桩、基准梁和固定沉降测量仪表的夹具应避免太阳照射、振动及其他外界因素的影响。

（7）试验增强体、压重平台支墩边和基准桩之间的中心距离应符合表 1-2-1 规定。

表 1-2-1　试桩、压重平台支座墩边和基准桩之间的中心距离

增强体中心与压重平台支座墩边	增强体中心与基准桩中心	基准桩中心与压重平台支座墩边
≥4D 且>2.0 m	≥3D 且>2.0 m	≥4D 且>2.0 m

注：D 为增强体的直径（m）。

3）现场检测

（1）加荷应分级进行，每级加载量宜为最大加载量或预估极限荷载的 1/10，其中第一级可取分级荷载的 2 倍。最大加载压力不应小于设计要求承载力特征值的 2 倍。

（2）测读桩顶沉降量的间隔时间：每级荷载施加后应在第 5、15、30、45、60 min 测读桩顶的沉降量，以后每隔 0.5 h 测读一次。

（3）桩顶沉降相对稳定标准：每 1 h 内桩顶沉降量不超过 0.1 mm，并连续出现两次。从分级荷载施加后第 30 min 开始，按 1.5 h 连续三次每 30 min 的沉降。

（4）卸载应分级进行，每级卸载量为加载分级荷载的 2 倍，逐级等量卸载。卸载后隔 15 min 测读一次，读数两次后，隔 0.5 h 再读一次，即可卸下一级荷载；全部卸载后，在第 15 min、30 min、60 min、120 min、180 min 测读桩顶残余沉降量。

4）当出现下列现象之一时，可终止加载

（1）当荷载-沉降（P-S）曲线上有可判定极限承载力的陡降段，且桩顶总沉降量超过 40 mm。

（2）$\Delta s_{n+1}/\Delta s_n \geq 2$ 且经 24 h 尚未达到稳定（Δs_n 为第 n 级荷载的沉降增量；Δs_{n+1} 为第 n+1 级荷载的沉降增量）。

（3）桩身破坏，桩顶变形急剧增大。

（4）P-S 曲线呈缓变型时，桩顶总沉降量大于 70 mm；当桩长大于 25 m 时，可加载至桩顶总沉降量超过 90 mm。

（5）加载至要求的最大荷载，且桩顶沉降速率达到相对稳定标准。验收检验时，最大加载量不应小于设计单桩承载力特征值的 2 倍。

5）极限承载力的确定

（1）作荷载-沉降（P-S）曲线和其他辅助分析所需曲线。

（2）当 P-S 曲线呈陡降型时，取其发生明显陡降的起始点所对应的荷载值。

（3）当某级荷载作用下 $\Delta s_{n+1}/\Delta s_n \geq 2$，且经 24 h 尚未达到稳定时，取该荷载的前一级荷载值。

（4）当 P-S 曲线呈缓变型时，水泥土桩桩径大于等于 800 mm 时，取桩顶总沉降量 S 为 40～50 mm 所对应的荷载值；混凝土桩桩径小于 800 mm 时，取桩顶总沉降量 S = 40 mm 所对应的荷载值。当桩长大于 40 m 时，宜考虑桩身弹性压缩。

（5）当判定竖向增强体的承载力未达到极限时，取最大试验荷载值。

（6）当按上述方法判定有困难时，可结合其他辅助分析方法综合判定。

（7）建筑场地桩基极限承载力的确定：当极差不超过平均值的 30%时，设计可取其平均值为单桩极限承载力；当极差超过平均值的 30%时，应分析离差过大的原因，

结合工程具体情况确定单桩极限承载力；有需要时应增加试验数量。工程验收时应结合建筑物结构、基础形式等进行综合评价，对于桩数少于5根的独立柱基或桩数少于3排的条形基础，应取低值。

（8）将单桩极限承载力除以安全系数2，作为单桩承载力特征值。

复合地基载荷试验及原位测试要求见表1-2-2。

表1-2-2　复合地基载荷试验及原位测试要求

地基类型	检测内容		检测龄期	其他检测	备注
	施工质量检验	竣工验收检验			
振冲碎石桩地基，振冲砂土地基	单桩载荷试验	复合地基载荷试验1%，不少于3点	粉质黏土21~28 d，粉土14~21 d	碎石桩体采用重型动力触探，桩间土采用标准贯入试验、静力触探	1. 测点在代表性地段或地基土质较差地段。2. 振冲点围成单元形心处或振冲点中心处
		标准贯入试验、动力触探或其他2%	不限		
砂石桩	单桩载荷试验	复合地基载荷试验1%，不少于3点	饱和黏性土28 d，粉土、砂土、杂填土不少于7 d	桩体采用动力触探，桩间土采用标准贯入试验、静力触探、动力触探或其他	1. 桩间土检验位置在等边三角形或正方形中心。2. 数量不少于桩孔数的2%
CFG桩	检查施工记录、混合料塌落度、桩数、桩位偏差、褥垫层厚度、夯填土、试块抗压强度等	复合地基载荷试验和单桩静载荷试验1%，单桩复合地基静载试验数量不少于3点；单桩静载荷试验不少于0.5%~1%，且不少于3根	28 d	检验桩身结构完整性；总桩数的10%	
夯实水泥土桩	成桩质量检验2%，一般检查干密度和施工记录	复合地基载荷试验和单桩静载荷试验1%，单桩复合地基静载试验数量不少于3点；单桩静载荷试验不少于0.5%~1%，且不少于3根	28 d	24 h内取水泥土测定干密度或测定N_{10}与干密度比较判断桩身质量	触探点位置在桩径方向1/4处

续表

地基类型	检测内容		检测龄期	其他检测	备注
	施工质量检验	竣工验收检验			
水泥土搅拌桩（湿法、干法）	3 d 后用 N_{10} 检验均匀性；1%，不少于 3 根；7 d 后开挖桩顶下 0.5 m 桩段检查均匀性、成桩直径，检查数量不少于 5%	复合地基载荷试验和单桩静载荷试验 1%，复合地基静载试验数量不少于 3 台（多轴搅拌为 3 组），单桩静载荷试验不少于 0.5%~1%，且不少于 3 根	28 d	通过触探和载荷试验检验桩身怀疑质量有问题时，取芯作抗压强度检验；0.5%，且不少于 3 根	
石灰桩	7~14 d 进行静力或动力触探、标准贯入试验；1%（位置在桩中心和桩间土）	复合地基载荷试验；每 200 m² 1 点，不少于 3 点	28 d		
高压喷射浆法	28 d 后开挖、取芯，进行标准贯入试验等检验；2%，不少于 6 点	复合地基载荷试验和单桩静载荷试验 1%，单桩复合地基静载试验数量不少于 3 台；单桩静载荷试验不少于 0.5%~1%，且不少于 3 根	28 d		检测点位置：代表性桩位；施工异常部位；地基复杂对注浆质量可能有影响的部位
灰土挤密桩，土挤密桩	成桩后测定桩体和桩间土干密度，重要工程应加测压缩性或湿陷性（黄土分布区）；一般工程 1%，重要工程 1.5%	复合地基载荷试验 1%，不少于 3 点	14~28 d		含水量大于 24%、饱和度大于 65% 不宜采用此法
柱锤冲扩桩	14 d 桩体和桩间土重型动力触探 2%，不少于 6 点	复合地基载荷试验 1%，不少于 3 点	14 d	基槽开挖后应检查桩位、桩径、桩数、桩顶密实度及槽底土质情况	

注：《建筑地基检测技术规范》（JGJ 340—2015）规定，对于水泥土搅拌桩、砂石桩、旋喷桩、夯实水泥土桩、水泥粉煤灰碎石桩、混凝土桩、树根桩、灰土桩、柱锤冲扩桩及强夯置换墩复合地基，复合地基载荷试验检验数量不得少于总桩数的 0.5%，且不少于 3 点；对于水泥土搅拌桩、旋喷桩、夯实水泥土桩、水泥粉煤灰碎石桩、混凝土桩、树根桩等有黏结强度的桩体复合地基，竖向增强体载荷试验检验数量不得少于总桩数的 0.5%且不少于 3 根。

1.2.4 地基载荷试验数据的处理与资料整理

1. 地基土载荷试验

1）地基土极限承载力确定

通常将满足 1.2.3 节中浅层或深层平板载荷试验终止加载条件①②③的前一级荷载定为极限荷载,即满足下列条件之一的前一级荷载定为极限荷载:

地基载荷试验承载力
特征值的确定

(1) 对于浅层平板载荷试验,承压板周围的土出现明显侧向挤出,表现为压板周围地面土出现隆起。对于深层平板载荷试验,本级沉降量大于前一级沉降量的 5 倍。

(2) 沉降 S 急骤增大,荷载-沉降(P-S)曲线出现陡降段。对于深层平板载荷试验,同时应满足沉降量超过 $0.04d$(d 为承压板直径)。

(3) 在某一级荷载下,24 h 内沉降速率不能达到稳定。

2）浅层与深层平板载荷试验测点土承载力特征值的确定

(1) P-S 曲线上有明确的比例界限(P_{cr})时,取该比例界限所对应的荷载值。

(2) 当极限荷载小于对应比例界限荷载值的 2 倍时,取极限荷载值的一半。

(3) 当试验加载到要求的最大荷载且承压板沉降达到相对稳定标准,P-S 曲线上无法确定比例界限,承载力又未达到极限时,承载力特征值应取最大加载值的一半。

(4) 当不能按上述 3 款确定承载力特征值时,对浅层地基荷载试验(如压板面积为 $0.25 \sim 0.50 \text{ m}^2$),或深层平板载荷试验,可取 $S/b = 0.01 \sim 0.015$ 所对应的荷载,但其值不应大于最大加载量的一半。对于较硬的地基土取高值,对于较软的地基土取低值。

3）土层的地基承载力特征值 f_{ak} 的确定

同一土层参加统计的试验点不应少于 3 点,当试验实测值的极差不超过其平均值的 30%,取此平均值作为该土层的地基承载力特征值 f_{ak},如只有 2 个测点则取低值。

对于极差超过规定的测点,应通过综合分析判断,找出其原因。属于局部地基软弱所引起的,应对局部地基作加固处理。但在承载力统计时,可将局部软弱部位测点排除在外。

4）岩石地基承载力的确定

(1) 对应 P-S 曲线上起始直线段的终点为比例界限。符合终止加载条件的前三款情况时,前一级荷载为极限荷载。将极限荷载除以安全系数 3,所得值与对应于比例界限的荷载相比较,取小值。

(2) 当满足终止加载条件的第④款情况,且 P-S 曲线上无法确定比例界限,承载力又未达到极限时,取最大试验荷载的 1/3 所对应的荷载值为承载力特征值。

(3) 每个场地载荷试验的数量不应少于 3 个,当试验实测值的极差不超过其平均值的 30% 时,取此平均值作为该岩层的地基承载力特征值;当极差超过平均值的 30% 时,应分析原因,结合工程实际判别,可增加试验点数量。

(4) 岩石地基承载力不进行深宽修正。

2. 复合地基及竖向增强体载荷试验

1)复合地基承载力特征值的确定

将满足本章 1.2.3 中复合地基载荷试验终止加载条件①②的前一级荷载,或终止加载条件③的最大加载量定为极限荷载,将荷载-沉降(P-S)曲线上,直线变形阶段的终点对应的荷载定为比例界限。复合地基承载力特征值可按下列三条之一确定:

(1)当荷载-沉降曲线上极限荷载能确定,且该值不小于对应比例界限压力值的 2 倍时,可取比例界限;当其值小于对应比例界限的 2 倍时,可取极限荷载值的一半。

(2)当荷载-沉降曲线是平滑曲线时,可按相对变形值(S/b)或(S/d)确定。

① 对沉管砂石桩、振冲桩复合地基,或柱锤冲扩桩复合地基,可取 S/b 或 S/d = 0.01 所对应的压力。

② 对灰土挤密桩、土挤密桩复合地基,可取 S/b 或 S/d = 0.008 所对应的压力。

③ 对水泥粉煤灰碎石桩(CFG 桩)或夯实水泥土桩复合地基,当以卵石、圆砾、密实粗中砂为主时,可取 S/b 或 S/d = 0.008 所对应的压力;当以黏性土、粉土为主时,可取 S/b 或 S/d = 0.01 所对应的压力。

④ 对水泥土搅拌桩或旋喷桩复合地基,可取 S/b 或 S/d = 0.006 ~ 0.008 所对应的压力,桩身强度大于 1.0 MPa 且桩身质量均匀时可取高值。

⑤ 对有经验的地区,也可按当地经验确定相对变形值;但原地基土为高压缩性土层时,相对变形的最大值不应大于 0.015。

⑥ 当采用连长或直径大于 2 m 的承压板进行复合地基载荷试验时,b 或 d 按 2 m 计。

⑦ 按相对变形确定的承载力特征值不应大于最大加载压力的一半。

(3)建筑场地复合地基承载力特征值 f_{spk} 的确定。

① 试验点数量不应少于 3 点,当满足极差不超过平均值的 30%时,可取其测点平均值作为建筑场地复合地基承载力特征值。

② 当极差超过平均值的 30%,且测点承载力特征值大于或基本大于设计要求值时,可舍去极差超过平均值 30%的高值后取平均值作为建筑场地复合地基承载力特征值。当极差已超过平均值的 30%时,应分析离差过大的原因,必要时应增加试验数量,并结合工程具体情况确定复合地基承载力特征值。工程验收时应结合建筑物结构、基础形式等进行综合评价,对于桩数少于 5 根的独立柱基或桩数少于 3 排的条形基础,复合地基承载力特征值应取低值。

2)复合地基增强体单桩极限承载力的确定

(1)作荷载-沉降(P-S)曲线和其他辅助分析所需曲线。

(2)当 P-S 曲线呈陡降型时,取其发生明显陡降的起始点所对应的荷载值。

(3)当某级荷载作用下 $\Delta s_{n+1}/\Delta s_n \geq 2$,且经 24 h 尚未达到稳定时,取该荷载的前一级荷载值。

(4)当 P-S 曲线呈缓变型时,取桩顶总沉降量 S = 40 mm 所对应的荷载。当桩长大于 40 m 时,宜考虑桩身弹性压缩。

(5)当判定竖向增强体的承载力未达到极限时,取最大试验荷载值。

（6）当按上述方法判定有困难时，可结合其他辅助分析方法综合判定。

（7）建筑场地桩基承载力特征值的确定：当极差不超过平均值的30%时，设计可取其平均值为单桩极限承载力；当极差超过平均值的30%时，应分析离差过大的原因，结合工程具体情况确定单桩极限承载力；必要时应增加试验数量。工程验收时应结合建筑物结构、基础形式等进行综合评价，对于桩数少于5根的独立柱基或桩数少于3排的条形基础，应取低值。将单桩极限承载力除以安全系数2，作为单桩承载力特征值。

1.2.5　地基载荷试验报告的编写、审签、资料归档

1. 地基土载荷试验报告

试验报告的编制、审批、资料归档按下述办法进行：

（1）现场原始记录包括工程名称、测点位置、试验现场环境（有无振动等）、气象描述、试验的详细观测记录（应有持证上岗人员的签字）及试验异常情况记录等。

（2）报告内容完整，结论明确、准确，符合《建筑地基基础设计规范》(GB 50007—2011)的要求。报告内容应包括工程概况、工程地质概况、测试方法和试验结果、检测证明材料。工程概况包括试验地点、时间，试验点平面布置图，该工程的建设、设计、勘察、施工、监理单位等。工程地质概况包括土层分布、压板标高与土层关系、土的物理力学性质等。测试方法包括测试原理、荷载分级、稳定标准、终止加载条件、卸载要求以及设计要求、检测目的、测试所用仪器和设备、加载与测量系统原理及量测精度等。试验结果包括沉降量汇总表、荷载与沉降、沉降与时间对数曲线、结论与分析过程、异常情况说明等。检测证明材料包括现场确认表、每个试点相关影像资料等。

（3）资料归档应将出具的报告副本和原始报告及资料一并归档。原始报告及资料应包括试验合同，试验方案，各种原始记录表、情况说明，分析过程的审签意见，报告所引用的设计、施工、勘察资料，千斤顶的率定曲线，静载荷试验进行过程中的运行记录等。

2. 复合地基载荷试验报告

复合地基载荷试验报告编制、审签、资料归档可参照地基土载荷试验要求进行。

1.2.6　工程实例分析

案例1：采用浅层平板载荷试验检测某地基承载力和变形量，请依据《建筑地基检测技术规范》(JGJ 340—2015)，计算并回答下列问题：

（1）假设地基设计承载力特征值为200 kPa，采用直径为1.13 m的圆形承压板，试计算静载试验的最大试验荷载（kN），并列出实际最少的加载分级。

（2）试计算最小平台加载量（kN）。

（3）假设单位工程共检测了3个试验点，地基承载力特征值分别为180、200、217 kPa，试求单位工程的地基承载力特征值。

解：

（1）最大试验荷载为：2×200 kPa×3.14×1.13 m×1.13 m÷4 = 400 kN

实际最少加载分级为 8 级：400 kN/8 = 50 kN

第 1 级荷载为 100 kN，第 2 级至第 7 级荷载均为 50 kN。

（2）最小平台加载量为：400×1.2 = 480 kN

（3）承载力特征值的平均值：(180 kPa+200 kPa+217 kPa)÷3 = 199 kPa

极差：217 kPa-180 kPa = 37 kPa

极差/平均值 = 37 kPa÷199 kPa = 18.6%<30%，因此取平均值 199 kPa 作为本单位工程的地基承载力特征值。

案例 2：某建筑场地采用 CFG 桩复合地基，桩长为 12 m，桩径为 500 mm，地基设计承载力特征值为 550 kPa，面积置换率采用 8.5%，计算并回答下列问题：

（1）计算复合地基静载试验承压板面积（m^2）。

（2）试确定复合地基静载试验的最大试验荷载（kN）至少是多少。

（3）试列出复合地基载荷试验实际最少的加载分级及各级加载重量（kN）。

（4）假设单位工程共检测了 3 个试验点，地基承载力特征值分别为 600、580、558 kPa，试求单位工程的地基承载力特征值，并判断是否符合设计要求。

解：

（1）已知面积置换率 = 8.5%，即 $A_桩/A_板$ = 8.5%，$A_桩$ = 500×500×3.14/4 = 0.196 25 m^2。

$A_板 = A_桩/8.5\%$ = 0.196 25/8.5% = 2.31 m^2，即承压板面积为 2.31 m^2。

（2）已知地基设计承载力特征值为 550 kPa，最大试验荷载应为设计承载力特征值的 2 倍，即 1 100 kPa，承压板面积 = 2.31 m^2。静载试验的最大加载量至少是 1 100×2.31 = 2 541 kN。

（3）复合地基载荷试验分级荷载宜为最大试验荷载的 1/12～1/8，最少的加载分级为 8 级。每级加载重量 = 2 541÷8 = 317.625 kN。

（4）依据规范，同一土层参加统计的试验点不应少于 3 点，当极差不超过平均值的 30%时，取其平均值作为该土层的地基承载力特征值 f_{ak}。已知 3 个试验点的地基承载力特征值，则其极差为 324-290 = 34 kPa，平均值为（290+310+324）/3 = 308 kPa，极差 34 kPa<平均值 308×30% = 92.4 kPa，则单位工程的地基承载力特征值为 308 kPa。

案例 3：某建筑场地采用 CFG 桩复合地基，桩长为 10 m，桩径为 500 mm，桩间距 1.0 m，正方形布置，地基设计承载力特征值为 420 kPa，计算并回答下列问题：

（1）计算复合地基等效影响圆直径（m）。

（2）试计算该复合地基载荷试验最大试验荷载加载值（kN）。

（3）假设主梁和钢板总质量为 2.8 t，堆载混凝土块每块质量为 5 t，试计算该试验至少需多少块混凝土块。

（4）试列出复合地基载荷试验实际最少的加载分级及各级加载重量（kN）。

（5）假设单位工程共检测了 3 个试验点，地基承载力特征值分别为 450、480、400 kPa，试求单位工程的地基承载力特征值，并判断是否符合设计要求。

解：

（1）已知正方形布置，等效影响圆直径 $d_e = 1.13s$，$s = 1$ m，$d_e = 1.13 \times 1 = 1.13$ m，$A_{板} = 3.14 \times d_e \times d_e \div 4 = 3.14 \times 1.13 \times 1.13 \div 4 = 1.00$ m²，承压板面积为 1.00 m²。

（2）已知地基设计承载力特征值为 420 kPa，最大试验荷载应为设计承载力特征值的 2 倍，即 $420 \times 2 \times 1.0 = 840$ kN。

（3）加载平台上堆放配重量至少应为最大加载量的 1.2 倍，即 $420 \times 2 \times 1.00 \times 1.2 = 1\ 008$ kN，加载平台上至少应堆放 1 008 kN 配重量，每块混凝土块重 5 t，$(100.8-2.8) \div 5 = 19.6$ 块，则至少需要 20 块混凝土块。

（4）复合地基载荷试验分级荷载宜为最大试验荷载的 1/12～1/8，最少的加载分级为 8 级。

每级加载重量 $= 840 \div 8 = 105$ kN。

（5）依据规范，同一土层参加统计的试验点不应少于 3 点，当极差不超过平均值的 30%时，取其平均值作为该土层的地基承载力特征值 f_{ak}。已知 3 个试验点的地基承载力特征值，则其极差为 $480-400 = 80$ kPa，平均值为 $(450+480+400) \div 3 = 443$ kPa，极差 80 kPa<平均值 $443 \times 30\% = 132$ kPa，则单位工程的地基承载力特征值为 443 kPa，地基设计承载力特征值为 420 kPa，符合设计要求。

任务 1.3　其他地基现场试验

1.3.1　标准贯入试验

标准贯入试验（Standard Penetration Test，SPT）是一种在现场用 63.5 kg 的穿心锤，以 76 cm 的落距自由落下，将一定规格的带有小型取土筒的标准贯入器打入土中，记录打入 30 cm 的锤击数（即标准贯入击数 N），并以此评价土的工程性质的原位试验。

标准贯入试验在技术上仍属于动力触探范畴，所不同的是，其贯入器不是圆锥探头，而是标准规格的圆筒形探头（由两个半圆筒合成的取土器）。与圆锥动力触探试验相似，标准贯入试验并不能直接测定地基土的物理力学性质，而是通过与其他原位测试手段或室内试验成果进行对比，建立关系式，积累地区经验，才能评定地基土的物理力学性质。

标准贯入试验的优点是操作简单、使用方便，地层适用性较广；缺点是试验数据离散性较大，精度较低，对于饱和软黏土，远不及十字板剪切试验及静力触探等方法精度高。

由于标准贯入试验的试验原理与动力触探试验十分相似，因此动力触探的试验原理也适用于标准贯入试验。但是，标准贯入试验与动力触探在贯入器上的差别，决定了标准贯入试验的基本原理的独特性，标准贯入试验在贯入过程中，整个贯入器对端部和周围土体将产生挤压和剪切作用，SPT 的贯入器是空心的，在冲击力作用下，将有一部分土挤入贯入器，其工作状态和边界条件十分复杂。

1. 试验设备

标准贯入试验的设备主要由贯入器、穿心锤和钻杆三部分组成，如图 1-3-1 所示。

1）贯入器

标准规格的贯入器是由对开管和管靴两部分组成的探头。对开管是由两个半圆管合成的圆筒形取土器；管靴是一底端带刃口的圆筒体。两者通过螺纹连接，管靴起到固定对开管的作用。贯入器的外径、内径、壁厚、刃角与长度都有标准化尺寸，见表 1-3-1。

2）穿心锤

穿心锤为重 63.5 kg 的铸钢件，中间有一直径 45 mm 的穿心孔，此孔为放导向杆用。国际、国内的穿心锤除重量相同外，锥形上不完全统一。落锤能量受落距控制，落锤方式有自动脱钩和非自动脱钩两种。目前国内普遍使用自动脱钩装置。

3）钻　杆

国际上钻杆多用直径为 40～50 mm 的无缝钢管，我国则常用直径为 42 mm 的工程地质钻杆，在与穿心锤连接处设置一锤垫。

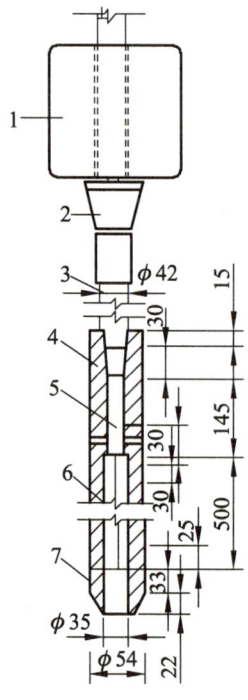

1—穿心锤；2—锤垫；3—触探杆；4—贯入器；5—出水孔；6—取土器；7—贯入器靴。

图 1-3-1　标准贯入试验设备（单位：mm）

我国目前采用的标准贯入试验设备与国际标准一致，《岩土工程勘察规范（2009年版）》（GB 50021—2001）及《建筑地基检测技术规范》（JGJ 340—2015）要求 SPT 的设备应符合表 1-3-1 的规定。

表 1-3-1　标准贯入试验设备规格

落锤		锤的质量/kg	63.5
		落距/cm	76
贯入器	对开管	长度/mm	>500
		外径/mm	51
		内径/mm	35
	管靴	长度/mm	50~76
		刃口角度/(°)	18~20
		刃口单刃厚度/mm	1.6
钻杆		直径/mm	42~50
		相对弯曲	<1/1 000

注：穿心锤导向杆应平直，保持润滑，相对弯曲<1/1 000。

2. 现场检测要点

根据《建筑地基检测技术规范》(JGJ 340—2015)，现场检测需按以下要求进行：

（1）标准贯入试验应在平整的场地上进行，平面布设应满足下列要求：

① 测试点应根据工程地质分区或加固处理分区均匀布置，应具有代表性。

② 复合地基桩间土测试点应布置在等边三角形或正方形的中心；邻近竖向增强体边不宜布置标准贯入测试点。

③ 评价地基处理效果和评价消除液化的处理效果时，处理前、后的测试点布置应考虑一致性。

（2）标准贯入试验的测试深度除应满足设计要求外，尚应按下列规定执行：

① 天然地基的测试深度应达到主要受力层深度以下。

② 处理土地基应达到加固深度及其主要影响深度以下。

③ 复合地基的桩间土测试深度应达到竖向增强体底部深度以下。

④ 用于判断地基土液化特性时，测试深度应超过 15~20 m 可液化层底部。

（3）标准贯入试验孔采用回转钻进，并保持孔内水位略高于地下水位。在不能保持孔壁稳定的钻孔中进行试验时，应下套管保护孔壁，但试验深度须在套管底端下部 75 cm 以下，或采用泥浆护壁。

（4）先钻至需进行试验的土层标高以上 15 cm 处，清除孔底残土后，换用标准贯入器，并量得深度尺寸再进行试验。

（5）采用自动脱钩的自由落锤法进行锤击，并减小导向杆与锤间的摩阻力，避免锤击时的偏心和侧向晃动，保持贯入器、探杆、导向杆连接后的垂直度。

（6）先将贯入器垂直打入试验土层中 15 cm，不计击数；继续贯入，记录每贯入 10 cm 的锤击数，累计 30 cm 的锤击数即为标准贯入击数 N。锤击速率应小于 30 击/min。当锤击数已达 50 击，而贯入深度未达到 30 cm 时，应终止试验，记录 50 击的实际贯入深度，按式（1-3-1）换算成相当于贯入 30 cm 的标准贯入试验实测锤击数 N。

$$N = 30 \times \frac{50}{\Delta S} \qquad (1\text{-}3\text{-}1)$$

式中 ΔS——50击时的贯入度（cm）。

（7）贯入器拔出后，应对贯入器中的土样进行鉴别、描述、记录。必要时留取土样进行试验分析。

（8）标准贯入试验点竖向间距应视工程特点、地层情况、加固目的综合分析后确定，宜为1.0 m。

（9）同一检测孔的标准贯入试验点间距宜相等。

3. 检测数据分析与判定要点

（1）标准贯入试验成果应绘制标有工程地质柱状图的单孔标准贯入击数 N 与深度的关系曲线图。

（2）对于人工地基，标准贯入试验结果应提供每个检测孔的标准贯入试验实测锤击数 N（需要时可提供标准贯入试验修正锤击数 N'）及土层分类与深度的关系曲线及表格。

（3）标准贯入试验锤击数 N 值，可对砂土、粉土、黏性土的物理状态，土的强度、变形参数、地基承载力，砂土和粉土的液化，成桩的可能性等做出评价。应用 N 值时是否修正和如何修正，应根据建立统计关系时的具体情况确定。

（4）当须作杆长修正时，锤击数可按式（1-3-2）进行钻杆长度修正。

$$N' = \alpha N \qquad (1\text{-}3\text{-}2)$$

式中 N'——标准贯入试验修正锤击数；

N——标准贯入试验实测锤击数；

α——触探杆长度修正系数，可按表1-3-2确定。

表1-3-2 标准贯入试验触探杆长度修正系数

触探杆长度/m	≤3	6	9	12	15	18	21	25	30
α	1.00	0.92	0.86	0.81	0.77	0.73	0.70	0.68	0.65

注：该修正理论主要为根据牛顿弹性碰撞理论。

（5）需要时，应根据不同深度的标准贯入试验修正锤击数，剔除异常值后，计算每个检测孔的各分层土的标准贯入修正锤击数标准值 N'_k。

（6）统计单位工程同一土层的标准贯入锤击数标准值 N_k 时，应剔除异常值。

（7）砂土、粉土、黏性土等岩土性状可根据标准贯入试验实测锤击数标准值 N_k 或修正后锤击数标准值 N'_k 按下列规定进行评价：

① 砂土的密实度可按表1-3-3分为松散、稍密、中密、密实。

表 1-3-3 砂土的密实度分类

N_k	密实度
$N_k \leq 10$	松散
$10 < N_k \leq 15$	稍密
$15 < N_k \leq 30$	中密
$N_k > 30$	密实

② 粉土的密实度可按表 1-3-4 分为松散、稍密、中密、密实。

表 1-3-4 粉土的密实度分类

e	N_k（实测值）	密实度
	$N_k \leq 5$	松散
$e > 0.9$	$5 < N_k \leq 10$	稍密
$0.75 \leq e \leq 0.9$	$10 < N_k \leq 15$	中密
$e < 0.75$	$N_k > 15$	密实

③ 黏性土的状态可按表 1-3-5 分为流塑、软塑、软可塑、硬可塑、硬塑、坚硬。

表 1-3-5 黏性土的状态分类

I_L	N'_k（修正值）	状态
$I_L > 1$	$N_k \leq 2$	流塑
$0.75 < I_L \leq 1$	$2 < N_k \leq 4$	软塑
$0.5 < I_L \leq 0.75$	$4 < N_k \leq 8$	软可塑
$0.25 < I_L \leq 0.5$	$8 < N_k \leq 14$	硬可塑
$0 < I_L \leq 0.25$	$14 < N_k \leq 25$	硬塑
$I_L \leq 0$	$N_k > 25$	坚硬

（8）当采用标准贯入试验结果评价地基土承载力特征值时，应结合比对试验结果和地区经验进行。初步评价时，可按表 1-3-6 ~ 1-3-9 进行。

表 1-3-6 砂土承载力特征值 f_{ka}　　　　　　　　　　单位：kPa

N'	10	20	30	50
中砂、粗砂	180	250	340	500
粉砂、细砂	140	180	250	340

表 1-3-7 粉土承载力特征值 f_{ka}　　　　　　　　　　单位：kPa

N'	3	4	5	6	7	8	9	10	11	12	13	14	15
f_{ka}	105	125	145	165	185	205	225	245	265	285	305	325	345

表 1-3-8　一般黏性土承载力特征值 f_{ka}　　　　　　　　　　单位：kPa

标贯击数修正值 N'	3	5	7	9	11	13	15	17	19	21
f_{ka}	90	110	150	180	220	260	310	360	410	450

表 1-3-9　花岗岩残积土承载力特征值 f_{ka}　　　　　　　　单位：kPa

N'	3	5	7	9	11	13	15	17	19	21	23
f_{ka}	100	150	200	240	280	320	360	420	500	580	660

（9）采用标准贯入试验成果 N_k 评定变形参数（E_0 或 E_s）时，应和地基处理设计时依据的该地区地基承载力和变形参数的确定方法一致。

（10）地基处理效果可依据比对试验结果、地区经验和检测孔的标准贯入试验锤击数标准值、同一土层的标准贯入试验锤击数标准值、变异系数作出相应的评价：

① 非碎石土换填垫层（粉质黏土、灰土、粉煤灰和砂垫层）的施工质量（密实度、均匀性）。

② 压实、挤密地基、强夯地基、注浆地基等的均匀性；有条件时，可结合处理前的相关数据评价地基处理有效深度。

③ 消除液化的地基处理效果，宜根据处理前后的测试数据进行对比评价。

（11）检测报告除应包括《建筑地基检测技术规范》（JGJ 340—2015）第 3.3.2 条内容外，还应包括下列内容：

① 标准贯入锤击数及土层分类与深度关系曲线。

② 每个检测孔同一土层的标准贯入锤击数代表值。

③ 同一土层或同一深度范围的标准贯入锤击数标准值。

④ 岩土性状分析或地基处理效果评价。

⑤ 对地基（土）进行检测，有约定时可根据设计时采用的地区规范或现场比对试验结果提供土层的变形参数和强度指标参考值。

1.3.2　圆锥动力触探试验

圆锥动力触探（Dynamic Penetration Test，DPT）是利用一定的锤击动能，将一定规格的圆锥探头打入土中，根据每打入土中一定深度的锤击数（或动贯入阻力）判别土层的变

圆锥动力触探试验要点

化，确定土的工程性质，从而对地基土进行岩土工程评价的一种原位测试方法。按其锤击能量划分为轻型（N_{10}）、重型（$N_{63.5}$）、超重型（N_{120}）等 3 种类型的动力触探。

试验设备如图 1-3-2、图 1-3-3 所示。

圆锥动力触探试验有以下优点：① 设备简单，坚固耐用；② 操作及测试方法容易；③ 适用性广；④ 快速，经济，能连续测试土层；⑤ 有些动力触探可同时取样，观察描述。

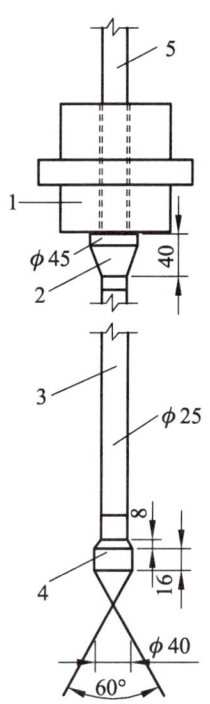
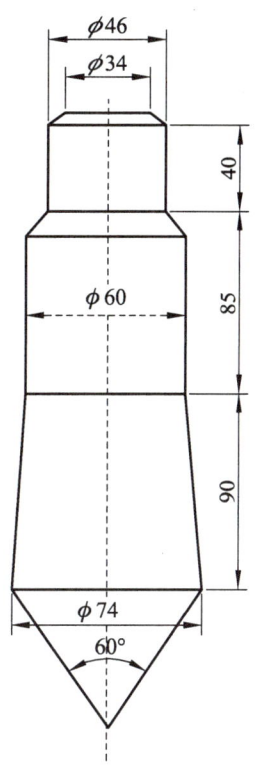

1—穿心锤；2—钢砧与锤垫；3—触探杆；
4—圆锥探头；5—导向杆。

图 1-3-2　轻型动力触探仪（单位：mm）

图 1-3-3　重型、超重型动力触探探头
（单位：mm）

1. 圆锥动力触探的类型及设备要求

圆锥动力触探试验的设备规格应符合表 1-3-10 的规定。

表 1-3-10　圆锥动力触探试验设备规格

类型		轻型	重型	超重型
落锤	锤的质量/kg	10	63.5	120
	落距/cm	50	76	100
探头	直径/mm	40	74	74
	锥角/(°)	60	60	60
探杆直径/mm		25	42，50	50～60

2. 圆锥动力触探试验现场检测要点

（1）经人工处理过的地基，应根据其处理土的类型和增强体桩体材料情况合理选择圆锥动力触探试验类型，判断其适用性，其试验方法、要求与天然地基相同。

（2）圆锥动力触探试验应在平整的场地上进行，平面布设应满足下列要求：

① 圆锥动力触探试验的测试点应根据工程地质分区或加固处理分区均匀布置，应具有代表性。

② 复合地基的增强体施工质量检测，测试点应布置在增强体的桩体中心附近。桩间土的处理效果检测，测试点应在等边三角形或正方形处理单元的中心处。

③ 评价强夯置换墩着底情况时，测试点位置可选择在置换墩中心。

当评价地基处理效果时，处理前、后的测试点的布置应考虑前后的一致性。

（3）动力触探测试深度除应满足设计要求外，尚应按下列规定执行：

① 天然地基测试应达到主要受力层深度以下。

② 人工地基测试应达到加固深度及其主要影响深度以下。

复合地基增强体及桩间土的测试深度均应不小于竖向增强体底部深度。

（4）圆锥动力触探试验的技术要求应符合下列规定：

① 圆锥动力触探试验应采用自由落锤。

② 触探杆最大偏斜度不超过 2%，锤击贯入应连续进行。地面上触探杆高度不宜超过 1.5 m。同时防止锤击偏心、探杆倾斜和侧向晃动，保持探杆垂直。锤击速率宜为 15～30 击/min。

③ 每贯入 1 m，宜将探杆转动一圈半。当贯入深度超过 10 m 时，每贯入 20 cm 宜转动探杆 1 次。

④ 对轻型动力触探，当 N_{10}>100 击或贯入 15 cm 锤击数超过 50 击时，可停止试验。

⑤ 对重型动力触探，当连续 3 次 $N'_{63.5}$>50 击时，可停止试验或改用钻探、超重型动力触探。当有硬夹层时，宜穿过硬夹层后继续试验。

⑥ 现场应及时记录试验段深度和锤击数。轻型动力触探记录每贯入 30 cm 的锤击数 N_{10}，重型或超重型动力触探记录每贯入 10 cm 的锤击数 $N'_{63.5}$ 或 N_{120}。

3. 检测数据分析与判定要点

（1）重型及超重型动力触探锤击数应按规定进行修正。

（2）单孔连续圆锥动力触探试验应绘制锤击数与贯入深度关系曲线。

（3）计算单孔分层贯入指标平均值时，应剔除临界深度以内的数值、超前和滞后影响范围内的异常值。

（4）根据各孔分层的贯入指标平均值，用厚度加权平均法计算场地分层贯入指标平均值和变异系数。

（5）应根据不同深度的动力触探锤击数，采用平均值法计算每个检测孔的各土层的动力触探锤击数平均值（代表值）。

（6）单位工程同一土层的动力触探锤击数标准值，应根据各检测孔的同一土层动力触探锤击数平均值按规范计算方法确定。统计同一土层动力触探锤击数平均值时，应根据动力触探锤击数沿深度的分布趋势结合岩土工程勘探资料进行土层划分。

（7）地基土的岩土性状、地基处理的施工效果可根据单位工程各检测孔的动力触探锤击数、同一土层的动力触探锤击数标准值、变异系数进行评价。地基处理的施工效果宜根据处理前后的检测结果进行评价。

（8）当采用圆锥动力触探试验锤击数评价复合地基竖向增强体的施工质量时，宜仅对单个增强体的试验结果进行统计和评价。

（9）当采用轻型动力触探试验评价地基土承载力特征值时，应结合比对试验结果和地区经验进行。初步评价时，可按表1-3-11进行。

表1-3-11　N_{10}轻型动力触探试验推定地基承载力特征值f_{ak}　　　　单位：kPa

N_{10}（击/30 cm）	5	10	15	20	25	30	35	40	45	50
一般黏性土地基	50	70	100	140	180	220	260	300	340	380
黏性素填土地基	60	80	95	110	120	130	140	150	160	170
粉土、粉细砂土地基	55	70	80	90	100	110	125	140	150	160

（10）当采用重型动力触探试验评价地基土承载力特征值时，应结合比对试验结果和地区经验进行。初步评价时，可按表1-3-12进行。

表1-3-12　$N_{63.5}$重型动力触探试验推定地基承载力特征值f_{ak}　　　　单位：kPa

$N_{63.5}$（击/10 cm）	2	3	4	5	6	7	8	9	10	11	12	13	14	15	16
一般黏性土	120	150	180	210	240	265	290	320	350	375	400	425	450	475	500
中砂、粗砂土	80	120	160	200	240	280	320	360	400	440	480	520	560	600	640
粉砂、细砂土		75	100	125	150	175	200	225	250						

（11）评价黏性土状态、砂土密实度、碎石土（桩）的密实度和碎石土地基承载力特征值时，应结合比对试验结果和地区经验进行。初步评价时，可根据重型或超重型动力触探修正锤击数按表1-3-13～1-3-18进行。

表1-3-13　黏性土状态按$N_{63.5}$分类

$N_{63.5}\leq1.5$	$1.5<N_{63.5}\leq3$	$3<N_{63.5}\leq7.5$	$7.5<N_{63.5}\leq10$	$N_{63.5}>10$
流塑	软塑	可塑	硬塑	坚硬

表1-3-14　砂土密实度按$N_{63.5}$分类

$N_{63.5}\leq4$	$4<N_{63.5}\leq6$	$6<N_{63.5}\leq9$	$N_{63.5}>9$
松散	稍密	中密	密实

表1-3-15　碎石土密实度按$N_{63.5}$分类

$N_{63.5}\leq5$	$5<N_{63.5}\leq10$	$10<N_{63.5}\leq20$	$N_{63.5}>20$
松散	稍密	中密	密实

注：本表适用于平均粒径等于或小于50 mm，且最大粒径小于100 mm的碎石土。对于平均粒径大于50 mm，或最大粒径大于100 mm的碎石土，可用超重型动力触探。

表 1-3-16　碎石桩密实度按 $N_{63.5}$ 分类

$N_{63.5}<4$	$4 \leqslant N_{63.5} \leqslant 5$	$5<N_{63.5} \leqslant 7$	$N_{63.5}>7$
松散	稍密	中密	密实

表 1-3-17　碎石土密实度按 N_{120} 分类

$N_{120} \leqslant 3$	$3<N_{120} \leqslant 6$	$6<N_{120} \leqslant 11$	$11<N_{120} \leqslant 14$	$N_{120}>14$
松散	稍密	中密	密实	很密

表 1-3-18　碎石土承载力特征值 f_{ak}　　　　单位：kPa

土的名称	稍密	中密	密实
卵石	300~500	500~800	800~1 000
碎石	200~400	400~700	700~900
圆砾	200~300	300~500	500~700
角砾	150~200	200~400	400~600

（12）对冲、洪积卵石土和圆砾土地基，当贯入深度小于 12 m 时，评价地基的变形模量 E_0 应结合比对试验结果和地区经验进行。初步评价时，可根据重型动力触探修正锤击数平均值 $\bar{N}_{63.5}$ 按表 1-3-19 进行。

表 1-3-19　卵石土、圆砾土 E_0　　　　单位：MPa

$\bar{N}_{63.5}$（击/10 cm）	3	4	5	6	8	10	12	14	16
E_0	9.9	11.8	13.7	16.2	21.3	26.4	31.4	35.2	39.0
$\bar{N}_{63.5}$（击/10 cm）	18	20	22	24	26	28	30	35	40
E_0	42.8	46.6	50.4	53.6	56.1	58.0	59.9	62.4	64.3

（13）对换填地基、预压处理地基、强夯处理地基、不加料振冲加密处理地基的承载力特征值做初步评价时，可按《建筑地基检测技术规范》（JGJ 340—2015）第 8.4.9 和第 8.4.10 条进行。

4. 动力触探测试精度影响因素

动力触探在现场测试过程中，由于设备、人员操作等原因对测试精度有影响，现场测试时需注意。

1）设备因素

（1）穿心锤的形状和质量；

（2）探头的形状和大小；

（3）触探杆的截面尺寸、长度和质量；

（4）导向锤座的构造及尺寸；

（5）所用材料的材型及性能。

2）人为因素

（1）落锤的高度、锤击的速度和操作方法；

（2）读数量测方法和精度；

（3）钻孔的护壁、清孔。

3）其他因素

（1）土的性质；

（2）触探深度；

（3）地下水。

1.3.3　静力触探试验

静力触探试验（Cone Penetration Test，CPT）简称静探，是利用静力以一恒定的贯入速率将圆锥探头通过一系列探杆压入土中，根据测得的探头贯入阻力大小来间接判定土的物理力学性质的原位试验。该试验适用于判定软土、一般黏性土、粉土和砂土的天然地基及采用换填垫层、预压、压实、挤密、夯实处理的人工地基的地基承载力、变形参数和评价地基处理效果。

静力触探试验根据其测试特点，在地基检测中有以下优点：

（1）测试连续、快速，效率高，功能多，兼有勘探与测试的双重作用。

（2）采用电测技术后，易于实现测试过程的自动化，测试结果可由计算机自动处理，大大减轻了人的工作强度。

但该测试技术也存在以下缺点：

（1）贯入机理不清，无数理模型。

（2）对碎石类土和密实砂土难以贯入，也不能直接观测土层。

在现场检测工作中，静力触探常和钻探取样联合运用。同时应根据该方法的优缺点选取地基现场检测方法。

静力触探的工作过程是用静力将探头压到土层中去。在贯入过程中，由于埋藏在地层中的各种土的物理力学性质不同，因此探头遇到的阻力也不同，有的土软，阻力就小，有的土硬，阻力就大。土的软硬正是土的力学性质的一种表现。所以贯入阻力是从一个侧面反映了土的强度。根据这样一种内部联系，我们利用探头中的阻力传感器，将贯入阻力通过电子量测记录仪表把它显示和记录下来，并根据贯入阻力和土的强度之间存在的一定关系，确定土的力学指标，划分土层，进行地基土评价和提供设计所需参数。

当静力触探的探头在静压力作用下，匀速向土层中贯入时，探头附近一定范围内的土体受到压缩和剪切破坏，同时对探头产生贯入阻力。一般来说，同一种土层中贯入阻力大，土层的力学性质好，承载力高；反之，贯入阻力小，土层软弱，承载力低。利用静力触探与土的野外载荷试验对比，或静力触探贯入阻力与桩基承载力及土的物理学性质的指标对比，运用数理统计的方法，可以建立各种相关方程（经验关系）。这样，只要知道土层的贯入阻力即可确定该层土的地基承载力等指标参数。

地基土承载力特征值、压缩模量与比贯入阻力或锥尖阻力标准值的关系分别见表 1-3-20、表 1-3-21。

表 1-3-20　地基土承载力特征值 f_{ak}（kPa）与比贯入阻力或锥尖阻力标准值的关系

f_{ak}	p_s 适用范围	适用土类
$f_{ak} = 74p_s+30$	0.4～0.9	软土（淤泥、淤泥质土）
$f_{ak} = 54p_s+50$	0.5～5.0	一般黏性土
$f_{ak} = 28.5p_s+50$	1.0～10.0	粉性土
$f_{ak} = 30p_s-18$	5.0～25.0	粉细砂
$f_{ak} = 14p_s+130$	5.0～30.0	中粗砂

表 1-3-21　压缩模量 E_s（MPa）与比贯入阻力或锥尖阻力标准值的关系

E_s	p_s 适用范围	适用土类
$E_s = 4.39p_s+0.55$	0.4～0.9	软土（淤泥、淤泥质土）
$E_s = 3.54p_s+1.99$	0.5～5.0	一般黏性土
$E_s = 2.47p_s+6.38$	1.0～10.0	粉性土
$E_s = 5.34p_s+0.53$	5.0～25.0	粉细砂
$E_s = 4.71p_s-6.52$	5.0～30.0	中粗砂

1.3.4　十字板剪切试验

十字板剪切试验（Vane Shear Test，VST）是一种通过对插入地基土中的规定形状和尺寸的十字板头施加扭矩，使十字板头在土体中等速扭转形成圆柱状破坏面，通过换算、评定地基土不排水抗剪强度的现场试验。

该试验所测得的抗剪强度值，相当于试验深度处天然土层在原位压力下固结的不排水抗剪强度，由于十字板剪切试验不需要采取土样，避免了土样扰动及天然应力状态的改变，是一种有效的现场测试方法。

根据十字板仪的不同，十字板剪切试验可分为普通十字板（机械式）试验和电测十字板试验；根据贯入方式的不同，又可分为预钻孔十字板剪切试验和自钻式十字板剪切试验。

该试验的优点是可避免取土扰动的影响，测得的强度能较好地反映土的天然强度，设备简单、操作方便；缺点是对于不均匀土层，特别是夹有薄层粉细砂或粉土的软黏土，会有较大误差，使用时必须谨慎。

该试验主要适用于饱和软黏性土天然地基及人工地基的不排水抗剪强度和灵敏度检测。

项目 2　建筑基桩检测技术

任务 2.1　概　述

2.1.1　基本规定

（1）基桩检测可分为施工前为设计提供依据的试验桩检测和施工后为验收提供依据的工程桩检测。基桩检测应根据检测目的、检测方法的适应性、桩基的设计条件、成桩工艺等，按表 2-1-1 合理选择检测方法。当通过两种或两种以上检测方法的相互补充、验证，能有效提高基桩检测结果判定的可靠性时，应选择两种或两种以上的检测方法。

桩基工程一般按勘察、设计、施工、验收四个阶段进行，基桩试验和检测工作多数情况下分别放在设计和验收两阶段，即施工前和施工后。大多数桩基工程的试验和检测工作是在这两个阶段开展的，但对桩数较多、施工周期较长的大型桩基工程，验收检测应尽早安排在施工过程中穿插进行，而且这种做法应大力提倡。

表 2-1-1　检测目的及检测方法

检测目的	检测方法
1. 确定单桩竖向抗压极限承载力； 2. 判定竖向抗压承载力是否满足设计要求； 3. 通过桩身应变、位移测试，测定桩侧、桩端阻力，验证高应变法的单桩竖向抗压承载力检测结果	单桩竖向抗压静载试验
1. 确定单桩竖向抗拔极限承载力； 2. 判定竖向抗拔承载力是否满足设计要求； 3. 通过桩身应变、位移测试，测定桩的抗拔侧阻力	单桩竖向抗拔静载试验

续表

检测目的	检测方法
1. 确定单桩水平临界荷载和极限承载力，推定土抗力参数； 2. 判定水平承载力或水平位移是否满足设计要求； 3. 通过桩身应变、位移测试，测定桩身弯矩	单桩水平静载试验
检测灌注桩桩长、桩身混凝土强度、桩底沉渣厚度，判断或鉴别桩端持力层岩土性状，判定桩身完整性类别	钻芯法
检测桩身缺陷及其位置，判定桩身完整性类别	低应变法
1. 判定单桩竖向抗压承载力是否满足设计要求； 2. 检测桩身缺陷及其位置，判定桩身完整性类别； 3. 分析桩侧和桩端土阻力； 4. 进行打桩过程监控	高应变法
检测灌注桩桩身缺陷及其位置，判定桩身完整性类别	声波透射法

表 2-1-1 所列 7 种方法是基桩检测中最常用的检测方法。对于冲钻孔、挖孔和沉管灌注桩以及预制桩等桩型，可采用其中多种甚至全部方法进行检测；但对异型桩、组合型桩，表 2-1-1 中的部分方法就不能完全适用（如高、低应变法）。因此在具体选择检测方法时，应根据检测目的、内容和要求，结合各检测方法的适用范围和检测能力，考虑设计、地基条件、施工因素和工程重要性等情况确定，不允许超适用范围滥用。同时也要兼顾实施中的经济合理性，即在满足正确评价的前提下，做到快速、经济。

（2）当设计有要求或有下列情况之一时，施工前应进行试验桩检测并确定单桩极限承载力：

① 设计等级为甲级的桩基；
② 无相关试桩资料可参考的设计等级为乙级的桩基；
③ 地基条件复杂、基桩施工质量可靠性低；
④ 本地区采用的新桩型或采用新工艺成桩的桩基。

施工前进行试验桩检测并确定单桩极限承载力，目的是为设计单位选定桩型和桩端持力层、掌握桩侧桩端阻力分布并确定基桩承载力提供依据，同时也为施工单位在新的地基条件下设定并调整施工工艺参数进行必要的验证。对设计等级高且缺乏地区经验的工程，为获得既经济又可靠的设计施工参数，减少盲目性，前期试桩尤为重要。考虑到桩基础选型、成桩工艺选择和地基条件、桩型和工法的成熟性密切相关，为在推广应用新桩型或新工艺过程中不断积累经验，使其达到预期的质量和效益目标，规定本地区采用新桩型或新工艺也应在施工前进行试桩。通常为设计提供依据的试验桩静载试验往往应加载至极限破坏状态，但受设备条件和反力提供方式的限制，试验可能做不到破坏状态，为安全起见，此时的单桩极限承载力取试验时最大加载值，但前提是应符合设计的预期要求。

（3）施工完成后的工程桩应进行单桩承载力和桩身完整性检测。

工程桩的单桩承载力和桩身完整性是国家标准《建筑地基基础工程施工质量验收

标准》(GB 50202—2018)桩基验收中的主控项目，也是《建筑地基基础设计规范》(GB 50007—2011)的必检项目。因工程桩的预期使用功能要通过单桩承载力实现，完整性检测的目的是发现某些可能影响单桩承载力的缺陷，最终仍是为减少安全隐患、可靠判定工程桩承载力服务。所以，进行基桩质量检测时，承载力和完整性两项内容密不可分，往往是通过低应变等完整性普查，找出基桩施工质量问题并得到对整体施工质量的大致估计结果。而工程桩承载力是否满足设计要求则需通过有代表性的单桩承载力检验来实现。

（4）桩基工程除应在工程桩施工前和施工后进行基桩检测外，尚应根据工程需要，在施工过程中进行质量的检测与监测。

鉴于目前对施工过程中的检测重视不够，本条强调了施工过程中的检测，以便加强施工过程的质量控制，做到信息化施工。例如：冲钻孔灌注桩施工中应提倡或明确规定采用一些成熟的技术和常规的方法进行孔径、孔斜、孔深、沉渣厚度和桩端岩性鉴别等项目的检验；对于打入式预制桩，提倡沉桩过程中的动力监测等。

桩基施工过程中可能出现以下情况：设计变更、局部地基条件与勘察报告不符、工程桩施工工艺与施工前为设计提供依据的试验桩不同、原材料发生变化、施工单位更换等，这些都可能造成质量隐患。除施工前为设计提供依据的检测外，仅在施工后进行验收检测，即使发现质量问题，也只是事后补救。因此，基桩检测除在施工前和施工后进行外，尚应加强桩基施工过程中的检测，以便及时发现并解决问题，做到防患于未然。

2.1.2 检测方法的选择和检测数量

（1）为设计提供依据的试验桩检测应依据设计确定的静载受力状态，采用相应的静载试验方法确定单桩极限承载力，检测数量应满足设计要求，且在同一条件下不应少于 3 根；当预计工程桩总数少于 50 根时，检测数量不应少于 2 根。

基桩受力状态是指桩的承压、抗拔和水平力三种受力状态。

同一条件是指地基条件、桩长相近、桩端持力层、桩型、桩径、成桩工艺相同。对于大型工程，同一条件可能包含若干个桩基分项（子分项）工程。同一桩基分项工程可能由两个或两个以上"同一条件"的桩组成，如直径 400 mm 和 500 mm 的两种规格的管桩应区别对待。

同一条件下的试桩数量不得少于 3 根，是保障合理评价试桩结果的低限要求。若实际中由于某些原因不足以为设计提供可靠依据或设计另有要求，可根据实际情况增加试桩数量。另外，如果施工时桩参数发生了较大变动或施工工艺发生了变化，应重新试桩。

（2）打入式预制桩有下列条件要求之一时，应采用高应变法进行试打桩过程监测。在相同施工工艺和相近地基条件下，试打桩数量不应少于 3 根。

① 控制打桩过程中的桩身应力；

② 确定沉桩工艺参数；

③ 选择沉桩设备；

④ 选择桩端持力层。

本条的要求恰好是在打入式预制桩（特别是长桩、超长桩）情况下的高应变法技术优势所在。进行打桩过程监控可减小桩的破损率和选择合理的入土深度，进而提高沉桩效率。

（3）混凝土桩的桩身完整性检测方法选择，应符合规范的规定；当一种方法不能全面评价基桩完整性时，应采用两种或两种以上的检测方法，检测数量应符合下列规定：

① 建筑桩基设计等级为甲级，或地基条件复杂、成桩质量可靠性较低的灌注桩工程，检测数量不应少于总桩数的 30%，且不应少于 20 根；其他桩基工程，检测数量不应少于总桩数的 20%，且不得少于 10 根。

② 除符合本条上款规定外，每个柱下承台检测桩数不应少于 1 根。

③ 大直径嵌岩灌注桩或设计等级为甲级的大直径灌注桩，应在上述两款规定的检测桩数范围内，按不少于总桩数 10% 的比例采用声波透射法或钻芯法检测。

④ 当符合第①②款规定的桩数较多，或为了全面了解整个工程基桩的桩身完整性情况时，宜适当增加检测数量。

桩身完整性检测，应在保证准确全面判定的原则上，首选适用、快速、经济的检测方法。当一种方法不能全面评判基桩完整性时，应采用两种或多种检测方法组合进行检测。例如：① 对多节预制桩，接头质量缺陷是较常见的问题。在无可靠验证对比资料和经验时，低应变法对不同形式的接头质量判定尺度较难掌握，所以对接头质量有怀疑时，宜采用低应变法与高应变法或孔内影像相结合的方式检测。② 中小直径灌注桩常采用低应变法，但大直径灌注桩一般设计承载力高，桩身质量是控制承载力的主要因素；随着桩径的增大和桩长超长，尺寸效应和有效检测深度对低应变法的影响加剧，而钻芯法、声波透射法恰好适合于大直径桩的检测（对于嵌岩桩，采用钻芯法可同时钻取桩端持力层岩芯和检测沉渣厚度）。同时，对大直径桩采用联合检测方式，多种方法并举，优势互补，可提高完整性检测的可靠性。

按设计等级、地质情况和成桩质量可靠性确定灌注桩的检测比例大小，20 多年来的实践证明是合理的。

"每个柱下承台检测桩数不得少于 1 根"的规定涵盖了单桩单柱应全数检测之意。但应避免为满足本条①~③款最低抽检数量要求而贪图省事、不负责任地选择受检桩。如核心筒部位荷载大、基桩密度大，但受检桩却大量挑选在裙楼基础部位；又如 9 桩或 9 桩以上的柱下承台仅检测 1 根。

当对复合地基中类似于素混凝土桩的增强体进行检测时，检测数量应按《建筑地基检测技术规范》（JGJ 340—2015）规定执行。

（4）当符合下列条件之一时，应采用单桩竖向抗压静载试验进行承载力验收检测。检测数量不少于同一条件下桩基分项工程总桩数的 1%，且不应少于 3 根；当总桩数小于 50 根时，检测数量不应少于 2 根。

① 设计等级为甲级的桩基；

② 施工前未规范进行单桩静载试验的工程；

③ 施工前进行了单桩静载试验,但施工过程中变更了工艺参数或施工质量出现了异常;

④ 地基条件复杂、桩施工质量可靠性低;

⑤ 本地区采用的新桩型或新工艺;

⑥ 施工过程中产生挤土上浮或偏位的群桩。

桩基工程属于一个单位工程的分部(子分部)工程中的分项工程,一般以分项工程单独验收。所以将承载力验收检测的工程桩数量限定在分项工程内。同时规定了在何种条件下工程桩应进行单桩竖向抗压静载试验及检测数量低限。

采用挤土沉桩工艺时,由于土体的侧挤和隆起,质量问题(桩被挤断、拉断、上浮等)时有发生,尤其是大面积密集群桩施工,加上施打顺序不合理或打桩速率过快等不利因素,常引发严重的质量事故。有时施工前虽做了静载试验并以此作为设计依据,但因前期施工的试桩数量毕竟有限,挤土效应并未充分显现,施工后的单桩承载力与施工前的试桩结果相差甚远,对此应给予足够的重视。

另需注意,单桩竖向抗压承载力检测的数量或方法的选择不能按规范执行时,为避免无法实施竖向抗压承载力检测的情况出现,下面第(6)条和第(7)条给予了补充。

(5)除上条规定外的工程桩,单桩竖向抗压承载力可按下列方式进行验收检测:

① 当采用单桩静载试验时,检测数量宜符合上条的规定;

② 预制桩和满足高应变法适用范围的灌注桩,可采用高应变法检测单桩竖向抗压承载力,检测数量不宜少于总桩数的 5%,且不得少于 5 根。

高应变法作为一种以检测承载力为主的试验方法,尚不能完全取代静载试验。该方法的可靠性的提高,在很大程度上取决于检测人员的技术水平和经验,绝非仅通过一定量的静动对比就能解决。由于检测人员水平、设备匹配能力、桩土相互作用复杂性等原因,超出高应变法适用范围后,静动对比在机理上就不具备可比性。如果说"静动对比"是衡量高应变法是否可靠的唯一"硬"指标的话,那么对比结果就不能只是与静载承载力数值的比较,还应比较动测得到的桩的沉降和土参数取值是否合理。同时,即使不受条件限制时,尽管允许采用高应变法进行验收检测,但仍需不断积累验证资料、提高分析判断能力和现场检测技术水平。尤其针对灌注桩检测中,实测信号质量有时不易保证、分析中不确定因素多的情况,对此规范已作了相应规定。

(6)当有本地区相近条件的对比验证资料时,高应变法也可作为单桩竖向抗压承载力验收检测的补充。其检测数量不宜少于总桩数的 5%,且不得少于 5 根。

为了全面了解工程桩的承载力情况,使验收检测达到既安全又经济的目的,可采用高应变法作为静载试验的"补充",但无法完全代替静载试验。如场地地基条件复杂、桩施工变异大,但按规范规定的静载试桩数量很少,存在抽样数量不足、代表性差的问题,此时在满足规范规定的静载试桩数量的基础上,可以额外增加高应变法检测;又如场地地基条件和施工变异不大,按 1%抽检的静载试桩数量很大,根据经验能认定高应变法适用且其结果与静载试验有良好的可比性,此时可适当减少静载试桩数量,采用高应变法检测作为补充。

(7)对于端承型大直径灌注桩,当受设备或现场条件限制无法检测单桩竖向抗压承载力时，可选择下列方式之一，进行持力层核验：

① 采用钻芯法测定桩底沉渣厚度，并钻取桩端持力层岩土芯样检验桩端持力层，检测数量不应少于总桩数的 10%，且不应少于 10 根；

② 采用深层平板载荷试验或岩基平板载荷试验，检测应符合规范的有关规定，检测数量不应少于总桩数的 1%，且不应少于 3 根。

端承型大直径灌注桩（事实上对所有高承载力的桩），往往不允许任何一根桩承载力失效，否则后果不堪设想。由于试桩荷载大或场地限制，有时很难甚至无法进行单桩竖向抗压承载力静载检测。对此，规定进行了补充，体现了"多种方法合理搭配，优势互补"的原则，如深层平板载荷试验、岩基载荷试验，终孔后混凝土灌注前的桩端持力层鉴别，成桩后的钻芯法沉渣厚度测定，桩端持力层钻芯鉴别（包括动力触探、标准贯入试验、岩芯试件抗压强度试验）。

（8）对设计有抗拔或水平力要求的桩基工程，单桩承载力验收检测应采用单桩竖向抗拔或单桩水平静载试验，检测数量不少于同一条件下桩基分项工程总桩数的 1%，且不应少于 3 根；当总桩数小于 50 根时，检测数量不应少于 2 根。

2.1.3 验证与扩大检测

（1）单桩竖向抗压承载力验证应采用单桩竖向抗压静载试验。

（2）桩身浅部缺陷可采用开挖验证。

（3）桩身或接头存在裂隙的预制桩可采用高应变法验证，管桩可采用孔内摄像的方式验证。

（4）单孔钻芯检测发现桩身混凝土存在质量问题时，宜在同一基桩增加钻孔验证，并根据前、后钻芯结果对受检桩重新评价。

（5）对低应变法检测中不能明确完整性类别的桩或Ⅲ类桩，可根据实际情况采用静载法、钻芯法、高应变法、开挖等方法验证检测。

（6）桩身混凝土实体强度可在桩顶浅部钻取芯样验证。

当需要验证运送至现场某批次混凝土强度或对预留的试块强度和浇注后的混凝土强度有异议时，可按结构构件取芯的方式，验证评价桩身实体混凝土强度。

这六条内容针对检测中出现的缺乏依据、无法或难以定论的情况，提出了验证检测原则。用准确可靠程度（或直观性）高的检测方法来弥补或复核准确可靠程度（或直观性）低的检测方法结果的不确定性，称为验证检测。

上述第（4）条的做法，介于重新检测和验证检测之间，使验证检测结果与首次检测结果合并在一起，重新对受检桩进行评价。

应该指出：桩身完整性不符合要求和单桩承载力不满足设计要求是两个独立概念。完整性为Ⅰ类或Ⅱ类而承载力不满足设计要求显然存在结构安全隐患；竖向抗压承载力满足设计要求而完整性为Ⅲ类或Ⅳ类也可能存在安全和耐久性方面的隐患。如桩身出现水平整合型裂缝（灌注桩因挤土、开挖等原因也常出现）或断裂，低应变完整性为Ⅲ类或Ⅳ类，但高应变完整性可能为Ⅱ类，且竖向抗压承载力可能满足设计要求，但存在水平承载力和耐久性方面的隐患。

（7）当采用低应变法、高应变法和声波透射法检测桩身完整性发现有Ⅲ、Ⅳ类桩存在，且检测数量覆盖的范围不能为补强或设计变更方案提供可靠依据时，宜采用原检测方法，在未检桩中继续扩大检测，当原检测方法为声波透射法时，可改用钻芯法。

（8）当单桩承载力或钻芯法抽检结果不满足设计要求时，应分析原因并扩大抽检。

通常，因初次抽样检测数量有限，当抽样检测中发现承载力不满足设计要求或完整性检测中Ⅲ、Ⅳ类桩比例较大时，应会同有关各方分析和判断桩基整体的质量情况，如果不能得出准确判断，为补强或设计变更方案提供可靠依据时，应扩大检测。扩大检测数量宜根据地基条件、桩基设计等级、桩型、施工质量变异性等因素合理确定。

2.1.4 检测结果评价和检测报告

（1）桩身完整性检测结果评价，应给出每根受检桩的桩身完整性类别。桩身完整性分类应符合表 2-1-2 的规定。

表 2-1-2 桩身完整性分类

桩身完整性类别	分类原则
Ⅰ类桩	桩身完整
Ⅱ类桩	桩身有轻微缺陷，不会影响桩身结构承载力的正常发挥
Ⅲ类桩	桩身有明显缺陷，对桩身结构承载力有影响
Ⅳ类桩	桩身存在严重缺陷

桩基整体施工质量问题可由桩身完整性普测发现，如果不能根据完整性检测结果判断对桩承载力的影响程度，进而估计是否危及上部结构安全，那么在很大程度上就失去了桩身完整性检测的实际意义。桩的承载功能是通过桩身结构承载力实现的。完整性类别划分主要是根据缺陷程度，但这种划分不能机械地理解为不须考虑桩的设计条件和施工因素。综合判定能力对检测人员极为重要。

按桩身完整性定义中连续性的含义，只要实测桩长小于施工记录桩长，桩身完整性就应判为Ⅳ类桩。这对桩长虽短、桩端进入了设计要求的持力层且桩的承载力基本不受影响的情况也如此。

按惯例，Ⅰ、Ⅱ类桩属于合格桩，Ⅲ、Ⅳ类桩属于不合格桩。对Ⅲ、Ⅳ类桩，工程上一般会采取措施进行处理，如对Ⅳ类桩的处理内容包括：补强、补桩、设计变更或由原设计单位复核是否可满足结构安全和使用功能要求。另外，低应变反射波法出现Ⅲ类桩的判定结论后，可能还附带检测机构要求对该桩采用其他方法进一步验证的建议。

（2）工程桩承载力验收检测应给出受检桩的承载力检测值，并评价单桩承载力是否满足设计要求。

承载力现场使用的实测数据通过分析或综合分析所确定或判定的值称为承载力检测值，该值也包括采用正常使用极限状态要求的某一限值（如变形、裂缝）所对应的加载值。

（3）检测报告应包含下列内容：

① 委托方名称，工程名称、地点、建设、勘察、设计、监理和施工单位，基础、结构形式，层数，设计要求，检测目的，检测依据，检测数量，检测日期；

② 地基条件描述；

③ 受检桩的桩型、尺寸、桩号、桩位、桩顶标高和相关施工记录；

④ 检测方法，检测仪器设备，检测过程叙述；

⑤ 受检桩的检测数据，实测与计算分析曲线、表格和汇总结果；

⑥ 与检测内容相应的检测结论。

检测报告应根据所采用的检测方法和相应的检测内容出具检测结论。为使报告具有较强的可读性和内容完整，除众所周知的要求（报告用词规范、检测结论明确、必要的概况描述）外，报告中还应包括检测原始记录信息或由其直接导出的信息，即检测报告应包含各受检桩的原始检测数据和曲线，并附有相关的计算分析数据和曲线。杜绝检测报告仅有检测结果而无任何检测数据和曲线的现象。

任务 2.2　基桩静载荷检测

2.2.1　基桩受力机理分析

桩是埋入土中的柱形杆件，其作用是将上部结构的荷载传递到深部较坚硬、压缩性小的土层或岩层上。总体上可考虑按竖向受荷、竖向抗拔与水平受荷三种工况来分析桩的承载受力性状。

基桩静载试验的基本知识

1. 竖向受压荷载作用下的单桩工作机理

单桩竖向抗压极限承载力是指桩在竖向荷载作用下到达破坏状态或出现不适于继续承载的变形所对应的最大荷载，由以下两个因素决定：一是桩本身的材料强度，即桩在轴向受压、偏心受压或在桩身压曲的情况下，结构强度的破坏；二是地基土强度，即地基土对桩的极限支承能力。通常情况下，第二个因素是决定单桩极限抗压承载力的主要因素，也是我们主要讨论的问题。

在竖向受压荷载作用下，桩顶荷载通过桩侧摩阻力和桩端阻力承担，且侧阻和端阻的发挥是不同步的，即桩侧阻力先发挥，先达极限，端阻后发挥，后达极限；两者的发挥过程反映了桩土体系的荷载传递过程：在开始受荷阶段，桩顶位移小，荷载由桩上侧表面的土阻力承担，以剪应力形式传递给桩周土体，桩身应力和应变随深度递减；随着荷载的增大，桩顶位移加大，桩侧摩阻力由上至下逐步被发挥出来，在达到极限值后，继续增加的荷载则全部由桩端土阻力承担，如图 2-2-1 所示。

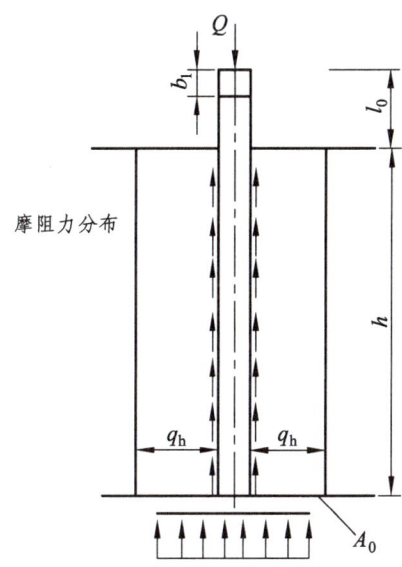

Q—竖向受压荷载作用（kN）；b_1—桩顶位移（m）；l_0—桩顶至地面的距离（m）；h—桩侧摩阻力分布长度（m）；A_0—桩端阻力分布面积（m^2）；q_h—桩侧摩阻力（kPa）。

图 2-2-1　桩侧阻力和端阻力

随着桩端持力层的压缩和塑性挤出，桩顶位移增长速度加大，在桩端阻力达到极限值后，位移迅速增大而破坏，此时桩所承受的荷载就是桩的极限承载力。由此可以看出，桩的承载力大小主要由桩侧土和桩端土的物理力学性质决定，而桩的几何特征如长径比、侧表面积大小、桩的成桩效应也会影响承载力的发挥。

桩土体系的荷载传递特性为桩基设计提供了依据，设计部门可根据土层的分布与特性，合理选择桩径、桩长、施工工艺和持力层，这对有效发挥桩的承载能力、节省工程造价具有十分重要的作用。

1）侧阻影响分析

从桩的承载机理来看，桩土间的相对位移是侧摩阻力发挥的必要条件，但不同类型的土发挥其最大摩阻力时所需的位移是不一样的，如黏性土为 5~10 mm，砂类土为 10~20 mm 等。大量试验结果表明：发挥侧阻所需相对位移并非定值，桩径大小、施工工艺和土层的分布状况都是影响位移量的主要因素。

成桩效应也会影响到侧摩阻力，因为不同的施工工艺都会改变桩周土体内应力应变场的原始分布，如挤土桩对桩周土的挤密和重塑作用，非挤土桩因孔壁侧向应力解除出现的应力松弛等。这些都会不同程度地增大或减小侧摩阻力，而这种改变又与土的性质、类别，特别是土的灵敏度、密实度和饱和度密切相关。一般来说，饱和土中的成桩效应比非饱和土的大，群桩的成桩效应比单桩的大。

桩材和桩的几何外形也是影响侧阻力大小的因素之一。同样的土，桩土界面的外摩擦角 δ 会因桩材表面的粗糙程度不同而差别较大，如预制桩和钢桩，侧表面光滑，δ 一般为 $\varphi/3 \sim \varphi/2$（φ 为土的内摩擦角），而不带套管的钻孔灌注桩、木桩，侧表面非常粗糙，则 δ 可取 $2/3\varphi \sim \varphi$。由于桩的总侧阻力与桩的表面积成正比，因此采用较大比表面积（桩的表面积与桩身体积之比）的桩身几何外形可提高桩的承载力。

随桩入土深度的增加，作用在桩身的水平有效应力成比例增大。按照土力学理论，桩的侧摩阻力也应逐渐增大；但试验表明，在均质土中，当桩的入土超过一定深度后，桩侧摩阻力不再随深度的增加而变大，而是趋于定值，该深度被称为侧摩阻力的临界深度。

对于在饱和黏性土中施工的挤土桩，要考虑时间效应对土阻力的影响。桩在施工过程中对土的扰动会产生超孔隙水压力，它会使桩侧向有效应力降低，导致在桩形成的初期侧摩阻力偏小；随着时间的增加，超孔隙水压力逐渐沿径向消散，扰动区土的强度慢慢得到恢复，桩侧摩阻力得到提高。

2）端阻影响分析

同侧摩阻力一样，桩端阻力的发挥也需要一定的位移量。一般的工程桩在桩容许沉降范围内就可发挥桩的极限侧摩阻力，但桩端土需更大的位移才能发挥其全部土阻力，所以说两者的安全度是不一样的。

持力层的选择对提高承载力、减小沉降量至关重要，即便是摩擦桩，持力层的好坏对桩的后期沉降也有较大的影响；同时要考虑成桩效应对持力层的影响，如非挤土桩成桩时对桩端土的扰动，使桩端土应力释放，加之桩端也常常存在虚土或沉渣，导致桩端阻力降低；挤土桩成桩过程中，桩端土受到挤密而变得密实，导致端阻力提高。但也不是所有类型的土都有明显挤密效果，如密实砂土和饱和黏性土，桩端阻力的成桩效应就不明显。

桩端进入持力层的深度也是桩基设计时主要考虑的问题。一般认为，桩端进入持力层越深，端阻力越大。但大量试验表明：超过一定深度后，端阻力基本恒定。

关于端阻的尺寸效应问题，一般认为随着桩尺寸的增大，桩端阻力的极限值逐渐变小。

端阻力的破坏模式分为 3 种，即整体剪切破坏、局部剪切破坏和冲入剪切破坏，主要由桩端土层和桩端上覆土层性质确定。当桩端土层密实度好，上覆土层较松软，桩又不太长时，端阻一般呈现为整体剪切破坏；而当上覆土层密实度好时，则会呈现局部剪切破坏；但当桩端密实度差或处在中高压缩性状态，或者桩端存在软弱下卧层时，就可能发生冲入剪切破坏。

实际上，桩在外部荷载作用下，侧阻和端阻的发挥与分布是较复杂的，两者是相互作用、相互制约的，如因端阻降低的影响，靠近桩端附近的侧阻会有所降低等。

3）常见的单桩荷载-位移（Q-S）曲线

常见的单桩荷载-位移（Q-S）曲线如图 2-2-2 所示，它们反映了上述的几种破坏模式。

（1）桩端持力层为密实度和强度均较高的土层（如密实砂层、卵石层等），而桩身土层为相对软弱土层，此时端阻所占比例大，Q-S 曲线呈缓变型，极限荷载下桩端呈整体剪切破坏或局部剪切破坏，如图 2-2-2（a）所示。这种情况常以某一极限位移 S_u 确定极限荷载，一般取 S_u = 40～60 mm；对于 D（D 为桩端直径）大于等于 800 mm 的桩，Q-S 曲线一般也呈缓变型，此时极限荷载可按 S_u = 0.05D 控制；对于非嵌岩的长（超长）桩（$L/D > 80$），一般取 S_u = 60～80 mm。

（2）桩端与桩身为同类型的一般土层，端阻力不大，Q-S 曲线呈陡降型，桩端呈刺入（冲剪）破坏，如软弱土层中的摩擦桩（超长桩除外）；或者端承桩在极限荷载下出现桩身材料强度的破坏或桩身压曲破坏，Q-S 曲线也呈陡降型，如嵌入坚硬基岩的短粗端承桩。这种情况破坏特征明显，极限荷载明确，如图 2-2-2（b）所示。

（3）桩端有虚土或沉渣，初始强度低，压缩性高，当桩顶荷载达一定值后，桩底部土被压密，强度提高，导致 Q-S 曲线呈台阶状；或者桩身有裂缝（如接头开裂的打入式预制桩和有水平裂缝的灌注桩），在试验荷载作用下闭合，Q-S 曲线也呈台阶状，如图 2-2-2（c）所示。这种情况一般也按沉降量确定极限荷载，与第（1）款中的规定相同。

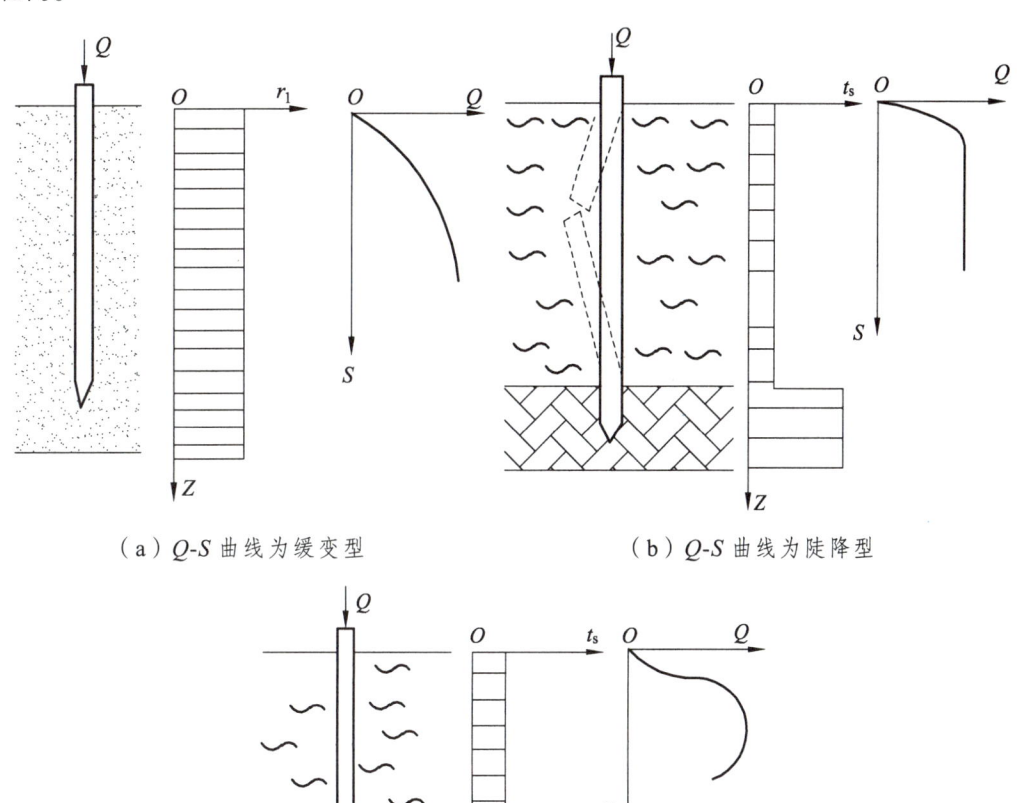

(a) Q-S 曲线为缓变型　　(b) Q-S 曲线为陡降型

(c) Q-S 曲线为台阶状

图 2-2-2　常见的单桩荷载-位移（Q-S）

对于缓变型的 Q-S 曲线，极限荷载也可辅以其他曲线进行判定，如取沉降-时间对数（S~$\lg t$）曲线尾部明显弯曲的前一级荷载为极限荷载，取 $\lg S$~$\lg Q$ 第二直线交会点荷载为极限荷载，取 ΔS-Q 曲线的第二拐点为极限荷载等。

2. 竖向拉拔荷载作用下的单桩工作机理

现有的抗拔计算公式一般可分为理论计算公式与经验公式。理论计算公式是先假定不同的桩基破坏模式，然后以土的抗剪强度及侧压力系数等参数来进行承载力计算，由于抗拔剪切破坏面的不同假定，以及设置桩的方法对桩周土强度指标影响的复杂性和不确定性，使用起来比较困难。经验公式则以试桩实测资料为基础，建立起桩的抗拔侧阻力与抗压侧阻力之间的关系和抗拔破坏模式。总的来说，桩基础抗拔承载力的计算还是一个没有从理论上很好解决的问题，在这种情况下，现场原位试验在确定单桩竖向抗拔承载力中的作用就显得尤为重要。检测时的抗拔桩受力状态，应与设计规定的受力状态一致。

单桩竖向抗拔静载荷试验就是采用接近竖向抗拔桩实际工作条件的试验方法，确定单桩的竖向抗拔极限承载能力是最直观、最可靠的方法。桩的抗拔试验常用的方法是慢速维持荷载法。

当埋设有桩身应力、应变测量传感器时，或桩端埋设有位移测量杆时，可直接测量桩侧抗拔摩阻力分布，或桩端上拔量。

单桩竖向抗拔静载试验一般按设计要求确定最大加载量，为设计提供依据的试验桩，应加载至桩侧岩土阻力达到极限状态或桩身材料达到设计强度；工程桩验收检测时，施加的上拔荷载不得小于单桩竖向抗拔承载力特征值的 2.0 倍或使桩顶产生的上拔量达到设计要求的限值。当抗拔承载力受抗裂条件控制时，可按设计要求确定最大加载值。预估的最大试验荷载不得大于钢筋的设计强度。

对混凝土灌注桩、有接头的预制桩，在抗拔试验前，对混凝土灌注桩及有接头的预制桩采用低应变法检查桩身质量，目的是防止因试验桩自身质量问题而影响抗拔试验成果。对抗拔试验的钻孔灌注桩在浇筑混凝土前进行成孔检测，目的是查明桩身有无明显扩径现象或出现扩大头，因这类桩的抗拔承载力缺乏代表性，特别是扩大头桩及桩身中下部有明显扩径的桩，其抗拔极限承载力远远高于长度和桩径相同的非扩径桩，且相同荷载下的上拔量也有明显差别。对有接头的预制桩，应进行接头抗拉强度验算。对电焊接头的管桩，除验算其主筋强度外，还要考虑主筋镦头的折减系数以及管节端板偏心受拉时的强度及稳定性。镦头折减系数可按有关规范取 0.92，而端头强度的验算则比较复杂，可按经验取一个较为安全的系数。对于管桩抗拔试验，存在预应力钢棒连接的问题，可通过在桩管中放置一定长度的钢筋笼并浇筑混凝土来解决。

1）破坏模式和极限状态

在上拔荷载作用下，桩身首先将荷载以摩阻力的形式传递到周围土中，其规律与承受竖向下压荷载时一样，只不过方向相反。初始阶段，上拔阻力主要由浅部土层提供，桩身的拉应力主要分布在桩的上部，随着桩身上拔位移量的增大，桩身应力逐渐向下扩展，桩的中、下部的上拔土阻力逐渐发挥。当桩端位移量超过某一数值（通常为 6~10 mm）时，就可以认为整个桩身的土层抗拔阻力达到极限，其后抗拔阻力就会下降。此时，如果继续增大上拔荷载，就会产生破坏。抗拔桩应力状态如图 2-2-3 所示。

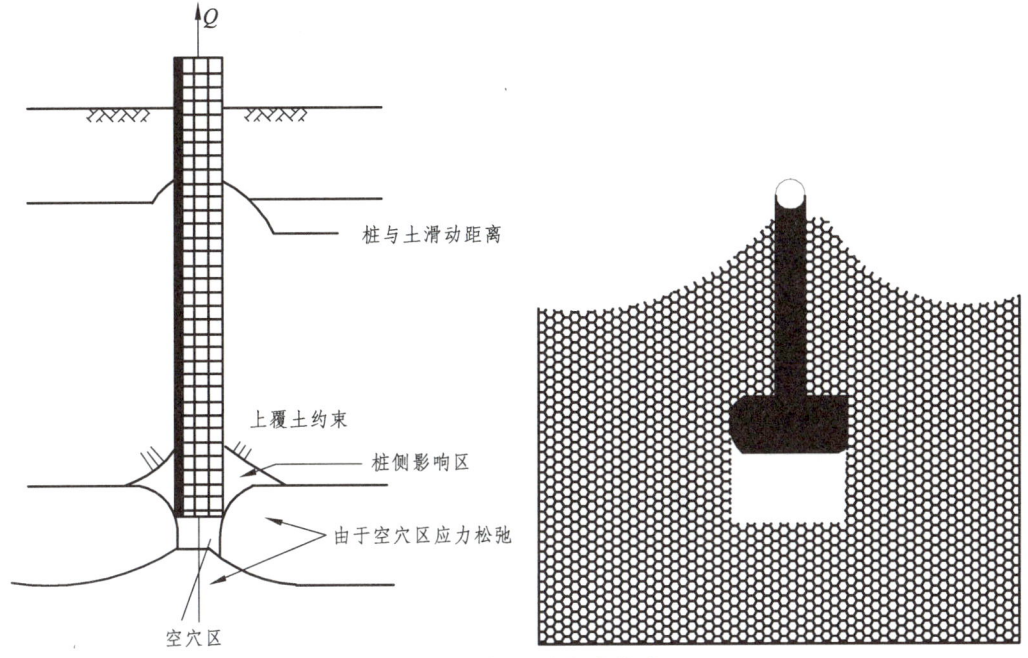

图 2-2-3 抗拔桩应力状态

承受竖向拉拔荷载作用的单桩其承载机理同竖向受压桩有所不同。抗拔桩常见的破坏形式是桩-土界面间的剪切破坏，桩被拔出或者是复合剪切面破坏，即桩的下部沿桩-土界面破坏，而上部靠近地面附近出现锥形剪切破坏，且锥形土体会同下面土体脱离与桩身一起上移。承受抗拔荷载单桩的破坏形态可归纳为图 2-2-4 所示的几种形态。

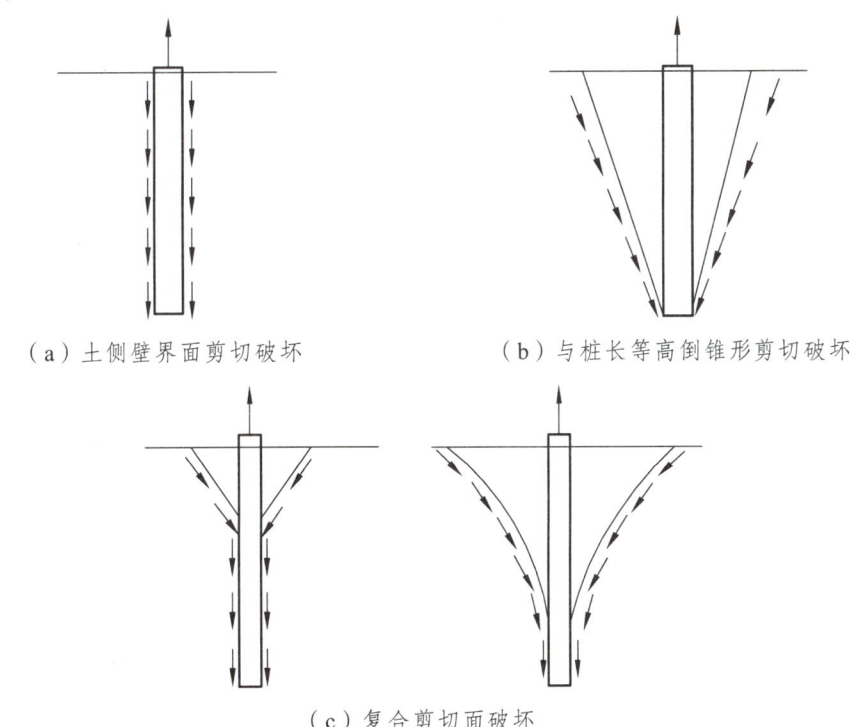

(a) 土侧壁界面剪切破坏　　(b) 与桩长等高倒锥形剪切破坏

(c) 复合剪切面破坏

图 2-2-4　竖向抗拔荷载作用下单桩的破坏形态

当桩身材料抗拉强度不足（或配筋不足）时，也可能出现桩身被拉断现象，如图2-2-5所示。

关于桩侧抗拔土阻力峰值与桩顶上拔位移量的关系，大致有两种观点。第一种观点认为桩侧最大抗拔土阻力与桩径 D 有关，Resse 在 1970 年的试验表明：坚硬黏土中钻孔桩的受压侧阻力在桩顶相对位移（0.005~0.02）D 时达到最大值，并由此推出上拔位移量比下压位移要大些，可取为 0.02D。另外一种观点则认为，桩侧最大抗拔土阻力与桩顶位移之间的关系比较固定，基本上与桩径无关。就目前对抗拔桩的研究水平来看，后一种观点比较符合实际。

桩的抗拔承载力由桩侧阻力和桩身重力组成，而对上拔时形成的桩端真空吸引力，因其所占比例小，可靠性低，对桩的长期抗拔承载力影响不大，一般不予考虑。桩周阻力的大小与竖向抗压桩一样，受桩土界面的几何特征、土层的物理力学特性等较多因素的影响；但不同的是，黏性土中的抗拔桩在长期荷载作用下，随上拔量的增大，会出现应变软化的现象，即抗拔荷载达到峰值后会下降，而最终趋于定值。因而在设计抗拔桩时，应充分考虑抗拔荷载的长期效应和短期效应的差别。如送电线路杆塔基础由风荷载产生的拉拔荷载只有短期效应，此时就可以不考虑长期荷载作用的影响；而对于承受巨大浮托力作用的船闸、船坞、地下油罐基础以及地下车库的抗拔桩基，因长时间承受拉拔荷载作用，因而必须考虑长期荷载的影响。

为提高抗拔桩的竖向抗拔力，可以考虑改变桩身截面形式，如可采用人工扩底或机械扩底等施工方法，在桩端形成扩大头，以发挥桩底部的扩头阻力等，图2-2-6所示为扩底桩上拔破坏。

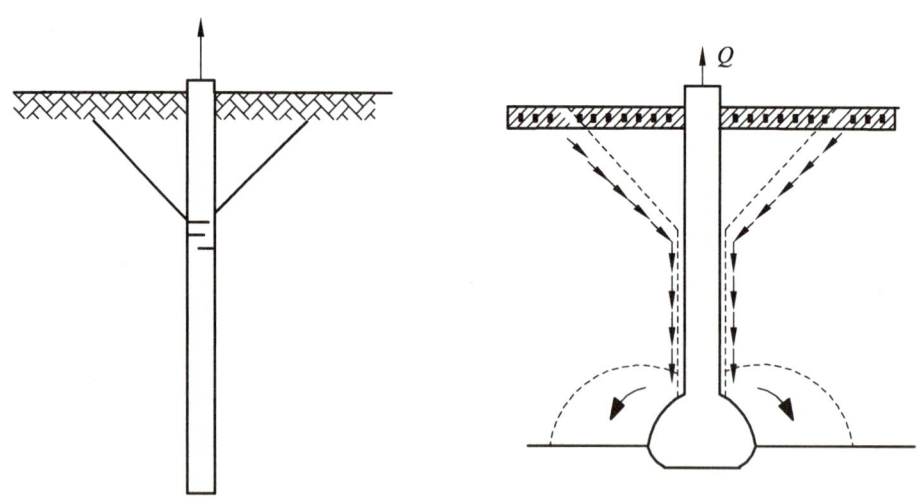

图 2-2-5　桩身被拉断　　　　　　图 2-2-6　扩底桩上拔破坏

另外，桩身材料强度（包括桩在承台中的嵌固强度）也是影响桩抗拔承载力的因素之一，在设计抗拔桩时，应对此项内容进行验算。

2）影响单桩竖向抗拔承载力的主要因素

影响单桩竖向抗拔承载力的因素很多，归纳起来有以下几个方面：

（1）桩周围土体。

桩周土的性质、土的抗剪强度、侧压力系数和土应力等都会对单桩竖向抗拔承载力产生一定的影响。一般说来，在黏土中，桩的抗拔极限侧阻力与土的不排水抗剪强度接近；在砂土中，桩的抗拔极限侧阻力可用有效应力法来估计，砂土的抗剪强度越大，桩侧单位面积的极限抗拔侧阻力也就越大。

（2）桩自身因素。

桩侧表面的粗糙程度越大，则桩的抗拔承载力就越大，且这种影响在砂土中比在黏土中更明显。此外，桩截面形状、桩长、桩的刚度和桩材的泊松比等都会对单桩竖向抗拔承载力产生不同程度的影响。曾有试验证明，粗糙侧表面桩的抗拔极限承载力是光滑表面桩的 1.7 倍。

（3）施工因素。

在施工过程中，桩周土体的扰动、打入桩中的残余应力、桩身完整性、桩的倾斜角度等也将影响单桩竖向抗拔承载力。

（4）休止时间。

从成桩到开始试验之间的休止时间长短对单桩竖向抗拔承载力影响是明显的；另外，桩顶的加载方式、荷载维持时间、加载卸载过程等对单桩竖向抗拔承载力也有影响。

3. 水平荷载作用下的单桩工作机理

单桩水平静载试验采用接近于水平受荷桩实际工作条件的试验方法。确定单桩水平临界荷载和极限荷载，推定土抗力参数，或对工程桩的水平承载力进行检验和评价。当桩身埋设有应变测量传感器时，可测量相应水平荷载作用下的桩身应力，并由此计算得出桩身弯矩分布情况，可为检验桩身强度、推求不同深度弹性地基系数提供依据。

桩顶实际工作条件包括桩顶自由状态、桩顶受不同约束而不能自由转动及桩顶受垂直荷载作用等。规范规定的试验桩为桩顶自由的单桩，但对带承台桩的水平静载试验及桩顶不同约束条件下的水平承载桩试验可参照执行。

桩所受的水平荷载部分由桩本身承担，大部分是通过桩传给桩侧土体，其工作性能主要体现在桩与土的相互作用上，即当桩产生水平变位时，促使桩周土也产生相应的变形，产生的土抗力会阻止桩变形的进一步发展。在桩受荷初期，由靠近地面的土提供土抗力，土的变形处在弹性阶段；随着荷载增大，桩变形量增大，表层土出现塑性屈服，土抗力逐渐由深部土层提供；随着变形量的进一步加大，土体塑性区自上而下逐渐开展扩大，最大弯矩断面下移，当桩本身的截面无法承担外部荷载产生的弯矩或桩侧土强度遭到破坏，使土失去稳定时，桩土体系便处于破坏状态。

按桩土相对刚度（即桩的刚性特征与土的刚性特征之间的相对关系）的不同，桩土体系的破坏机理及工作状态分为两类。一是刚性短桩，此类桩的桩径大，桩入土深度小，桩的抗弯刚度比地基土刚度大很多，在水平力作用下，桩身像刚体一样绕桩上某点转动或平移而破坏。此类桩的水平承载力由桩周土的强度控制，如图 2-2-7 所示。二是弹性长桩，此类桩的桩径小，桩入土深度大，桩的抗弯刚度与土的刚度相比较具柔性，在水平力作用下，桩身发生挠曲变形，桩下段嵌固于土中不能转动；此类桩的水平承载力由桩身材料的抗弯强度和桩周土的抗力控制，如图2-2-8所示。

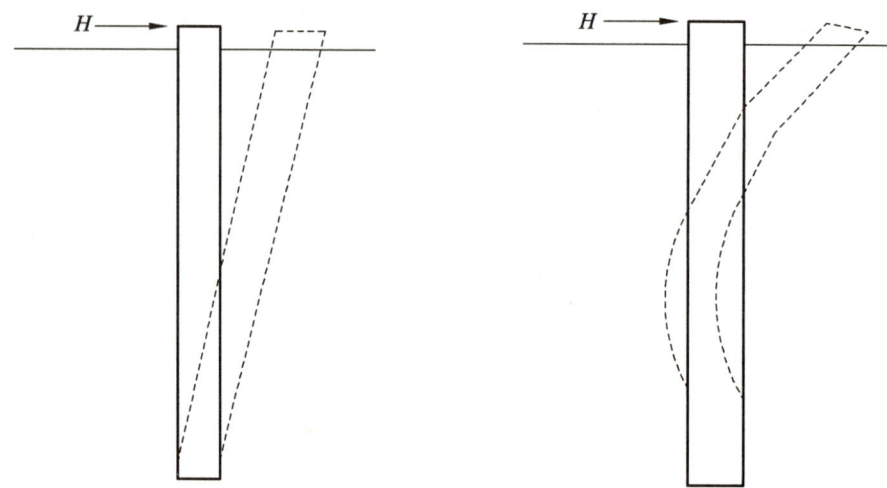

图 2-2-7　刚性短桩　　　　　　图 2-2-8　弹性长桩

对于钢筋混凝土弹性长桩，因其抗拉强度低于轴心抗压强度，所以在水平荷载作用下，桩身的挠曲变形将导致桩身截面受拉侧开裂，然后渐趋破坏；当设计采用这种桩作为水平承载桩时，除考虑上部结构对位移限值的要求外，还应根据结构构件的裂缝控制等级，考虑桩身截面开裂的问题；但对抗弯性能好的钢筋混凝土预制桩和钢桩，因其可承受较大的挠曲变形而不至于截面受拉开裂，设计时主要考虑上部结构水平位移允许值的问题。

影响桩水平承载力的因素很多，包括桩的截面刚度、材料强度、桩侧土质条件、桩的入土深度和桩顶约束条件等；工程中通过静载试验直接获得水平承载力的方法因试验桩与工程桩边界条件的差别，结果很难完全反映工程桩实际工作情况；此时可通过静载试验测得桩周土的地基反力特性，即地基土水平抗力系数（它反映了桩在不同深度处桩侧土抗力和水平位移的关系，可视为土的固有特性），为设计部门确定土抗力大小进而计算单桩水平承载力提供依据。

为设计提供依据的试验桩，宜加载至桩顶出现较大水平位移或桩身结构破坏；对工程桩抽样检测，可按设计要求的水平位移允许值控制加载。

2.2.2　仪器设备

静载试验装置由加载反力装置、荷载测量装置、变形测量装置三部分组成，如图2-2-9所示。

静载试验仪器设备

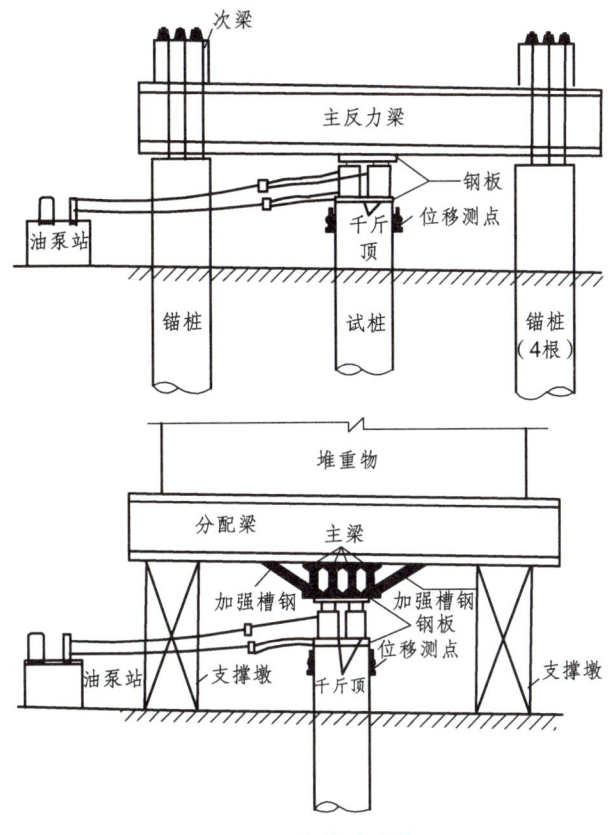

图 2-2-9 静载试验装置

1. 加载反力装置

加载反力装置由加载稳压设备和反力装置组成。其作用是保证提供足够的反力通过加载设备将荷载传到桩的预定部位。

1）加载设备

试验加载无论是竖向抗压、抗拔或水平推力均宜采用油压千斤顶加载（其中水平推力试验宜采用卧式千斤顶加载）。

当采用两台或两台以上千斤顶加载时应并联同步工作。为此，采用的千斤顶型号、规格应相同，同时须保证在进行竖向承载力试验时千斤顶的合力中心应与受检桩的横截面形心重合。在进行水平承载力试验时作用力合力应水平通过桩身轴线。

2）反力装置

单桩竖向抗压静载试验可根据现场条件选择锚桩反力装置、压重平台反力装置、锚桩压重联合反力装置等。

单桩竖向抗拔静载试验可采用反力桩（反力桩可采用工程桩）或地基提供支座反力。单桩水平静载试验水平推力的反力可由相邻桩或专门设置的反力结构提供。

2. 荷载测量装置

静载试验采用千斤顶与油泵相连的形式，由千斤顶施加荷载。荷载测量可采用以下两种形式：一是通过放置在千斤顶上的荷重传感器（见图 2-2-10）直接测定；二是通过并联于千斤顶油路的压力表或压力传感器（见图 2-2-11）测定油压，根据千斤顶率定曲线换算荷载。

图 2-2-10　荷重传感器

图 2-2-11　压力表及压力传感器

　　用荷重传感器测力，不需考虑千斤顶活塞摩擦对出力的影响；用油压表（或压力传感器）间接测量荷载需对千斤顶出力进行率定，受千斤顶活塞摩擦的影响，不能简单地根据油压乘活塞面积计算荷载。同型号千斤顶在保养正常状态下，相同油压时的出力相对误差为 1%～2%，非正常时可高达 5%。

　　目前市场上有两类千斤顶：一类是单油路千斤顶，只有一个油嘴，进油和回油（加载或卸载）都是通过这个油路，压力表连接在该油路上；另一类是双油路千斤顶，有上下两个油嘴，进油路接在千斤顶的下油路，压力表也连接在该油路上，油泵通过该油路对桩进行加载，回油路接在千斤顶的上油路。不论采用哪一类千斤顶，油路的单向阀（又称止油阀）应安装在压力表和油泵之间，不能安装在千斤顶和压力表之间，否则压力表无法监控千斤顶的实际油压值。

　　近几年来，许多单位采用自动化静载试验设备进行试验，采用压力传感器测定油压，实现加卸荷与稳压自动化控制，不仅减轻检测人员的工作强度，而且测试数据准确可靠。关于自动化静载试验设备的量值溯源，不仅应对压力传感器进行校准，而且还应对千斤顶进行校准，或者对压力传感器和千斤顶整个测力系统进行校准。

压力表一般由接头、弹簧管、传动机构等测量系统，指针和度盘等指示部分，表壳、罩圈、表玻璃等外壳部分组成。在被测介质的压力作用下，弹簧管的末端产生弹性位移，借助抽杆经齿轮传动机构的传动并予放大，由固定于齿轮轴的指针将被测压力值在度盘上指示出来。精密压力表使用环境温度为 20 ℃±3 ℃，空气相对湿度不大于 80%，当环境温度太低或太高时应考虑温度修正。采用压力表测定油压时，为保证静载试验测量精度，压力表准确度等级应优于或等于 0.5 级（即压力表的示值误差不大于 0.5%）；采用传感器测量荷重或油压，容易实现加卸荷与稳压自动化控制，且测量准确度较高。准确度等级一般是指仪器仪表测量值的最大允许误差，如采用弹簧管式精密压力表测定油压时，符合准确度等级要求的为 0.4 级，不得使用大于 0.5 级的压力表控制加载。当油路工作压力较高时，有时出现油管爆裂、接头漏油、油泵加压不足造成千斤顶出力受限，压力表在超过其 3/4 满量程时的示值误差增大。所以，应适当控制最大加荷时的油压，选用耐压高、工作压力大和量程大的油管、油泵和压力表。另外，也应避免将大吨位级别的千斤顶用于小荷载（相对千斤顶最大出力）的静载试验中。

采用荷重传感器和压力传感器同样存在量程和精度问题，一般要求传感器的测量误差不得大于 0.1%FS，分度值/分辨力应优于或等于 0.01 mm。

千斤顶校准一般从其量程的 20%或 30%开始，根据 5～8 个点的校准结果给出率定曲线（或校准方程）。选择千斤顶时，最大试验荷载对应的千斤顶出力宜为千斤顶量程的 30%～80%。当采用两台及两台以上千斤顶加载时，为了避免受检桩偏心受荷，千斤顶型号、规格应相同且应并联同步工作。

3. 变形测量装置

变形测量装置包括基准梁、基准桩和百分表或位移传感器。其作用是准确测量桩在各级荷载下的变形特征。

1）基准梁

基准梁和基准桩问题是试验中看似简单但又容易忽视的问题。试验中应避免一些违反规范要求的做法，如：简单地将基准梁放置在地面上，或不打基准桩而架设在砂袋（或红砖）上；基准桩打得不够深、不够稳；基准梁长度不符合规范要求；基准梁的刚度不够，产生较大的挠曲变形；未采取有效措施防止外界因素对基准梁的影响。宜采用工字钢作基准梁，高跨比不宜小于 1/40。尤其是大吨位静载试验，试验影响范围较大，要求采用较长和刚度较大的基准梁。有时由于运输和型钢尺寸的限制，需要在现场将两根钢梁组合或焊接成一根基准梁，如果组合或焊接质量不好，会影响基准梁的稳定性，必要时可将两根基准梁连接或者焊接成网架结构，以提高其稳定性。另外，基准梁越长，越容易受外界因素的影响，有时这种影响较难采取有效措施来预防。

2）基准桩

基准桩应打入地面以下足够的深度，一般不小于 1 m。基准梁的一端应固定在基准桩上，另一端应简支于基准桩上（见图 2-2-12），以减小温度变化引起的基准梁挠曲变形。在满足规范规定的条件下,基准梁不宜过长,并应采取有效遮挡措施,以减小温度变化和刮风下雨、振动及其他外界因素的影响,尤其在昼夜温差较大且白天有阳光照射时更应注意。一般情况下,温度对沉降的影响为 1~2 mm。

图 2-2-12 基准梁与基准桩连接

试桩、锚桩(压重平台支墩边)和基准桩之间的中心距离大于 4 倍试桩和锚桩的设计直径且大于 2.0 m。1985 年,国际土力学与基础工程协会(ISSMFE)提出了静载试验的建议方法并指出试桩中心到锚桩(或压重平台支墩边)和到基准桩各自间的距离应分别"不小于 2.5 m 或 3D",这和我国现行规范规定的"大于等于 4D 且不小于 2.0 m"相比更容易满足(小直径桩按 3D 控制,大直径桩按 2.5 m 控制)。高重建筑物下的大直径桩试验荷载大、桩间净距小(最小中心距为 3D),往往受设备能力制约,采用锚桩法检测时,三者间的距离有时很难满足"不小于 4D"的要求,加长基准梁又难避免气候环境影响。考虑到现场验收试验中的困难,且压重平台支墩桩下沉或锚桩上拔对基准桩、试桩的影响小于天然地基作为压重平台支墩对它们的影响,以及支墩下 2~3 倍墩宽应力影响范围内的地基进行加固后将减少对试桩和基准桩的影响,故规范中对部分间距的规定放宽为"不小于 3D",具体见表 2-2-1。

表 2-2-1 试桩、锚桩(或压重平台支墩边)和基准桩之间的中心距离

反力装置	距 离		
	试桩中心与锚桩中心(或压重平台支墩边)	试桩中心与基准桩中心	基准桩中心与锚桩中心(或压重平台支墩边)
锚桩横梁	≥4(3)D 且>2.0 m	≥4(3)D 且>2.0 m	≥4(3)D 且>2.0 m
压重平台	≥4(3)D 且>2.0 m	≥4(3)D 且>2.0 m	≥4(3)D 且>2.0 m
地锚装置	≥4D 且>2.0 m	≥4(3)D 且>2.0 m	≥4D 且>2.0 m

注:① D 为试桩、锚桩或地锚的设计直径或边宽,取其较大者;
② 括号内数值可用于工程桩验收检测时多排桩设计桩中心距小于 4D 或压重平台支墩下 2~3 倍宽影响范围内的地基土已进行加固处理的情况。

沉降测定平面宜设置在桩顶以下 200 mm 的位置，测点应固定在桩身上，即不得在承压板上或千斤顶上设置沉降观测点，避免因承压板变形导致沉降观测数据失实。直径或边宽大于 500 mm 的桩，应在其两个方向对称安置 4 个百分表或位移传感器，直径或边宽小于等于 500 mm 的桩可对称安置 2 个百分表或位移传感器。

变形测量宜采用位移传感器或大量程百分表，对于大量程（50 mm）百分表，计量检定规程规定：全程最大示值误差和回程误差应分别不超过 40 μm 和 8 μm，相当于满量程最大允许测量误差不大于 0.1%FS。因此，要求变形测量误差不大于 0.1%FS，分辨力优于或等于 0.01 mm。常用的百分表量程有 50 mm、30 mm、10 mm，量程越大周期检定合格率越低，但变形测量使用的百分表量程过小，可能造成频繁调表，影响测量精度。

2.2.3　现场检测技术方法

根据试验目的不同，基桩静载试验分为单桩竖向抗压静载试验、单桩竖向抗拔静载试验和单桩水平静载试验。

1. 单桩竖向抗压静载试验

1）试验方法

试验方法有慢速维持荷载法、快速维持荷载法。为设计提供依据的单桩竖向抗压静载试验应采用慢速维持荷载法。

2）试验数量的确定

当设计有要求或有下列情况之一时，施工前应进行试验桩检测并确定单桩极限承载力：

（1）设计等级为甲级的桩基；

（2）无相关试桩资料可参考的设计等级为乙级的桩基；

（3）地基条件复杂、基桩施工质量可靠性低；

（4）本地区采用的新桩型或采用新工艺成桩的桩基。

为设计提供依据的试验桩检测应依据设计确定的基桩受力状态，采用相应的静载试验方法确定单桩极限承载力，检测数量应满足设计要求，且在同一条件下不应少于 3 根；当预计工程桩总数少于 50 根时，检测数量不应少于 2 根。

验收检测的受检桩选择，宜符合下列规定：

（1）施工质量有疑问的桩；

（2）局部地基条件出现异常的桩；

（3）承载力验收检测时部分选择完整性检测中判定的 Ⅲ 类桩；

（4）设计方认为重要的桩；

（5）施工工艺不同的桩；

（6）除本条第（1）~（3）款指定的受检桩外，其余受检桩的检测数量应符合《建筑基桩检测技术规范》（JGJ 106—2014）相关条款规定，且宜均匀或随机选择。

验收检测时，宜先进行桩身完整性检测，后进行承载力检测。桩身完整性检测应在基坑开挖至基底标高后进行。承载力检测时，宜在检测前、后对受检桩、锚桩进行桩身完整性检测。

3）检测的时机

由于成桩过程中，对地基土体产生了扰动使土体提供的阻力明显降低，不同土性的土体强度恢复所需要的时间不尽相同，桩承载力检测前的休止时间的规定见表 2-2-2。

表 2-2-2 休止时间

土的类型		休止时间/d
砂土		7
粉土		10
黏性土	非饱和	15
	饱和	25

注：对于泥浆护壁灌注桩，宜延长休止时间。

4）现场试验装置及控制要求

（1）两种典型的试验装置见图 2-2-13 及图 2-2-14。

图 2-2-13 锚桩反力装置

图 2-2-14 压重平台反力装置

（2）现场检测安装控制要求。试桩桩顶平面保持平整，并具有足够的强度（见图 2-2-15）。

试验的沉降测量系统的安装距离（试桩、支墩边或锚桩、基准桩）是否符合相应标准的要求，并对基准梁给予应有的保护。

压重宜在检测前一次加足，并均匀稳固地放置于平台上，确保压重重心穿过试桩中心，荷载总量不得小于预定最大加载的 1.2 倍（支墩的荷载在无相应连接措施情况下不应计入总荷载量），且压重施加于地基的压应力不宜大于地基承载力特征值的 1.5 倍；有条件时，宜利用工程桩作为堆载支点。

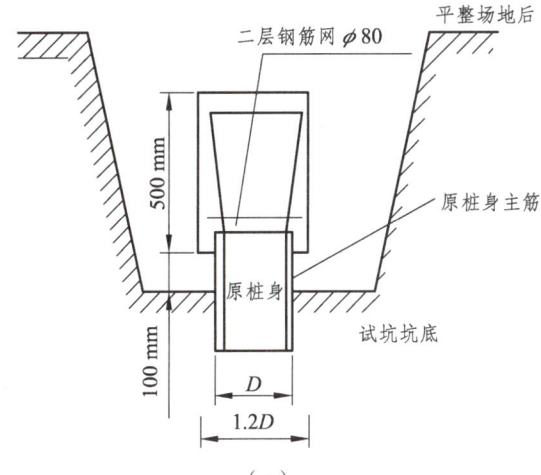

（a） （b）

图 2-2-15 桩帽

对于锚桩反力平台，应验算锚桩提供的有效反力（验算钢筋截面、焊接强度、试验装置的偏心及单桩抗拔承载力）大于最大加载的 1.2 倍。

加载测力装置中，千斤顶的出力中心应与桩中心重叠，与主梁的受力中心重叠，确保反力能高效传递到桩顶。

对于大吨位竖向抗压静载试验，当采用堆载反力平台时，现场尚须对支墩部位的地基土强度进行验算，确定支墩面积，确保试验开始时地基受力在允许的范围内，同时应考虑大面积支墩和地基受高应力水平时，地基沉降对基准系统的影响，有相应的措施予以控制。

5）现场试验

（1）慢速维持荷载法现场试验技术控制要求。现场试验装置安装完成后，现场试验时主要是预压、加载分级、测读时间、判稳标准、荷载的维持、终止加载条件、卸载分级、测读时间。

① 每级荷载施加后，应分别在第 5、15、30、45、60 min 测读桩顶沉降量，以后每隔 30 min 测读一次桩顶沉降量。

② 试桩沉降相对稳定标准：每 1 h 内的桩顶沉降量不得超过 0.1 mm，并连续出现两次（从分级荷载施加后的第 30 min 开始，按 1.5 h 连续 3 次每 30 min 的沉降观测值计算）。

③ 当桩顶沉降速率达到相对稳定标准时，可施加下一级荷载。

④ 卸载时，每级荷载应维持 1 h，分别在第 15、30、60 min 测读桩顶沉降量后，即可卸下一级荷载；卸载至零后，应测读桩顶残余沉降量，维持时间不得少于 3 h，测读时间分别为第 15、30 min，以后每隔 30 min 测读一次桩顶残余沉降量。

现场检测数据宜按表 2-2-3 的格式记录。

表 2-2-3　单桩竖向抗压静载试验记录表

工程名称				桩号		日期		
加载级	油压/MPa	荷载/kN	观测时间	位移计（百分表）读数/mm			本级沉降/mm	累计沉降/mm	备注
				1号	2号	3号	4号			

（2）快速维持荷载法现场试验技术控制要求。《建筑基桩检测技术规范》（JGJ 106—2014）规定："工程桩验收检测宜采用慢速维持荷载法。当有成熟的地区经验时，也可采用快速维持荷载法"。因而快速维持荷载法是有使用条件限制的，即"有成熟的地区经验"。

快速维持荷载法现场测量：

① 每级荷载施加后维持不应少于 1 h，分别在第 5、15、30 min 测读桩顶沉降量，以后每隔 15 min 测读一次。

② 测读时间累计为 1 h 时，若最后 15 min 时间间隔的桩顶沉降增量与相邻 15 min 时间间隔的桩顶沉降增量相比未明显收敛，应延长维持荷载时间，直至最后 15 min 的沉降增量小于相邻 15 min 的沉降增量为止。

③ 卸载时，每级荷载维持 15 min，分别在第 5、15 min 测读桩顶沉降量后，即可卸下一级荷载。卸载至零后，应测读桩顶残余沉降量，维持时间为 1 h，测读时间为第 5、15、30 min。

（3）当出现下列情况之一时，可终止加载：

① 某级荷载作用下，桩顶沉降量大于前一级荷载作用下的沉降量的 5 倍，且桩顶总沉降量超过 40 mm。

② 某级荷载作用下，桩顶沉降量大于前一级荷载作用下的沉降量的 2 倍，且经 24 h 尚未达到相对稳定标准。

③ 已达到设计要求的最大加载值且桩顶沉降达到相对稳定标准。

④ 工程桩作锚桩时，锚桩上拔量已达到允许值。

⑤ 荷载-沉降曲线呈缓变型时，可加载至桩顶总沉降量 60～80 mm；当桩端阻力尚未充分发挥时，可加载至桩顶累计沉降量超过 80 mm。

2. 单桩竖向抗拔静载试验

1）试验方法

单桩竖向抗拔静载试验应采用慢速维持荷载法。设计有要求时，可采用多循环加、卸载方法或恒载法。

2）试验数量的确定

检测数量不应少于同一条件下桩基分项工程总桩数的1%，且不应少于3根；当总桩数少于50根时，检测数量不应少于2根。

3）检测的时机

可参照竖向抗压试验的内容。

4）现场试验装置及控制要求

（1）两种典型的试验装置。

试验装置与仪器设备见图2-2-16。

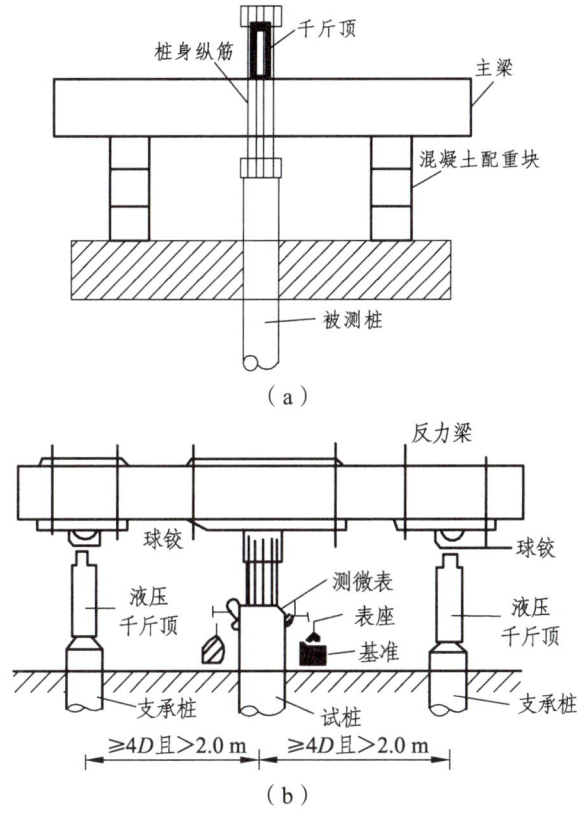

图 2-2-16　抗拔桩试验装置示意图

单桩竖向抗拔静载试验设备主要由主梁、次梁（适用时）、反力桩或反力支承墩等反力装置，千斤顶、油泵加载装置，压力表、压力传感器或荷重传感器等荷载测量装置，百分表或位移传感器等位移测量装置组成。

（2）现场检测安装控制要求。

① 加载装置。抗拔试验反力装置宜采用反力桩（或工程桩）提供支座反力，也可根据现场情况采用地基提供支座反力；反力架系统应具有不小于1.2倍的安全系数。

采用反力桩（或工程桩）提供支座反力时，反力桩顶面应平整并具有一定的强度，为保证反力梁的稳定性，应注意反力桩顶面直径（或边长）不宜小于反力梁的梁宽，否则，应加垫钢板以确保试验设备安装稳定性。

采用地基提供反力时，两边支座处的地基强度应相近，且两边支座与地面的接触面积宜相同，施加于地基的压应力不宜超过地基承载力特征值的 1.5 倍，避免加载过程中两边沉降不均造成试桩偏心受拉，反力梁的支点重心应与支座中心重合。

加载装置采用油压千斤顶，千斤顶的安装有两种方式。一种是千斤顶放在试桩的上方、主梁的上面，因拔桩试验时千斤顶安放在反力架上面，比较适用于一个千斤顶的情况，特别是穿心张拉千斤顶，当采用两台以上千斤顶加载时，应采取一定的安全措施，防止千斤顶倾倒或其他意外事故发生。如对预应力管桩进行抗拔试验时，可采用穿心张拉千斤顶，将管桩的主筋直接穿过穿心张拉千斤顶的各个孔，然后锁定进行试验，如图 2-2-16（a）所示。另一种是将两个千斤顶分别放在反力桩或支承墩的上面、主梁的下面，千斤顶顶主梁，如图 2-2-16（b）所示，通过"抬"的形式对试桩施加上拔荷载。对于大直径、高承载力的桩，宜采用后一种形式。

② 荷载测量。静载试验均采用千斤顶与油泵相连的形式，由千斤顶施加荷载。荷载测量可采用以下两种形式：一是通过用放置在千斤顶上的荷重传感器直接测定；二是通过并联于千斤顶油路的压力表或压力传感器测定油压，根据千斤顶率定曲线换算荷载。荷载传感器或压力表的准确度应优于或等于 0.5 级。试验用压力表、油泵、油管在最大加载时的压力不应超过规定工作压力的 80%。一般说来，桩的抗拔承载力远低于抗压承载力，在选择千斤顶和压力表时，应注意量程问题，特别是试验荷载较小的试验桩，采用"抬"的形式时，应选择相适应的小吨位千斤顶，避免"大秤称轻物"。对于大直径、高承载力的试桩，可采用两台或两台以上千斤顶对其加载。当采用两台及两台以上千斤顶加载时，为了避免受检桩偏心受荷，千斤顶型号、规格应相同且应并联同步工作。

③ 上拔量测量。上拔量测量点宜设置在桩顶以下不小于 1 倍桩径的桩身上，不得设置在受拉钢筋上；对于大直径灌注桩，可设置在钢筋笼内侧的桩顶面混凝土上。桩顶上拔量测量平面必须在桩身位置，严禁在混凝土桩的受拉钢筋上设置位移观测点，避免因钢筋变形导致上拔量观测数据失实；为防止混凝土桩保护层开裂对上拔量测试的影响，上拔量观测点应避开混凝土明显破裂区域设置。

在采用天然地基提供支座反力时，拔桩时的加载相当于给支座处地面加载，支座附近的地面会出现不同程度的沉降。荷载越大，地基下沉越大。为防止支座处地基沉降对基准桩产生影响，一是应使基准桩与支座、试桩各自之间的间距满足规范的规定，二是基准桩需打入试坑地面以下一定深度（一般不小于 1 m）。

传感器的测量误差不得大于 0.1%FS，分度值/分辨力应优于或等于 0.01 mm。直径或边宽大于 500 mm 的桩，应在其两个方向对称安置 4 个百分表或位移传感器，直径或边宽小于等于 500 mm 的桩可对称安置 2 个百分表或位移传感器。基准梁的一端应固定在基准桩上，另一端应简支于基准桩上，以减小温度变化引起的基准梁挠曲变形。

5）现场试验

在抗拔试验前，对混凝土灌注桩及有接头的预制桩采用低应变法检查桩身质量，目的是防止因试验桩自身质量问题而影响抗拔试验成果。

对抗拔试验的钻孔灌注桩在浇注混凝土前进行成孔检测，目的是查明桩身有无明显扩径现象或出现扩大头，因这类桩的抗拔承载力缺乏代表性，特别是扩大头桩及桩身中下部有明显扩径的桩，其抗拔极限承载力远远高于长度和桩径相同的非扩径桩，且相同荷载下的上拔量也有明显差别。

对有接头的预制桩应进行接头抗拉强度验算。对电焊接头的管桩除验算其主筋强度外，还要考虑主筋镦头的折减系数以及管节端板偏心受拉时的强度及稳定性。镦头折减系数可按有关规范取 0.92，而端板强度的验算则比较复杂，可按经验取一个较为安全的系数。

对于管桩抗拔试验，存在预应力钢棒连接的问题，可通过在桩管中放置一定长度的钢筋笼并浇筑混凝土来解决。

单桩竖向抗拔静载试验宜采用慢速维持荷载法。设计有要求时，也可采用多循环加、卸载方法或恒载法。慢速维持荷载法可按下面要求进行。

（1）加卸载分级。加载应分级进行，采用逐级等量加载；分级荷载宜为最大加载量或预估极限承载力的 1/10，其中第一级可取分级荷载的 2 倍。终止试验后开始卸载，卸载应分级进行，每级卸载量取加载时分级荷载的 2 倍，逐级等量卸载。

加、卸载时应使荷载传递均匀、连续、无冲击，每级荷载在维持过程中的变化幅度不得超过分级荷载的 10%。

（2）桩顶上拔量的测量。加载时，每级荷载施加后在第 5、15、30、45、60 min 测读桩顶沉降量，以后每隔 30 min 测读一次。卸载时，每级荷载维持 1 h，在第 5、15、30、60 min 测读桩顶沉降量；卸载至零后，应测读桩顶残余沉降量，维持时间不得少于 3 h，测读时间为第 5、10、15、30 min，以后每隔 30 min 测读一次。

（3）变形相对稳定标准。每一小时内的桩顶上拔量不得超过 0.1 mm，并连续出现两次（从分级荷载施加后的第 30 min 开始，按 1.5 h 连续三次每 30 min 的上拔量观测值计算）。

（4）终止加载条件。当出现下列情况之一时，可终止加载：
① 在某级荷载作用下，桩顶上拔量大于前一级上拔荷载作用下上拔量的 5 倍；
② 按桩顶上拔量控制，累计桩顶上拔量超过 100 mm；
③ 按钢筋抗拉强度控制，钢筋应力达到钢筋强度设计值，或某根钢筋拉断；
④ 对于工程桩验收检测，达到设计或抗裂要求的最大上拔量或上拔荷载值。

若在较小荷载下出现某级荷载的桩顶上拔量大于前一级荷载下的 5 倍时，应综合分析原因，有条件加载时可继续加载，因混凝土桩当桩身出现多条环向裂缝后，桩顶位移可能会出现小的突变，而此时并非达到桩侧土的极限抗拔力。

对工程桩的验收检测，当设计对桩顶最大上拔量或裂缝控制有明确的荷载要求时，应按设计要求执行。

6）现场试验的记录要求

试验资料的收集与记录可参照竖向抗压静载试验的有关规定执行。

3. 单桩水平静载试验

1）试验方法

加载方法宜根据工程桩实际受力特性，选用单向多循环加载法或慢速维持荷载法。

当对试桩桩身横截面弯曲应变进行测量时，宜采用维持荷载法。

2）试验数量的确定

检测数量不应少于同一条件下桩基分项工程总桩数的1%，且不应少于3根；当总桩数少于50根时，检测数量不应少于2根。

3）检测的时机

可参照竖向抗压试验的内容。

4）现场试验装置及控制要求

（1）典型的试验装置与仪器设备见图2-2-17。

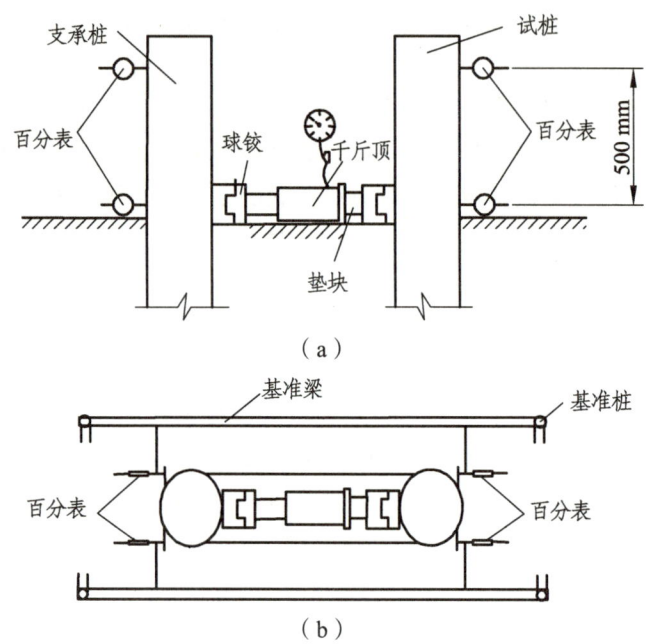

图 2-2-17　水平静载试验装置示意图

（2）现场检测安装控制要求。

① 加载与反力装置。水平推力加载设备宜采用卧式油压千斤顶，其加载能力不得小于最大试验加载量的1.2倍。采用荷重传感器直接测定荷载大小，或用并联油路的油压表或油压传感器测量油压，根据千斤顶率定曲线换算荷载。

水平力作用点宜与实际工程的桩基承台底面标高一致，如果高于承台底标高，试验时在相对承台底面处会产生附加弯矩，会影响测试结果，也不利于将试验成果根据桩顶的约束予以修正。千斤顶与试验桩接触处应安置球形铰支座（球形铰支座的作用是在试验过程中，保持作用力的方向始终水平和通过桩轴线，不随桩的倾斜或扭转而改变），千斤顶作用力水平通过桩身轴线；当千斤顶与试验桩接触面的混凝土不密实或不平整时，应对其进行补强或补平处理。

反力装置应根据现场具体条件选用，最常见的方法是利用相邻桩提供反力，即两根试桩对顶，如图2-2-17所示；也可利用周围现有的结构物作为反力装置或专门设置反力结构，但其承载能力和作用方向上刚度应大于试验桩的1.2倍。

②量测装置。桩的水平位移测量宜采用大量程位移计。在水平力作用平面的受检桩两侧应对称安装两个位移计；当需测量桩顶转角时，尚应在水平力作用平面以上 50 cm 的受检桩两侧对称安装两个位移计，利用上下位移计差与位移计距离的比值可求得地面以上桩的转角。

固定位移计的基准点宜设置在试验影响范围之外（影响区见图 2-2-18），与作用力方向垂直且与位移方向相反的试桩侧面，基准点与试桩净距不小于 1 倍桩径。在陆上试桩时可用入土 1.5 m 的钢钎或型钢作为基准点；在港口码头工程设置基准点时，因水深较大，可采用专门设置的桩作为基准点，同组试桩的基准点一般不少于 2 个。搁置在基准点上的基准梁要有一定的刚度，以减小晃动，整个基准装置系统应保持相对独立。为减小温度对测量的影响，基准梁应采取一端固定另一端简支的形式，顶上有篷布遮阳。

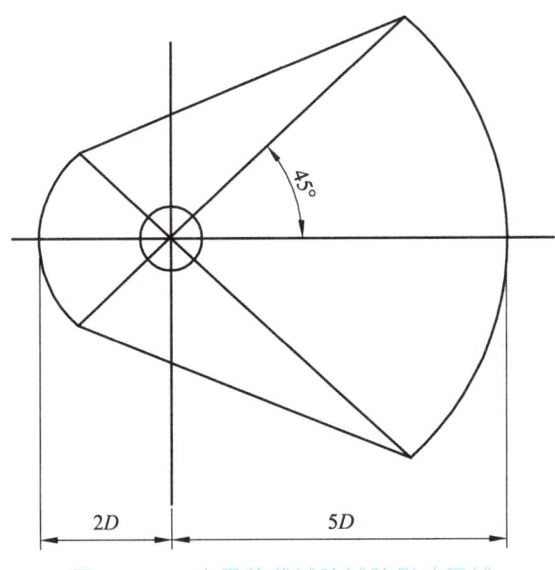

图 2-2-18 水平静载试验试验影响区域

当测量灌注桩或预制桩桩身应力或应变时，各测试断面的测量传感器应沿受力方向对称布置在远离中性轴的受拉和受压主筋上，埋设传感器的纵剖面与受力方向之间的夹角不得大于 10°，以保证各测试断面的应力最大值及相应弯矩的量测精度（桩身弯矩并不能直接测到，只能通过桩身应变值进行推算）。对承受水平荷载的桩，桩的破坏是由于桩身弯矩引起的结构破坏；对中长桩，浅层土对限制桩的变形起到重要作用，而弯矩在此范围内变化也最大，为找出最大弯矩及其位置，应加密测试断面。在地面下 10 倍桩径（桩宽）的深度范围，桩身的主要受力部分应加密测试断面，断面间距不宜超过 1 倍桩径；超过此深度，测试断面间距可适当加大。

5）现场试验

单桩水平静载试验宜根据工程桩实际受力特性，选用单向多循环加载法或与单桩竖向抗压静载试验相同的慢速维持荷载法。单向多循环加载法主要是为了模拟实际结构的受力形式。由于结构物承受的实际荷载异常复杂，所以当需考虑长期水平荷载作用影响时，宜采用慢速维持荷载法。由于单向多循环荷载的施加会给内力测试带来不稳定因素，为保证测试质量，建议采用慢速或快速维持荷载法；此外，水平试验桩通常以结构破坏为主,为缩短试验时间,也可参照港口工程桩基水平承载力试验方法,采用更短时间的快速维持荷载法。

(1)加卸载方式和水平位移测量。单向多循环加载法的分级荷载不应大于预估水平极限承载力或最大试验荷载的 1/10,每级荷载施加后,恒载 4 min 后,可测读水平位移,然后卸载为零,停 2 min 测读残余水平位移,至此完成一个加卸载循环。如此循环 5 次,完成一级荷载的位移观测。试验时中间不得停顿。

慢速维持荷载法的加、卸载分级以及水平位移的测读方式,应按单桩竖向抗压静载试验慢速维持荷载法相关规定进行。测试桩身横截面弯曲应变时,数据的测读宜与水平位移测量同步。

(2)终止加载条件。

当出现下列情况之一时,可终止加载:

① 桩身折断。

② 水平位移超过 30~40 mm;软土中的桩或大直径桩时可取高值。

③ 水平位移达到设计要求的水平位移允许值。

6)现场试验的记录要求

现场检测数据宜按表 2-2-4 的格式记录。

表 2-2-4　单桩水平静载试验记录表

工程名称										桩号		日期		上下表距		
油压/MPa	荷载/kN	观测时间	循环数	加载		卸载		水平位移/mm		加载上下表读数差		转角		备注		
				上表	下表	上表	下表	加载	卸载							

2.2.4　检测数据分析与判定

1. 单桩竖向抗压静载试验

1)原始资料的整理

确定单桩竖向抗压承载力时,检测数据的整理首先应

单桩竖向抗压静载试验
数据分析与判定

列出各级荷载下的沉降量总表,绘制荷载-沉降(Q-S)曲线、沉降-时间对数(S-$\lg t$)曲线,有时还应绘制 S-$\lg Q$ 等其他辅助曲线。同一工程的一批试桩曲线应按相同的沉降纵坐标比例绘制,满刻度沉降值不宜小于 40 mm;当桩顶累计沉降量大于 40 mm 时,可按总沉降量以 10 mm 的整模数倍增加满刻度值,使结果直观、便于比较。当进行桩身应力和桩身截面位移测定时,整理测试数据,绘制桩身轴力分布图,计算不同土层

的分层侧阻力和端阻力。

2）结果的判定

（1）单桩竖向抗压极限承载力应按下列方法分析确定：

① 根据沉降随荷载变化的特征确定：对于陡降型 Q-S 曲线，应取其发生明显陡降的起始点对应的荷载值（见图 2-2-19）。

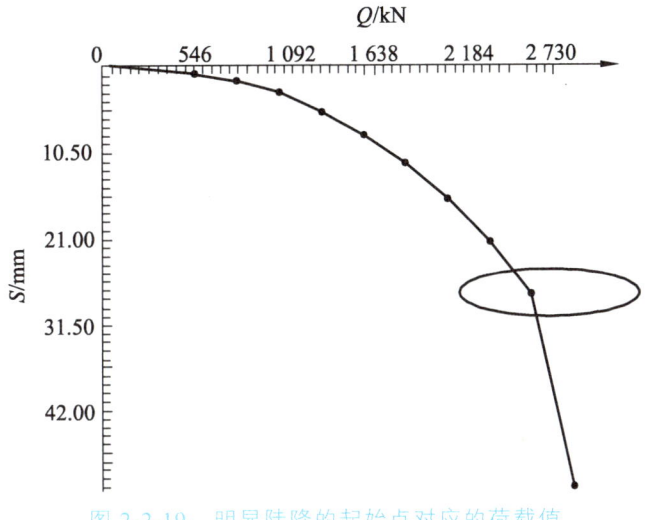

图 2-2-19 明显陡降的起始点对应的荷载值

② 根据沉降随时间变化的特征确定：应取 S-$\lg t$ 曲线尾部出现明显向下弯曲的前一级荷载值（见图 2-2-20）。

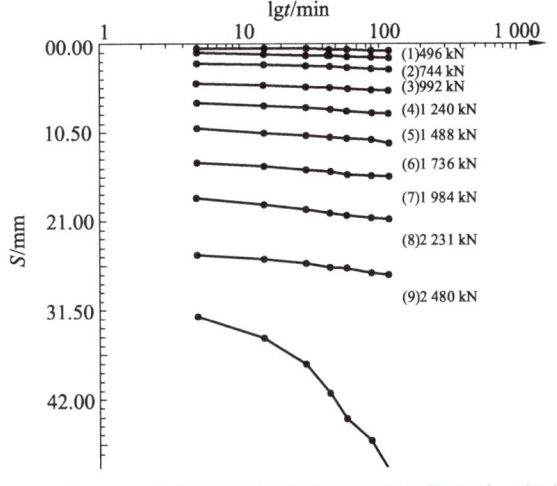

图 2-2-20 取 S-$\lg t$ 曲线尾部出现明显向下弯曲的前一级荷载值

③ 符合加载终止条件"某级荷载作用下，桩顶沉降量大于前一级荷载作用下沉降量的 2 倍，且经 24 h 尚未达到相对稳定标准"时，宜取前一级荷载值。

④ 对于缓变型 Q-S 曲线，宜根据桩顶总沉降量，取 S 等于 40 mm 所对应的荷载值；对 D（D 为桩端直径）大于等于 800 mm 的桩，可取 S 等于 0.05D 所对应的荷载值；当桩长大于 40 m 时，宜考虑桩身的弹性压缩量。

⑤ 不满足上述①~④条情况时，桩的竖向抗压极限承载力宜取最大加载值。

应用上述准则来综合分析判断单桩竖向极限承载力值时，要求试验分析人员具有桩基工程的理论基础和丰富的实践经验，既要充分发挥单桩的竖向极限承载力，还要考虑单桩竖向极限承载力与桩身施工质量、桩的入土时间、桩的打入顺序、桩在群桩中的位置、被测桩的代表性等多种因素的关系。

（2）为设计提供依据的单桩竖向抗压极限承载力的统计取值，应符合下列规定：

① 对参加算术平均的试验桩检测结果，当极差不超过平均值的30%时，可取其算术平均值为单桩竖向抗压极限承载力；当极差超过平均值的30%时，应分析原因，结合桩型、施工工艺、地基条件、基础形式等工程具体情况综合确定极限承载力；不能明确极差过大的原因时，宜增加试桩数量。

例如一组5根试桩的极限承载力值依次为800、900、1 000、1 100、1 200 kN，平均值为1 000 kN，单桩承载力最低值和最高值的极差为400 kN，超过平均值的30%，则不宜简单地将最低值800 kN去掉用后面4个值取平均，或将最低和最高值都去掉取中间3个值的平均值，应查明是否出现桩的质量问题或场地条件变异情况。当低值承载力的出现并非偶然原因造成时，例如施工方法本身质量可靠性较低，但能够在之后的工程桩施工中加以控制和改进，出于安全考虑，按本例可依次去掉高值后取平均，直至满足极差不超过30%的条件，此时可取平均值900 kN为极限承载力；又如桩数为3根或3根以下承台，或以后工程桩施工为密集挤土群桩，出于安全考虑，极限承载力可取低值800 kN。

② 试验桩数量小于3根或桩基承台下的桩数不大于3根时，应取低值。

（3）单桩竖向抗压承载力特征值应按单桩竖向抗压极限承载力的50%取值。

《建筑地基基础设计规范》（GB 50007—2011）规定的单桩竖向抗压承载力特征值是按单桩竖向抗压极限承载力除以安全系数2得到的，综合反映了桩侧、桩端极限阻力控制承载力特征值的低限要求。

此处的"单桩竖向抗压极限承载力"来自两种情况：对于验收检测，即按此处要求计算单根桩极限承载力值；而对于为设计提供依据的检测，还需按"为设计提供依据的单桩竖向抗压极限承载力的统计取值"进行确定。

在实际工程中，为设计提供依据的单桩竖向抗压极限承载力的统计取值往往是比较困难的，难以被广大检测人员所掌握，为此建议采用以下方法判定：

① 具有2~3种典型地质条件的建筑场地，不论采用的桩型规格和施工条件是否相同，均须按不同地质类型分别确定单桩竖向抗压承载力。

② 同一地质条件的建筑场地当采用不同桩型或同一桩型不同规格的桩时，应分别确定单桩竖向抗压承载力。

③ 试桩中发现个别桩的单桩竖向极限承载力与其他桩偏离过大（大于或等于其他桩平均竖向极限承载力的30%）时，应查明原因分别对待。当属于试桩所处地质条件局部变化，对整个建筑场地的基桩无代表性，或个别桩身质量存在对竖向承载力直接影响的严重缺陷时，这类试桩的承载力结果实属偶然因素，不宜参与统计，应在报告附注中加以说明。

在许多情况下，单桩竖向抗压载荷试验不能进行到真正出现极限荷载，遇此情况，应取最大试验加载作为单桩竖向极限承载力值。

3）计算分析题

某建筑工程基础位于同一土层上，拟采用泥浆护壁成孔灌注桩，桩径为 700 mm，均采用 4 桩承台。在工程桩施工前，先施工了 3 根试验桩。设计参考周边其他工程桩的参数值，设定本工程试验桩竖向抗压静载试验的最大加载量为 4 000 kN。其加载数据见表 2-2-5，荷载-沉降（Q-S）曲线如图 2-2-21 所示。

表 2-2-5　加载数据

分级		加载								卸载				
		2	3	4	5	6	7	8	9	10	8	6	4	2	0
荷载/kN		800	1 200	1 600	2 000	2 400	2 800	3 200	3 600	4 000	3 200	2 400	1 600	800	0
沉降量/mm	1#试验桩	2.00	3.50	5.50	8.50	12.20	16.20	20.10	25.80	32.40	30.20	26.90	23.50	19.40	14.60
	2#试验桩	4.80	7.20	9.60	12.00	14.40	17.10	20.50	25.00	50.00	47.90	46.50	45.30	44.10	42.50
	3#试验桩	2.80	5.40	8.50	13.50	20.50	27.10	35.00	45.00	58.70	55.80	51.60	46.90	41.30	35.60

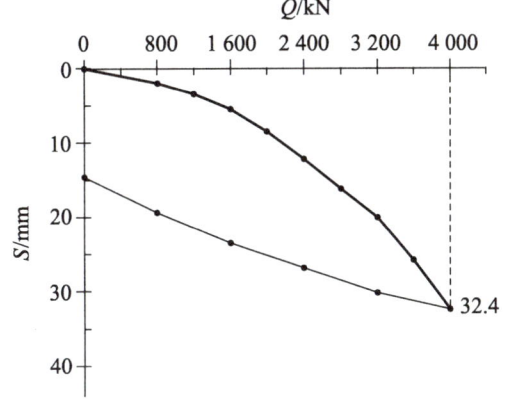

（a）1#试验桩 Q-S 曲线

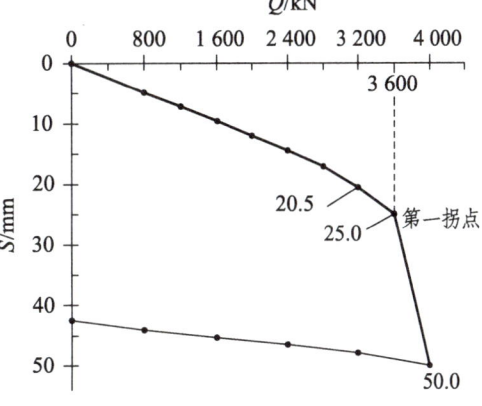

（b）2#试验桩 Q-S 曲线

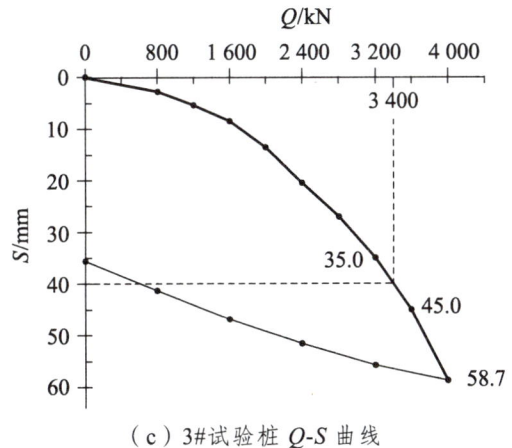

（c）3#试验桩 Q-S 曲线

图 2-2-21　荷载-沉降（Q-S）曲线

试问：(1) 1#~3#试验桩极限承载力分别为多少？

(2) 对 3 根试验桩按统计取值规定，计算单桩竖向抗压极限承载力。

(3) 若该建筑工程基础均采用 2#桩或 3#桩承台，按统计取值规定，单桩竖向抗压极限承载力应取多少？

解：(1) 1#试验桩：$Q_{u1}=4\,000$ kN

2#试验桩：在第九级 3 600 kN 荷载时出现陡降，取 $Q_{u2}=3\,600$ kN

3#试验桩：缓变型曲线，取 $S=40$ mm 对应的荷载，$Q_{u3}=3\,400$ kN

(2) 平均值 $\bar{Q}_u = \dfrac{4\,000+3\,600+3\,400}{3}=3\,666.7$ kN

极差 $Q_{umax}-Q_{umin}=4\,000-3\,400=600$ kN $<30\%\cdot\bar{Q}_u=30\%\times3\,666.7=1\,100$ kN

取 $Q_u=\bar{Q}_u=3\,666.7$ kN

(3) 取低值，$Q_u=Q_{umin}=3\,400$ kN

2. 单桩竖向抗拔静载试验

1) 原始资料的整理

绘制上拔荷载-桩顶上拔量（$U\text{-}\delta$）关系曲线和桩顶上拔量-时间对数（$\delta\text{-}\lg t$）关系曲线，如图 2-2-22 所示。当上述两种曲线难以判别时，也可以辅以 $\delta\text{-}\lg U$ 曲线或 $\lg U\text{-}\lg\delta$ 曲线，以确定拐点位置。

2) 结果的判定

(1) 单桩抗拔极限承载力应按下列方法确定：

① 根据上拔量随荷载变化的特征确定：对于陡变型 $U\text{-}\delta$ 曲线，应取陡升起始点对应的荷载值。

② 根据上拔量随时间变化的特征确定：应取 $\delta\text{-}\lg t$ 曲线斜率明显变陡或曲线尾部明显弯曲的前一级荷载值。

③ 当在某级荷载下抗拔钢筋断裂时，应取其前一级荷载值（这里的"断裂"是指钢筋强度不够的情况下的断裂。如果因抗拔钢筋受力不均匀，部分钢筋因受力太大而断裂，应视该桩试验无效并进行补充试验。不能将钢筋断裂前一级荷载作为极限荷载）。

④ 当验收检测的受检桩在最大上拔荷载作用下，未出现上述三种情况时，单桩竖向抗拔极限承载力应按下列情况对应的荷载值取值：

a. 设计要求最大上拔量控制值对应的荷载；

b. 施加的最大荷载；

c. 钢筋应力达到设计强度值时对应的荷载。

(2) 为设计提供依据的单桩竖向抗拔极限承载力的统计取值，应符合下列规定：

① 对参加算术平均的试验桩检测结果，当极差不超过平均值的 30%时，可取其算术平均值为单桩竖向抗拔极限承载力；当极差超过平均值的 30%时，应分析原因，结合桩型、施工工艺、地基条件、基础形式等工程具体情况综合确定极限承载力；不能明确极差过大的原因时，宜增加试桩数量。

② 试验桩数量少于 3 根或桩基承台下的桩数不多于 3 根时，应取低值。

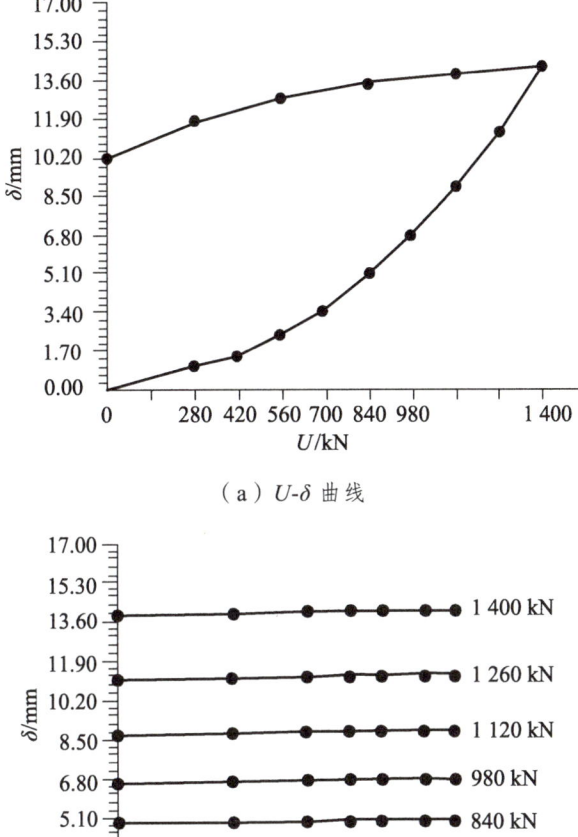

图 2-2-22 单桩竖向抗拔静载试验

（3）单桩竖向抗拔承载力特征值应按单桩竖向抗拔极限承载力的 50% 取值。当工程桩不允许带裂缝工作时，应取桩身开裂的前一级荷载作为单桩竖向抗拔承载力特征值，并与按极限荷载 50% 取值确定的承载力特征值相比，取低值。

3. 单桩水平静载试验

1）原始资料的整理

（1）采用单向多循环加载法时，应绘制水平力-时间-作用点位移（H-t-Y_0）关系曲线（见图 2-2-23）和水平力-位移梯度（H-$\Delta Y_0/\Delta H$）关系曲线。

（2）采用慢速维持荷载法时，应绘制水平力-力作用点位移（H-Y_0）关系曲线、水平力-位移梯度（H-$\Delta Y_0/\Delta H$）关系曲线、力作用点位移-时间对数（Y_0-$\lg t$）关系曲线和水平力-力作用点位移双对数（$\lg H$-$\lg Y_0$）关系曲线。

（3）绘制水平力-力作用点位移-地基土水平抗力系数的比例系数的关系曲线（H-m、Y_0-m）。

（4）对进行桩身横截面弯曲应变测定的试验，应绘制下列曲线，且应列表给出相应的数据：

① 各级水平力作用下的桩身弯矩分布图；

② 水平力-最大弯截面钢筋拉应力（H-σ_s）曲线。

2）结果的判定

（1）单桩的水平临界荷载可按下列方法综合确定：

① 取单向多循环加载法时的 H-t-Y_0 曲线或慢速维持荷载法时的 H-Y_0 曲线出现拐点的前一级水平荷载值；

② 取 H-$\Delta Y_0/\Delta H$ 曲线或 $\lg H/\lg Y_0$ 曲线上第一拐点对应的水平荷载值；

③ 取 H-σ 曲线的第一拐点对应的水平荷载值。

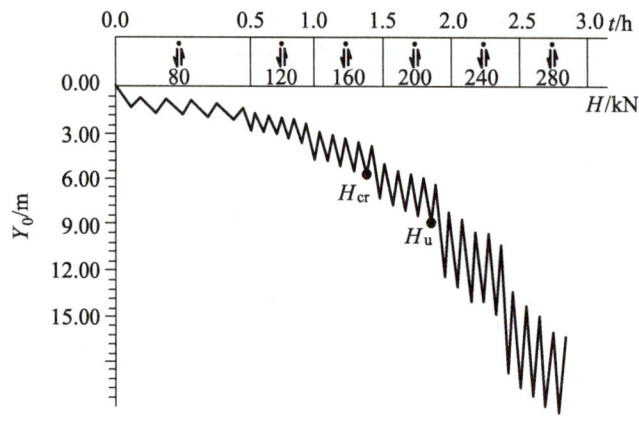

图 2-2-23　单向多循环荷载（H-t-Y_0）关系曲线

对于混凝土长桩或中长桩，随着水平荷载的增大，桩侧土体的塑性区自上而下逐渐开展扩大，最大弯矩断面下移，最后形成桩身结构的破坏。所测水平临界荷载 H_{cr} 为桩身产生开裂前所对应的水平荷载。因为只有混凝土桩才会产生开裂，故只有混凝土桩才有临界荷载。

（2）单桩水平极限承载力可按下列方法确定：

① 取单向多循环加载法时的 H-t-Y_0 曲线产生明显陡降的前一级，或慢速维持荷载法时的 H-Y_0 曲线明显陡降的起始点对应的水平荷载值；

② 取慢速维持荷载法时的 Y_0-$\lg t$ 曲线尾部出现明显弯曲的前一级水平荷载值；

③ 取 H-$\Delta Y_0/\Delta H$ 曲线或 $\lg H$-$\lg Y_0$ 曲线上第二拐点对应的水平荷载值；

④ 取桩身折断或钢筋屈服时的前一级水平荷载值。

（3）当桩顶自由且水平力作用位置位于地面处时，地基土水平抗力系数的比例系数 m 可根据试验结果按式（2-2-1）、式（2-2-2）确定。

$$m = \frac{(v_y \cdot H)^{\frac{5}{3}}}{b_0 Y_0^{\frac{5}{3}} (EI)^{\frac{2}{3}}} \quad (2\text{-}2\text{-}1)$$

$$\alpha = \left(\frac{mb_0}{EI}\right)^{\frac{1}{5}} \quad (2\text{-}2\text{-}2)$$

式中　　m——地基土水平抗力系数的比例系数（kN/m^4）。

　　　　α——桩的水平变形系数（m^{-1}）。

　　　　H——作用于地面的水平力（kN）。

　　　　Y_0——水平力作用点的水平力位移（m）。

　　　　v_y——桩顶水平位移系数，由式（2-2-2）试算 α，当 $\alpha h \geqslant 4$ 时（h 为桩的入土深度），其值为 2.441。

　　　　EI——桩身抗弯刚度（$kN \cdot m^2$），其中 E 为桩身材料弹性模量，I 为桩身换算截面惯性矩。

　　　　b_0——桩身计算宽度（m）。对于圆形桩：当直径 $D \leqslant 1$ m 时，$b_0 = 0.9(1.5D + 0.5)$；当直径 $D > 1$ m 时，$b_0 = 0.9(D+1)$。对于矩形桩：当边宽 $B \leqslant 1$ m 时，$b_0 = 1.5B + 0.5$；当边宽 $B > 1$ m 时，$b_0 = B+1$。

上述地基土水平抗力系数随深度增长的比例系数 m 值的计算公式仅适用于水平力作用点至试坑地面的桩自由长度为零时的情况。按桩、土相对刚度不同，水平荷载作用下的桩-土体系有两种工作状态和破坏机理：一种是"刚性短桩"，因转动或平移而破坏，相当于 $\alpha h < 2.5$ 时的情况；另一种是工程中常见的"弹性长桩"，桩身产生挠曲变形，桩下段嵌固于土中不能转动，即 $\alpha h \geqslant 4.0$ 的情况。在 $2.5 \leqslant \alpha h < 4.0$ 范围内，称为"有限长度的中长桩"。桩顶水平位移系数按表 2-2-6 取值。因此，在按式（2-2-2）计算时，应先试算 αh 值，以确定 αh 是否大于或等于 4.0，若在 2.5～4.0 范围以内，应调整 v_y 值并重新计算 m 值（有些行业标准不考虑）。当 $\alpha h < 2.5$ 时，式（2-2-1）不适用。

表 2-2-6　桩顶水平位移系数 v_y

桩的换算埋深 αh	4.0	3.5	3.0	2.8	2.6	2.4
桩顶自由或铰接时的 v_y 值	2.441	2.502	2.727	2.905	3.163	3.526

注：当 $\alpha h > 4.0$ 时，取 $\alpha h = 4.0$。

试验得到的地基土水平抗力系数的比例系数 m 不是一个常量，而是随地面水平位移及荷载而变化的曲线。

（4）为设计提供依据的单桩水平极限承载力和水平临界荷载的确定。

① 对参加算术平均的试验桩检测结果，当极差不超过平均值的 30% 时，可取其算术平均值为单桩水平极限承载力；当极差超过平均值的 30% 时，应分析原因，结合桩型、施工工艺、地基条件、基础形式等工程具体情况综合确定极限承载力；不能明确极差过大的原因时，宜增加试桩数量。

② 试验桩数量少于 3 根或桩基承台下的桩数不多于 3 根时，应取低值。

（5）单桩水平承载力特征值的确定应符合下列规定：

① 当桩身不允许开裂或灌注桩的桩身配筋率小于 0.65%时，可取水平临界荷载的 0.75 倍作为单桩水平承载力特征值。

② 对钢筋混凝土预制桩、钢桩和桩身配筋率不小于 0.65%的灌注桩，可取设计桩顶标高处水平位移所对应荷载的 0.75 倍作为单桩水平承载力特征值。水平位移可按下列规定取值：

a. 对水平位移敏感的建筑物取 6 mm；

b. 对水平位移不敏感的建筑物取 10 mm。

③ 取设计要求的水平允许位移对应的荷载作为单桩水平承载力特征值，且应满足桩身抗裂要求。

单桩水平承载力特征值除与桩的材料强度、截面刚度、入土深度、土质条件、桩顶水平位移允许值有关外，还与桩顶边界条件（嵌固情况和桩顶竖向荷载大小）有关。由于建筑工程基桩的桩顶嵌入承台深度通常较浅，桩与承台连接的实际约束条件介于固接与铰接之间，这种连接相对于桩顶完全自由时可减少桩顶位移，相对于桩顶完全固接时可降低桩顶约束弯矩并重新分配桩身弯矩。如果桩顶完全固接，水平承载力按位移控制时，是桩顶自由时的 2.60 倍；对较低配筋率的灌注桩按桩身强度（开裂）控制时，由于桩顶弯矩的增大，水平临界承载力是桩顶自由时的 0.83 倍。如果考虑桩顶竖向荷载作用，混凝土桩的水平承载力将会产生变化，桩顶荷载是压力，其水平承载力增大，反之减小。

桩顶自由的单桩水平试验得到的承载力和弯矩仅代表试桩条件的情况，要得到符合实际工程桩嵌固条件的受力特性，需将试桩结果转化，而求得地基土水平抗力系数是实现这一转化的关键。考虑到水平荷载-位移关系的非线性且 m 值随荷载或位移增大而减小，有必要给出 H-m 和 Y_0-m 曲线并按以下考虑确定 m 值：

a. 可按设计给出的实际荷载或桩顶位移确定 m 值；

b. 设计未作具体规定的，可取水平承载力特征值对应的 m 值。

与竖向抗压、抗拔桩不同，混凝土桩（除高配筋率桩外）在水平荷载作用下的破坏模式一般为弯曲破坏，极限承载力由桩身强度控制。在单桩水平承载力特征值 H_a 的确定上，不采用水平极限承载力除以某一固定安全系数的做法，而是把桩身强度、开裂或允许位移等条件作为控制因素。也正是因为水平承载桩的承载能力极限状态主要受桩身强度（抗弯刚度）制约，通过水平静载试验给出的极限承载力和极限弯矩对强度控制设计非常必要。

抗裂要求不仅涉及桩身抗弯刚度，也涉及桩的耐久性。虽然可按设计要求的水平允许位移确定水平承载力，但根据现行国家标准只有裂缝控制等级为三级的构件，才允许出现裂缝，且桩所处的环境类别为二级以上（含二级），裂缝宽度限值为 0.2 mm。因此，当裂缝控制等级为一、二级时，水平承载力特征值就不应超过水平临界荷载。

2.2.5 报告的编写

1. 编制报告的原则要求

检测报告是最终向委托方提供的重要技术文件。作为技术存档资料，检测报告首先应结论准确，用词规范，具有较强的可读性；其次是内容完整、精炼。常规的内容包括：

（1）委托方名称，工程名称、地点、建设、勘察、设计、监理和施工单位，基础、结构形式，层数，设计要求，检测目的，检测依据，检测数量，检测日期。

（2）地基条件描述。

（3）受检桩的桩型、尺寸、桩号、桩位、桩顶标高和相关施工记录。

（4）检测方法，检测仪器设备，检测过程叙述。

（5）受检桩的检测数据，实测与计算分析曲线、表格和汇总结果。

（6）与检测内容相应的检测结论。检测报告应根据所采用的检测方法和相应的检测内容出具检测结论。为使报告具有较强的可读性和内容完整，除众所周知的要求报告用词规范、检测结论明确、必要的概况描述外，报告中还应包括检测原始记录信息或由其直接导出的信息，即检测报告应包含各受检桩的原始检测数据和曲线，并附有相关的计算分析数据和曲线。之所以这样详尽规定，目的就是要杜绝检测报告仅有检测结果而无任何检测数据和图表的现象发生。

2. 单桩竖向抗压静载试验

检测报告除应满足编制报告的原则要求第一条内容外，尚应包括下列内容：

（1）受检桩桩位对应的地质柱状图；

（2）受检桩和锚桩的尺寸、材料强度、配筋情况以及锚桩的数量；

（3）加载反力种类，堆载法应指明堆载重量，锚桩法应有反力梁布置平面图；

（4）加、卸载方法；

（5）按相关要求绘制的曲线；

（6）承载力判定依据；

（7）当进行分层侧阻力和端阻力测试时，应包括传感器类型、安装位置，轴力计算方法，各级荷载作用下的桩身轴力曲线，各土层的桩侧极限侧阻力和桩端阻力。

3. 单桩竖向抗拔静载试验

检测报告除应满足编制报告的原则要求第一条内容外，尚应包括下列内容：

（1）邻近受检桩桩位对应的代表性地质柱状图；

（2）受检桩尺寸（灌注桩宜标明孔径曲线）及配筋情况；

（3）加、卸载方法；

（4）按相关要求绘制的曲线；

（5）承载力判定依据；

（6）当进行抗拔侧阻力测试时，应包括传感器类型、安装位置，轴力计算方法，各级荷载作用下的桩身轴力曲线，各土层的抗拔极限侧阻力。

4. 单桩水平静载试验

检测报告除应满足编制报告的原则要求第一条内容外，尚应包括下列内容：
（1）受检桩桩位对应的地质柱状图；
（2）受检桩的截面尺寸及配筋情况；
（3）加、卸载方法；
（4）按相关要求绘制的曲线；
（5）承载力判定依据；
（6）当进行钢筋应力测试并由此计算桩身弯矩时，应包括传感器类型、安装位置，内力计算方法以及地基土水平抗力系数的比例系数的计算结果。

2.2.6 工程实例分析

【工程实例1】

某工程采用静压预制方桩，设计桩截面尺寸为 400 mm×400 mm，单桩承载力设计值为 1 000 kN，要求试桩最大试验荷载为 2 000 kN。这里仅介绍 9 号桩的试验结果，试验荷载与沉降数据汇总见表 2-2-7，Q-S 曲线和 S-lg$t$ 曲线见图 2-2-24。

$\Delta S_3 / \Delta S_2 = 16.06/3.14 > 5$，根据《建筑基桩检测技术规范》（JGJ 106—2014）可继续加载。试验数据表明，自第五级荷载后，在每级荷载作用下，桩均能稳定且沉降量不大，而且在最大试验荷载作用下，桩的沉降仍能稳定。

该桩经静载试验后竖向承载力可满足设计要求，就竖向抗压荷载而言，无须对该桩再进行处理。对同类型桩，应有针对性地制订扩大检测方案或处理方案，如果是接头问题，还应考虑脱接对水平荷载等的影响。

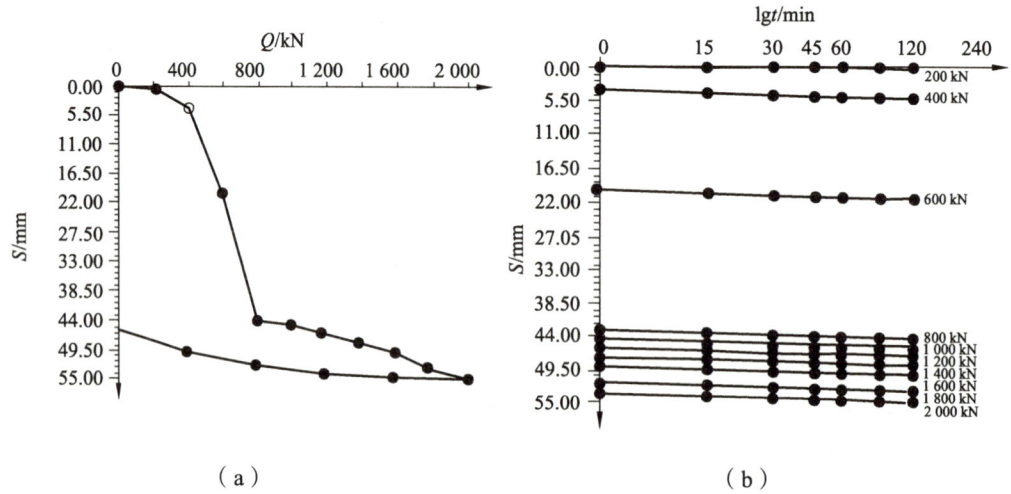

图 2-2-24　9号桩竖向抗压静载曲线

表 2-2-7 某工程 9 号桩荷载与沉降数据汇总

程序	荷载/kN	维持时间/min	本级沉降量/mm	累计沉降量/mm
加载	200	120	0.66	0.66
	400	120	3.14	3.80
	600	120	16.06	19.86
	800	180	23.26	43.12
	1 000	120	1.17	44.29
	1 200	120	1.39	45.68
	1 400	120	1.47	47.15
	1 600	120	1.79	48.94
	1 800	120	2.62	51.56
	2 000	120	1.82	53.38
卸载	1 600	60	0.14	53.24
	1 200	60	0.41	52.83
	8 00	60	1.08	51.75
	400	60	2.12	49.63
	0	60	4.06	45.57

【工程实例 2】

某国税局综合楼拟建主楼 15 层，副楼 9 层，地下室 1 层，框架结构，建筑面积 21 262 m²。勘察报告表明，场地内地质条件复杂，地层变化大，在勘察深度范围内，岩层以上的工程地质层为：① 素填土；② 粗砂；③ 粉质黏土；④ 岩层。岩层变化大，炭质灰岩、泥质页岩、石英砂岩交错存在，岩层内有裂隙、溶洞发育。

本工程的基础采用冲孔灌注桩，混凝土设计强度等级为 C35，桩径为 800 mm 和 1 200 mm 两种。由于岩层深度变化大，造成桩长变化大，最短的只有 12.00 m，最长的达 45.20 m，持力层为微风化岩（三根桩的施工参数见表 2-2-8）。

为防止桩顶混凝土在较大荷载作用下被压碎，在 800 mm 试桩桩顶处设置一边长为 1.2 m、厚 1.5 m 的立方柱形钢筋混凝土桩帽，在 1 200 mm 试桩桩顶处设置一边长为 1.8 m、厚 1.8 m 的立方柱形钢筋混凝土桩帽。

表 2-2-8 检测桩的有关参数

试验序号	工程桩号	桩径/mm	入土桩长/m	单桩承载力设计值/kN	最大试验荷载/kN	桩端持力层	备注
1	15	1 200	42.80	12 000	24 000	微风化岩	
2	51	1 200	17.00	12 000	24 000	微风化岩	
3	66	800	14.00	6 000	12 000	微风化岩	

静载试验采用快速维持荷载法进行，由压重平台反力装置提供荷载反力，压重为混凝土试件，每个试件重 5 t。800 mm 桩用 3 个 YQ500 千斤顶并联反力加载，1 200 mm

桩用 6 个 YQ500 千斤顶并联反力加载，采用自动检测仪进行加荷和测读桩顶沉降。

15 号桩桩长超过 40 m，虽然桩端持力层为岩层，但呈现摩擦型桩的变形形态，总沉降比较大；51 号桩为典型的端承型桩，沉降较小；66 号试桩 Q-S 曲线为陡变型，当荷载加到 4 800 kN 时，沉降量很小，加到 6 000 kN 级时沉降急剧增加，荷载无法稳定，检测仪上显示的残余荷载约为 3 000 kN，Q-S 曲线出现陡降段。为分析原因，试验后对该桩进行了钻芯法检测，钻芯结果表明该桩持力层中含有溶洞，溶洞顶板已被破坏。最后 66 号桩按作废桩处理。

【工程实例 3】

上海某工程位于浦东陆家嘴，楼高 88 层，基础采用桩径为 914.4 mm、壁厚为 20 mm 的钢管桩，先后采用 D100 型柴油锤与 HA30 型液压锤进行沉桩施工，其中进行静载荷试验并进行桩身内力测试的 ST-1 桩桩长 80 m，总锤击数 7 797，最终贯入度为 6 mm/击。该场地地质情况见表 2-2-9，在桩身 9 个断面安装了电阻应变计，位置见图 2-2-25。

ST-1 桩初压最大试验荷载为 16 188 kN，相应沉降量为 179.03 mm，Q-S 曲线见图 2-2-26；复压最大试验荷载为 16 500 kN，相应沉降量为 128.70 mm，Q-S 曲线见图 2-2-27。最终判定 ST-1 桩极限承载力为 15 000 kN。

图 2-2-28 为 ST-1 桩初压静载试验时的桩身各段轴力实测曲线（其中两个断面的应变计因打桩时受损不能给出结果），此时对应的桩顶荷载为 14 910 kN、桩顶沉降量为 95.73 mm。

表 2-2-9　土层主要参数

土层编号	土层名称	含水量 ω/%	重度 γ/(kN/m³)	孔隙比 e	塑性指数 I_p	内摩擦角 φ/(°)	内聚力 c/kPa	静止侧压力系数 K_v	压缩模量 E/MPa	标贯击数 N	比贯阻力 P/MPa
1	填土										
2	褐黄色粉质黏土	35.1	18.5	1.00	15.5	15.0	12	0.48	3.59	2.0	0.70
3	灰色淤泥质粉质黏土	38.9	18.1	1.10	13.1	16.3	8	0.54	4.12	2.0	0.54
4	灰色淤泥质黏土	49.2	17.3	1.37	20.2	9.7	10	0.61	2.66	<1	0.50
5	灰色粉质黏土	34.5	18.5	0.98	14.5	15.8	9	0.55	5.15	5.0	0.85
6	暗绿色粉质黏土	23.3	20.1	0.67	14.8	14.9	36		11.10	20.0	2.48
7-1	草黄色砂质粉土	31.0	18.4	0.93		22.9	3		11.26	34.7	12.80
7-2	草黄、青灰色粉细砂	26.9	18.9	0.80		26.5	0		16.44	>50	23.73
8	灰色砂质粉土	32.2	18.6	0.93		23.5	4		9.14	>50	18.40
9-1	灰色砂质粉土	33.2	18.7	0.93		27.5	0		14.52	48.8	
9-2	灰色细砂夹中粗砂	24.1	19.6	0.71		22.0	0		16.00	>50	

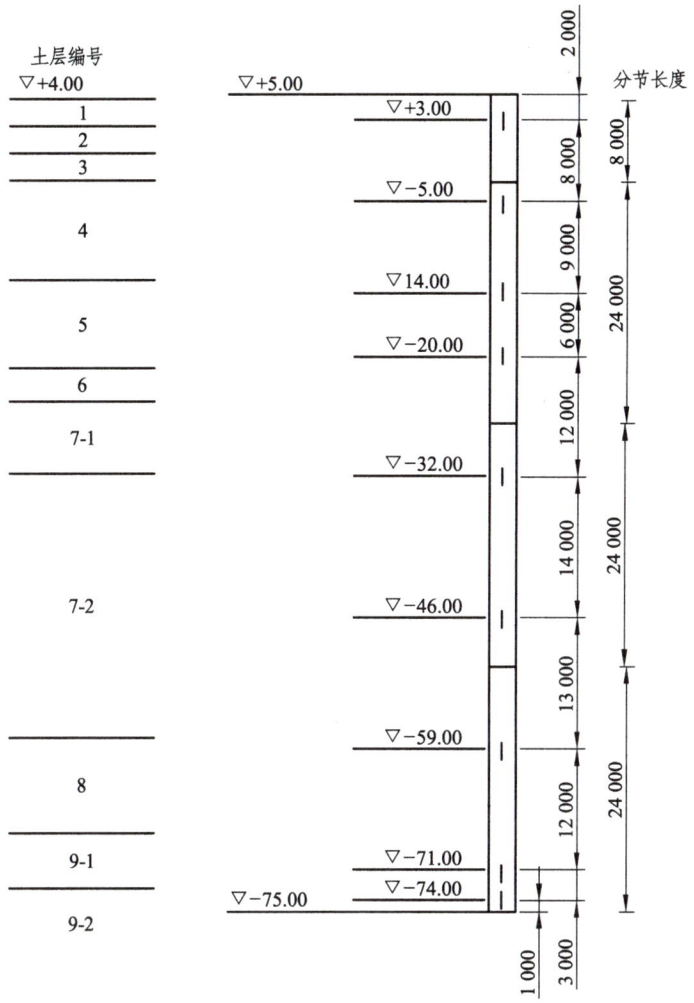

图 2-2-25　底层剖面及应变计安装位置（单位：mm）

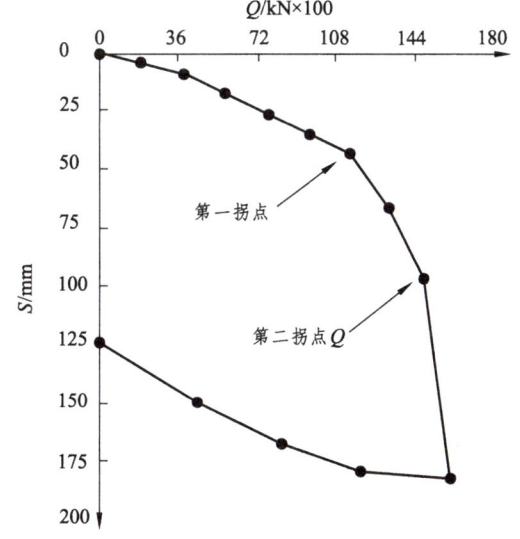

图 2-2-26　ST-1 桩初压荷载-沉降曲线

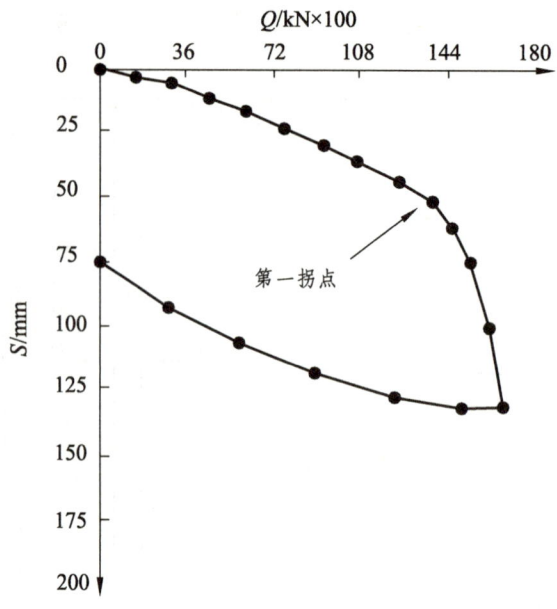

图 2-2-27　ST-1 桩复压荷载-沉降曲线

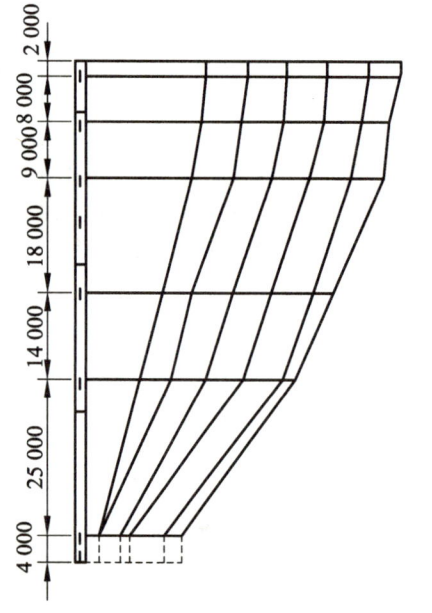

图 2-2-28　实测 ST-1 桩身轴力分布（单位：mm）

由实测轴力结果，ST-1 钢管桩在试验荷载 14 910 kN 时的桩身弹性变形可根据公式：$\Delta S = \dfrac{Q \cdot L}{EA}$（式中 Q 为桩身轴力）计算，其中钢管桩单位长度抗压刚度 $EA = 2.06 \times 10^5 \times 561.68 \times 10^{-4} = 11\ 570.6 \times 10^6$ N/m。按分段桩身轴力计算桩身弹性变形如下：

第一段：$\Delta S_1 = 14\ 910 \times 2/11\ 570.6 = 2.577$ mm；

第二段：$\Delta S_2 = (14\ 910+14\ 399)/2 \times 8/11\ 570.6 = 10.132$ mm；

第三段：$\Delta S_3 = (14\ 399+14\ 054)/2 \times 9/11\ 570.6 = 11.066$ mm；

第四段：ΔS_4 = (14 054+11 701)/2 × 18/11 570.6 = 20.033 mm；

第五段：ΔS_5 = (11 701+9 791)/2 × 14/11 570.6 = 13.002 mm；

第六段：ΔS_6 = (9 791+4 188)/2 × 25/11 570.6 = 15.102 mm；

第七段：ΔS_7 = 4 188 × 4/11 570.6 = 1.448 mm。

累计桩身弹性变形 $\Delta S = \Delta S_1 + \Delta S_2 + \Delta S_3 + \Delta S_4 + \Delta S_5 + \Delta S_6 + \Delta S_7$ = 73.36 mm。由此可以看出，桩身的弹性变形占桩顶变形的 76.6%，桩端位移为 22.37 mm。从桩身内力测试结果看，该桩在桩顶荷载为 7 668 kN 时，端阻（-71.0 m 处轴力估算）发挥还很少（358 kN），加载至 9 585 kN 后，才有快速增加的迹象（1 370 kN），如桩顶荷载为 10 152 kN、13 419 kN 和 14 910 kN 时，分别为 1 729 kN、3 298 kN 和 4 188 kN。显然桩端阻尚有发挥潜力。另外，该桩虽为开口打入，但由于休止后钢管内的土芯产生闭塞（土芯高度与入土深度之比为 91%）效应，大大提高了桩端阻力，不过从控制建筑物沉降角度讲，这部分潜力不宜再进一步挖掘。

【工程实例 4】

拟建某大厦采用框架剪力墙结构，高 20 层，建筑面积 70 000 m²。场地的地质情况如下：① 素填土；② 淤泥；③ 粉质黏土；④ 黏性土；⑤ 强风化花岗混合岩；⑥ 中风化花岗混合岩；⑦ 微风化花岗混合岩。

基础采用预应力管桩，桩径为 500 mm，桩长为 25～35 m，最初单桩试验抗拔承载力为 1 200 kN，后来根据第一根试桩的试验结果为 900 kN。所做上拔静载试验的 3 根桩的有关参数见表 2-2-10。

静载试验采用慢速维持荷载法进行，由试验桩两侧的工程桩提供荷载反力。使用 2 台 QF200 千斤顶并联进行加载，百分表测读试桩上拔量。

图 2-2-29 为 150 号、223 号和 285 号试桩的 U-δ 曲线，在最大试验荷载或破坏荷载前，各级荷载作用下上拔量较快趋于稳定。

150 号桩预计最大抗拔试验荷载为 2 000 kN，试验加载至第 7 级 1 400 kN 时，上拔量不大，为 6.03 mm，加下一级荷载时，管桩接口脱焊，终止试验，未进行卸载观察。223 号和 285 号试桩在最大试验荷载 1 400 kN 作用下上拔量均能稳定。从本工程可以看出，影响管桩抗拔力有两个因素，一个是桩侧土摩阻力，另一个是桩身材料强度及管桩接口黏合力。对于设计值较小的抗拔桩来说，决定抗拔力大小的一般是桩侧土摩阻力；对于设计值较大的抗拔桩来说，决定抗拔力大小的一般是管桩接口黏合力。

表 2-2-10 检测桩的有关成桩参数

试验序号	工程桩号	桩径/mm	入土桩长/m	最大试验荷载/kN	配桩情况	接桩方法	备注
1	150	500	30.5	2 000	10+10+10	焊接	
2	223	500	27.6	1 400	11+9+7	焊接	
3	285	500	33.0	1 400	12+12+9	焊接	

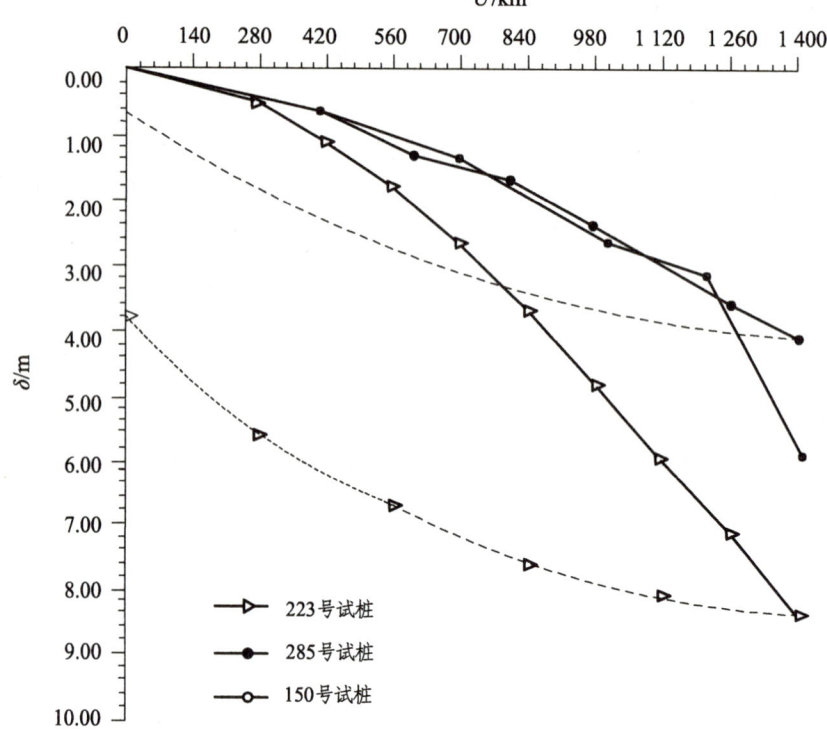

图 2-2-29　150 号、223 号和 285 号试桩的 U-δ 曲线

【工程实例 5】

北京电视中心总建筑面积 $1.7 \times 10^5 \mathrm{~m}^2$，由综合业务大楼（高度 246 m，地上 28～41 层，地下 3 层）、多功能演播中心、生活服务中心和纯地下部分组成。该工程属于大底盘多塔建筑群。由于上部建筑荷载大且集中，为满足承载力和沉降控制要求，在综合业务大楼、多功能演播中心和生活服务中心布置了抗压桩；同时因纯地下部分和多功能演播中心局部空旷内庭配重不够，不能抵抗相应结构设防水位的水浮力，因此布置了抗浮桩。

抗浮桩设计采用 $\phi 800 \mathrm{~mm}$ 灌注桩，旋挖成孔，有效桩长 25 m，混凝土强度等级 C35，竖向抗拔承载力特征值 U_a 为 2 700 kN，配筋为 $12\phi25$（HRB335）。为满足桩身抗裂要求，采用后张预应力，配筋为 $12\phi^s15.2$（1 860 MPa）。为提高桩的抗拔承载力，在距桩底以上 1 m、9 m 和 17 m 三个位置埋设压浆阀进行桩侧后压浆，如图 2-2-30 所示。

由于设计单桩抗拔承载力特征值很高，为证实设计意图能否实现，专门设置了一根试验桩，除不配预应力筋并将主筋改为 $24\phi32$ 外，其他条件完全与工程桩相同，该试验桩的上拔荷载-位移（U-δ）曲线见图 2-2-31。由图可见：上拔荷载加至 6 000 kN，U-δ 曲线未出现陡变，卸载回弹率较大，证明以桩周土控制的抗拔承载力特征值超过了 2 700 kN。

根据《混凝土结构设计规范》（GB 50010—2010）对试验桩进行抗裂验算，当控制桩身裂缝宽度为 0.2 mm 时，允许的上拔荷载仅为 2 300 kN。在本例中，上拔荷载加至 6 000 kN 时裂缝宽度增加近 4 倍，而有趣的是上拔试验完成后进行低应变检测，未发现桩身存在缺陷，且桩头附近也未发现混凝土开裂。

由本实例可知，如果桩不允许带裂缝工作或控制裂缝宽度不超过 0.2 mm，对桩的抗拔承载力起控制作用的是抗裂要求。所以这就是工程桩设计要采用后张预应力的原因（桩身施加预应力约为 4.3 MPa）。

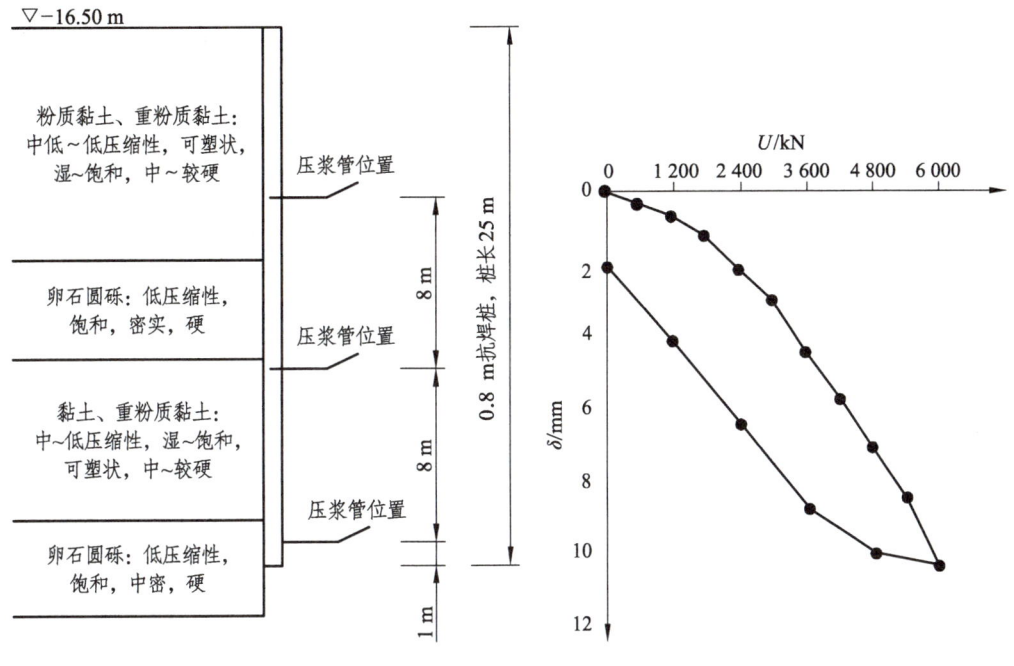

图 2-2-30　底层剖面和桩压降　　　　　图 2-2-31　试桩 U-δ 曲线

任务 2.3　高应变法检测

2.3.1　概　述

1. 高、低应变法动力试桩的区分

（1）动力试桩是在桩顶作用一动态力（动荷载），在桩顶量测桩土系统的动力响应（如位移、速度或加速度信号），对信号的时域和频域进行分析，可以对单桩承载力和桩身完整性进行评价。

（2）高应变法，用重锤（重量不小于预估单桩极限承载力的 1%）自由下落锤击桩顶，使其应力和应变水平接近静力试桩的水平，使桩土之间的土产生塑性变形，即使桩产生贯入度，一般贯入度为 2~6 mm。桩对外有抗力（承载力）是通过位移产生，有了位移，桩侧土强度得到充分发挥，桩端土强度也得到一定程度的发挥，此时，量测的信号含有承载力的因素。但对于嵌岩桩和超长的摩擦桩，要使桩端土强度发挥几乎是不可能的。

（3）低应变法，用手锤、力棒敲击桩顶，或用激振器在桩顶激振，其产生的能量小，动应变约 10^{-5}（高应变产生的动应变为 10^{-3}），通过桩顶量测速度时域波形，对桩身完整性进行判定。

2. 高应变法动力试桩的主要功能

（1）判定单桩竖向抗压承载力（简称单桩承载力）。单桩承载力是指单桩所具有的承受荷载的能力，其最大的承载能力称为单桩极限承载力。高应变法判定单桩承载力是桩身结构强度满足轴向荷载的前提下判定地基土对桩的支承能力。

（2）判定桩身完整性。高应变作用在桩顶的能量大，检测桩的有效深度大。对预制方桩和预应力管桩接头是否焊缝开裂等缺陷判断优于低应变法；对等截面桩可以由截面完整系数 β 定量判定缺陷程度，从而判定缺陷是否影响桩身结构的承载力。

（3）打入式预制桩的打桩应力监控；桩锤效率、锤击能量的传递检测，为沉桩工艺、选择锤击设备提供依据。

（4）对桩身侧阻力和端阻力进行估算。

2.3.2 高应变法理论

1. 一维波动方程

桩动测技术是以一维波动方程为理论基础。假设桩为等截面细长杆，杆四周无侧阻力作用，杆顶端受撞击后，杆截面在变形后仍保持平面，如图 2-3-1 所示。

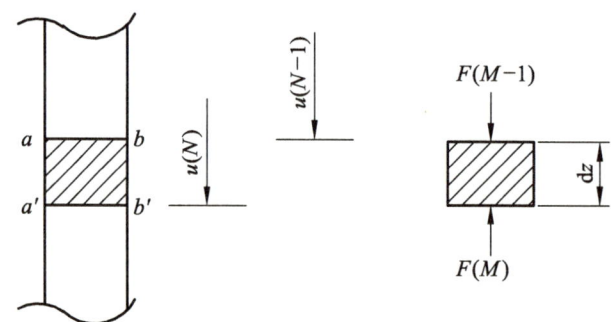

图 2-3-1 杆的受力

取微分单元 $aba'b'$ 其应变为 $\varepsilon = \dfrac{\partial u}{\partial z}$，$u$ 为沿 z 方向位移。

ab 截面受力：$\sigma = E\varepsilon$，$F(M-1) = A\sigma = A\varepsilon E = AE\dfrac{\partial u}{\partial z}$。

$a'b'$ 截面受力，$F(M) = AE\left(\dfrac{\partial u}{\partial z}\right) - AE\dfrac{\partial}{\partial z}\left(\dfrac{\partial u}{\partial z}\right)\mathrm{d}z$。

式中　A——杆截面面积（m²）；

　　　E——杆材料弹性模量（kPa）。

单元 $aba'b'$ 受力为：

$$F_{(M-1)} - F_{(M)} = AE\frac{\partial u}{\partial z} - \left(AE\frac{\partial u}{\partial z} - AE\frac{\partial^2 u}{\partial z^2}dz\right) = AE\frac{\partial^2 u}{\partial z^2}dz \quad (2\text{-}3\text{-}1)$$

单元 $aba'b'$ 力的平衡，$F = ma$，$m = W/g$，加速度 a 为位移两次求导：

$$AE\frac{\partial^2 u}{\partial z^2}dz = \frac{W}{g}\frac{\partial^2 u}{\partial t^2} \quad (2\text{-}3\text{-}2)$$

式中　W——单元重量（N）；
　　　g——重力加速度（m/s²）。

$$\text{杆重量密度 } \rho = \frac{m}{Adz} = \frac{W/g}{Adz} \quad c = \sqrt{E/\rho} \quad \frac{\partial^2 u}{\partial t^2} = c^2\frac{\partial^2 u}{\partial z^2} \quad (2\text{-}3\text{-}3)$$

式（2-3-3）方程为二阶偏微分方程，式中 c 为应力波波速。

2. 波动方程的波动解

方程 $\frac{\partial^2 u}{\partial t^2} = c^2\frac{\partial^2 u}{\partial z^2}$ 的波动解为二个反向波的叠加。

$$U_{(z,t)} = f(z-ct) + g(z+ct) \quad (2\text{-}3\text{-}4)$$

波 $f(z-ct)$ 以波速 c 沿 x 轴正向传播，$g(z+ct)$ 以波速 c 沿 x 轴负向传播，如图 2-3-2 所示。

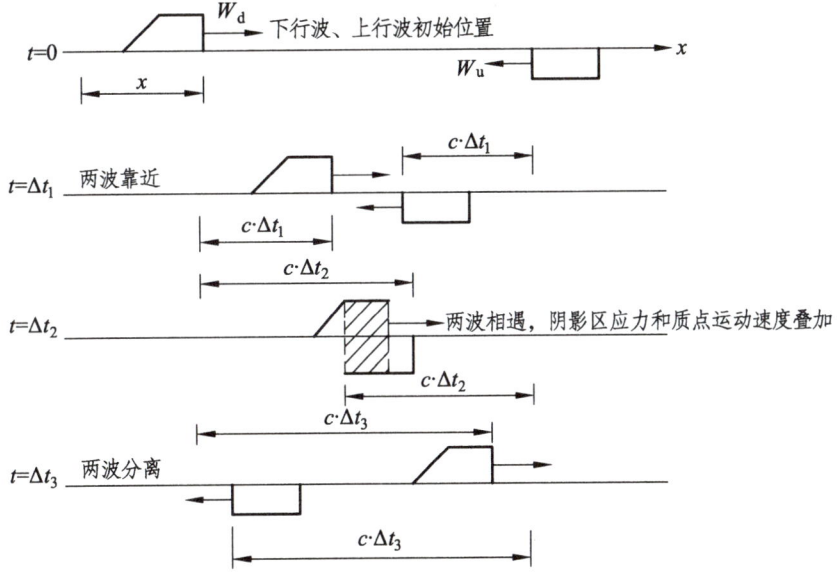

图 2-3-2　下（右）行波和上（左）行波的传播

3. 应力波沿细长杆的传播

设波 $f(z-ct)$ 为下行波（入射波）W_d，则

$$W_d = f(z-ct) = f(\xi) \quad \xi = z - ct$$

W_d 分别对 x 和 t 取偏导数：

$$\frac{\partial W_d}{\partial x} = \frac{\partial W_d}{\partial \xi} \cdot \frac{d\xi}{dt} = \frac{\partial W_d}{\partial z} \cdot c$$

由于 $\frac{\partial W_d}{\partial z} = \varepsilon$，$\frac{\partial W_d}{\partial t} = v$，$\sigma = E \cdot \varepsilon$，$E = c^2 \rho$，则：

$$v = c \cdot \varepsilon = c \frac{\sigma}{E} = \frac{c\sigma}{c^2 \rho} = \frac{\sigma}{\rho c}$$

上式两边乘以杆截面面积 A，得：

$$vA = \frac{\sigma A}{\rho c} = \frac{F}{\rho c}, \quad F = v\rho Ac = vZ \tag{2-3-5}$$

式中　Z——杆力等阻抗，$Z = \rho Ac$；

　　　v——质点运动速度（m/s）。

假设杆端自由，当敲击的压应力传至自由端时，杆端力为零，由力的平衡条件，从自由端反射回来的波为拉力波。

$$F = F_d + F_u = 0, \quad F_d = -F_u \tag{2-3-6}$$

因此，应力波沿细长杆传播结果为：

（1）下行压力波（v 向下），遇自由端反射为上行拉力波（v 向下），端点 $F = 0$，v 加倍；

（2）下行压力波（v 向下），遇固定端反射为上行压力波（v 向上），端点 $v = 0$，F 加倍；

（3）下行拉力波（v 向上），遇自由端反射为上行压力波（v 向上），端点 v 加倍；

（4）下行拉力波（v 向上），遇固定端反射为上行拉力波（v 向下），端点 $v = 0$。

4. 打桩时应力波的传播

打桩时，当锤重远小于桩重时，锤对桩的作用可假定是半正弦压力脉冲波，压力波如图 2-3-3（a）阴影部分所示。

$$F(t) = -F_0 \sin(\pi t/\tau)$$

桩顶处应力：

$$\sigma_0(t) = -(F_0/A)\sin(\pi t/\tau)$$

式中　τ——脉冲力持续时间（s）；

　　　A——桩截面面积（m²）；

　　　F_0——脉冲力峰值。

下行应力波：

$$\sigma_{(z,t)} = f(z - c_0 t)$$

桩顶（$z=0$）处：

$$\sigma_{(0,t)} = f(-c_0 t) = -(F_0/A)\sin(\pi t/\tau) = (F_0/A)\sin[(\pi/c_0\tau)(-c_0 t)]$$

$$\sigma_{(z,t)} = (F_0/A)\sin[(\pi/c_0\tau)(z-c_0 t)]$$

在 $t=\tau$ 时，即锤击过程结束的瞬时：

$$\sigma_{(z,t)} = (F_0/A)\sin[\pi(z/c_0\tau-1)] \qquad (2\text{-}3\text{-}7)$$

当 $t=L/c_0$ 时，即应力波到达桩底后将产生反射，后续行为将依赖于桩端支承条件。

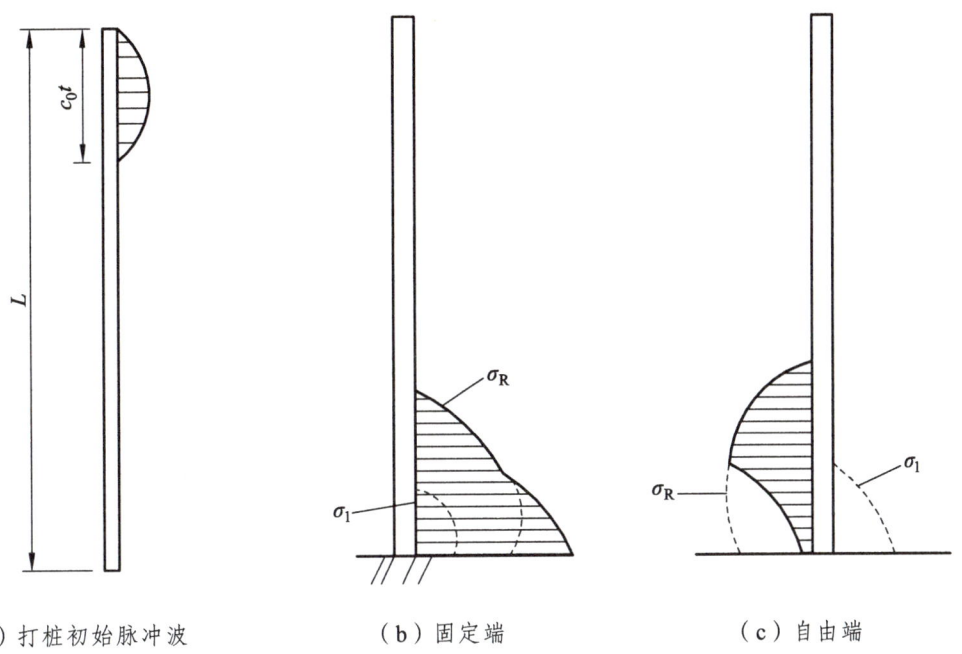

（a）打桩初始脉冲波　　　（b）固定端　　　（c）自由端

图 2-3-3　打桩时应力波的传播

如果桩尖持力层为基岩，可近似视为固定端，此时入射压力波反射仍为压力波，桩端总应力等于入射波和反射波相加，压力波如图 2-3-3（b）阴影部分所示。

如果桩端持力层为很软的软土，不能限制桩端位移，可近似为自由端，反射的应力波为压力波，桩端总应力为入射波和反射波的代数和，其拉力波如图 2-3-3（c）阴影部分所示。

实际大部分工程桩桩端持力层介于以上两种情况之间，反射的上行波是压力波还是拉力波视桩端土层情况而定。如果桩较长，桩端土为黏性土，往往反射的上行波为拉力波，当拉应力超过混凝土的抗拉强度时，会在距桩尖一定位置把桩拉裂。

工程中打桩，一般锤重为桩重的一半左右，而不是远小于桩重，又加有锤垫和桩垫，实际脉冲力不是简单的半正弦脉冲，比半正弦要复杂得多。

5. 上、下行波的计算

应力波沿杆件的传播如图 2-3-4 所示。

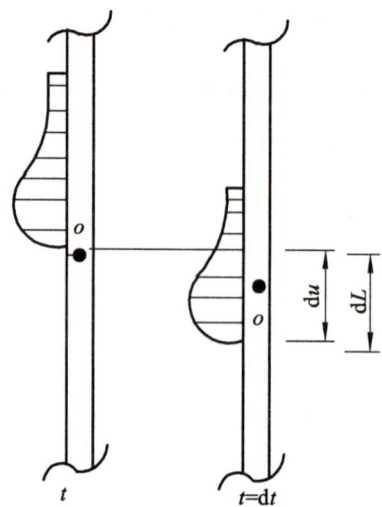

图 2-3-4　应力波沿杆件传播

自由杆受锤击后，将产生以波速 c 向下传播的压缩波（下行波），经过 dt 时间，波行走距离为：

$$dL = cdt$$

dL 长度范围内受到压缩的变形 du，则应变为：

$$\varepsilon = du/dL = du/cLt$$

由胡克定律，杆内应力为：

$$\sigma = F/A = E\cdot\varepsilon$$

$$F = A\cdot E\cdot du/cLt$$

质点 O 运动速度为：

$$V = du/dt = F\cdot c/(E\cdot A)$$

$$F = EA\cdot V/c, EA/c = Z$$

$$F = Z\cdot V \quad\quad (2\text{-}3\text{-}8)$$

式中　A——杆截面面积（m^2）；

　　　E——杆弹性模量（kPa）；

　　　Z——杆力学阻抗（N·s/m）。

式（2-3-8）表明，在反射波来到之前，即无上行波时，力和速度是成比例的，比例系数为 Z，所以实测的力和速度波形，只有下行波时，F 和 $Z\cdot V$ 应该是重合的。

假设上、下行波分别为 $W_u(t)$ 和 $W_d(t)$，由式（2-3-8）知，应力波在杆件中任何截面的轴力和运动速度之间，在数值上保持比例关系，因此得到：

下行波　　$W_d(t) = ZV_d(t)$ 　　　　　　　　　　　　　　　　　　　　（2-3-9）

上行波　　$W_u(t) = -ZV_u(t)$

根据线性叠加原理，杆件任一截面在不同时刻的轴力和运动速度是上、下行波的叠加：

$$F(t) = W_d(t) + W_u(t) \quad\quad (2\text{-}3\text{-}10)$$

$$V(t) = [W_d(t)/Z] + [-W_u(t)/Z] \quad\quad (2\text{-}3\text{-}11)$$

由式（2-3-10）-式（2-3-11）得：

$$F(t) - V(t)Z = 2W_u(t) \quad (2\text{-}3\text{-}12)$$

由式（2-3-10）+式（2-3-11）得：

$$F(t) + V(t)Z = 2W_d(t) \quad (2\text{-}3\text{-}13)$$

联立式（2-3-12）和式（2-3-13）得到上、下行波计算公式：

下行波　　　$W_d(t) = 1/2[F(t) + V(t)Z]$　　　　　　　　　　　（2-3-14）

上行波　　　$W_d(t) = 1/2[F(t) - V(t)Z]$　　　　　　　　　　　（2-3-15）

2.3.3　CASE法

CASE 法是由美国 CASE 工程技术学院戈伯尔（Goble）教授等人研究提出来的一种高应变动力测桩法。

CASE 法是基于应用达朗贝尔（D'Alembert）行波法（即应力波在传播过程中不考虑能量损失，仅考虑波的行进和叠加现象），同时再引入桩周土阻力进行综合分析的一种方法。

1. 基本假定

（1）视桩为一维均质弹性杆件。即截面上所有质点运动状态是相同的，或者说截面在运动时保持为平面。

（2）桩周土的阻力是恒定的。而动阻力仅集中在桩端处，且与桩端面位移速度成正比。

（3）应力波在桩内传播时没有能耗现象。

2. 广义波阻抗 Z

设一维坐标轴 x 与桩轴重合，当桩顶面受冲击荷载作用时，令 $u(t, x)$ 是桩内坐标为 x 的截面在 t 时刻的位移，$P(t, x)$ 为作用于该截面的轴向内力（即通过应力传感器可测定的力）。那么该截面的位移速度为：

$$v(t, x) = \frac{\partial u(t, x)}{\partial t} \quad (2\text{-}3\text{-}16)$$

当不计桩侧阻力时，则有：

$$P(t, x) = A\sigma(f, x) = AE\varepsilon(f, x) = AE\frac{\partial u(t, x)}{\partial x} \quad (2\text{-}3\text{-}17)$$

式中　A——桩的截面面积（m^2）；

　　　E——材料弹性模量（kPa）。

由于应力波沿桩轴方向（x 方向）传播时服从特征线方程，则有：

$$\left.\begin{array}{ll} \text{下行波特征线} & x - ct = S \\ \text{下行波特征线} & x + ct = S \end{array}\right\} \quad (2\text{-}3\text{-}18)$$

式中 c——应力波传播速度（m/s）。

当 $t = 0$ 时，则 $x = S$，S 是应力波激发点的坐标；当 $S = 0$ 时，应力波激发点为坐标原点。可令坐标原点与桩顶面重合。

由式（2-3-18）可得：

$$c = \pm \frac{dx}{dt} \quad (2\text{-}3\text{-}19)$$

式中，下行波波速取正号，上行波波速取负号。

根据微商运算法可得：

$$\frac{v(t,x)}{P(t,x)} = \frac{\partial u(t,x)}{\partial t} \cdot \frac{1}{AE} \frac{\partial x}{\partial u(t,x)} = \frac{1}{AE} \cdot \frac{\partial x}{\partial t} = \frac{c}{AE} = \frac{1}{Ac\rho} = \frac{1}{Z} \quad (2\text{-}3\text{-}20)$$

式中 ρ——桩身材料的密度（kg/m³）。

于是 $$P(t,x) = Zv(t,x) \quad (2\text{-}3\text{-}21)$$

式中 Z——桩的广义波阻抗（N·s/m），$Z = AE/c = Ac\rho$。

由式（2-3-21）可知，当 $P(t,x)$ 一定时，Z 愈大，则 $v(t,x)$ 愈小。可见，广义波阻抗 Z 是一个阻止截面位移速度增大的力学参数，它与速度的乘积具有同力一样的量纲，因此它的单位应为 N·s/m 或 kN·s/m。

3. 轴向内力、截面位移速度与下行力波、上行力波的基本关系

在任一时刻 t，对于桩内任一截面处观测到的轴向力 $P(t)$ 和位移速度 $v(t)$ 均是下行力波 $F_d(t)$ 和上行力波 $F_u(t)$ 叠加的结果，即分别有：

$$P(t) = F_d(t) + F_u(t) \quad (2\text{-}3\text{-}22)$$

$$Zv(t) = Zv_d(t) + Zv_u(t) = F_d(t) - F_u(t) \quad (2\text{-}3\text{-}23)$$

这里上行力波 $F_u(t) = -Zv_u(t)$，是因为上行力波的波速 c 应取负号，故广义波阻抗 Z 亦应取负号。联立（2-3-22）和（2-3-23）两式便得：

$$F_d(t) = \frac{P(t) + Zv(t)}{2} \quad (2\text{-}3\text{-}24)$$

$$F_u(t) = \frac{P(t) - Zv(t)}{2} \quad (2\text{-}3\text{-}25)$$

根据上面两式，就可以由桩内某截面处测得的力 $P(t)$ 和速度 $v(t)$ 分别计算出相应时刻的下行力波和上行力波的值。

4. 桩周土阻力波的引入

以上讨论下行力波、上行力波与轴向内力、截面位移速度的关系时，没有考虑桩周土的阻力波的影响，即将桩内的所有应力波都作为行波或传播波处理。若设桩周土（包括桩侧土和桩底土）的阻力波总和为 R_T，且 R_T 大小是恒定的。现在来分析 t_2 时刻由传感器测得的轴向内力 $P(t_2)$，它是由 t_2 时刻的下行力波 $F_d(t_2)$ 和下行力波 $F_d(t_1)$ 经桩

端反射后变为上行力波 $-F_d(t_1)$ 以及桩周土的总阻力波 R_T 三者叠加的总和，即有：

$$P(t_2) = F_d(t_2) + R_T - F_d(t_1) \quad (2\text{-}3\text{-}26)$$

根据式（2-3-22）有：

$$P(t_2) = F_d(t_2) + F_u(t_2) \quad (2\text{-}3\text{-}27)$$

据此可得：

$$R_T = F_d(t_1) + F_u(t_2) \quad (2\text{-}3\text{-}28)$$

若将式（2-3-25）、式（2-3-26）代入上式，得桩的总阻力为：

$$R_T = \frac{1}{2}[P(t_1) + Zv(t_1) + P(t_2) - Zv(t_2)] \quad (2\text{-}3\text{-}29)$$

5. CASE 法中的阻尼系数法（RSP 法）

由于土的总阻力 R_T 包括两个部分，一部分为动阻力 R_d，一部分为静阻力 R_s，即：

$$R_T = R_d + R_s \quad (2\text{-}3\text{-}30)$$

显然，静阻力 R_s 就是待求的桩竖向极限承载力。为此，必须从 R_T 中减去动阻力 R_d。由式（2-3-23）知：

$$Zv_b(t) = (F_d)_b(t) - (F_u)_b(t) \quad (2\text{-}3\text{-}31)$$

式中：v_b——桩端面的位移速度（m/s），它只能从桩顶面上实测结果作为推算获得，而 t 必须大于 L_0/c。于是有：

$$\begin{aligned} Zv_b(t) &= F_d(t - L_0/c) - F_u(t + L_0/c) \\ &= 2F_d(t - L_0/c) - R_T \\ &= p(t_1) + Zv(t_1) - R_T \end{aligned} \quad (2\text{-}3\text{-}32)$$

根据基本假设（2），动阻力仅集中桩端处，且与桩端面位移速度成正比，于是可设动阻力 R_d 为：

$$R_d = J_c \cdot Zv_b(t)$$

将式（2-3-32）代入上式可得动阻力为：

$$R_d = J_c[P(t_1) + Zv(t_1) - R_T] \quad (2\text{-}3\text{-}33)$$

式中 J_c——无量纲的比例系数，常称为 CASE 阻尼系数。

这样一来，由式（2-3-29）和式（2-3-33）两式可求得桩周土的总静阻力为：

$$RSP = R_s = R_T - R_d = \frac{1-J_c}{2}[P(t_1) + Zv(t_1)] + \frac{1+J_c}{2}[P(t_2) + Zv(t_2)] \quad (2\text{-}3\text{-}34)$$

式（2-3-34）就是 CASE 阻尼系数法估计桩的竖向极限承载力的公式，常称之为 CASE-Goble 公式。

这里值得指出的是，CASE 阻尼系数 J_c 是一难以选定适当的系数，一般是根据持力层土质及人为经验来选取的。当然最好是通过动、静对比后加以确定。表 2-3-1 是由美国 PDI 公司通过大量工程实践统计给出的 J_c 建议值。

表 2-3-1　J_c 经验值

持力层土质	纯 砂	粉 砂	粉 土	亚黏土	黏 土
J_c	0.1～0.15	0.15～0.25	0.25～0.40	0.40～0.70	0.70～1.0

由 CASE-Goble 公式可知，J_c 值的大小对 R_s 影响较大，若 J_c 取值不合理，将导致 R_s 与静载荷试验结果偏离较大，这就是 CASE 法的严重缺陷。

6. CASE 法中求静阻力 R_s 的其他方法

（1）最大阻力（RMX）法。

当实测力曲线 $P(t)$ 在 $t > t_1 + \dfrac{2L_0}{c}$ 的时段内再次出现较大峰值时，这种情况往往是由于持力土层的阻力得以充分激发，而又是在滞后 $t_1 + \dfrac{L_0}{c}$ 时刻才被发挥出来造成的。对于这种情况若采用 RSP 法求得的 R_s 值将会明显偏小。修正的方法就可采用最大阻力（RMX）法。

由式（2-3-33）可知，当从实测曲线上选择不同的时刻作为 t_1 值时，将会得到不同的 R_s 值。因此，当保持 $2L_0/c$ 时间段不变时，令计算的起始时间依次后延为 $t_{1k} = t_1 + k\Delta t$，而 $t_{2k} = t_1 + (2L_0/c) + k\Delta t$，这里 Δt 为每次后延的时间增量，k 为后延计算次数，t_1 是 $P(t)$ 曲线上的第一个峰值对应的时间。这时计算得的总静阻力为一组 $R_s(t_{1k})$，（$k = 0$，1，2，…），式中最大的 R_s 就是要求的最大阻力 RMX。一般最大的后延时间为 30 ms，即 $\sum_{k=0}^{N} k\Delta t = 30$ ms 即可。

（2）卸载法（RSU）。

当实测速度 $v(t)$ 曲线在 $2L_0/c$ 时刻（即下行力波返回待测截面处的时刻）之前出现了负值时，这是由于桩较长且桩侧土的摩阻力很大，锤击后使桩引起反弹，导致待测截面产生负向位移现象。桩顶向上位移，则桩侧土摩阻力产生负向作用，称之为卸载。卸载部分的桩长 L_{un} 为：

$$L_{un} = \frac{(t_2 - t_0)c}{2} = \frac{\Delta t c}{2} \tag{2-3-35}$$

式中　t_0——$v(t) = 0$ 对应的时刻（s），$\Delta t = t_2 - t_0$。

卸载阻力是一种上行力波，因此根据式（2-3-36）可求得卸载阻力 R_{un} 的大小为：

$$R_{un} = \frac{P(t_1 + \Delta t) - Zv(t_1 + \Delta t)}{2} \tag{2-3-36}$$

将卸载阻力 R_{un} 值加到 CASE 阻尼系数法所得的总静阻力 R_s 值上便得到卸载法的极限承载力，即：

$$RSU = R_T - J_c[P(t_1) + Zv(t_1) - (R_T + R_{un})] + R_{un}$$

$$= \frac{1-J_c}{2}[P(t_1) + Zv(t_1)] + \frac{1+J_c}{2}[P(t_2) + Zv(t_2)] + \frac{1-J_c}{2}[P(t_1 + \Delta t) - Zv(t_1 + \Delta t)] \tag{2-3-37}$$

（3）自动法（RAU）。

由于 CASE 阻尼系数法中的阻尼系数 J_c 选取合适的值比较困难，而 J_c 值对 R_s 值的影响又十分明显，这里给出一种不需要对 J_c 取值的方法：自动法。

这种方法就是在两条实测曲线 $P(t)$ 和 $v(t)$ 上自动搜索总静阻力 R_s 等于总阻力 R_T 的时刻 t_1 和 t_2 或时间段 $2L_0/c$。显然当 $R_s = R_T$ 时，桩端动阻力 $R_d = 0$，亦即桩端面的位移速度为 0。由式（2-3-32）可知应有：

$$P(t_1) + Zv(t_1) - R_T = 0$$

若将式（2-3-33）代入上式，得：

$$P(t_1) + Zv(t_1) = P(t_2) + Zv(t_2) \quad (2\text{-}3\text{-}38)$$

据此，只要在两条实测曲线上搜索能使式（2-3-38）成立的 t_1 时刻且使 $t_2 = t_1 + 2L_0/c$，那么，将搜索到的 t_1 和 t_2 两时刻的力值和速度值代入式（2-3-39）求出 R_T，便是待求的总静阻力值。这种搜索过程借助计算机进行是不难完成的，但由于 P 和 v 不是连续的，而是离散数据，故只能按观测数据的采样步长（Δt）搜索到使式（2-3-38）两边近似相等的 t_1 和 t_2 值。

7. CASE 法评估桩身完整性的方法

若桩体内与观测截面的距离为 x 处存在一个广义波阻抗分界面，设分界面上部的阻抗为 Z_1，分界面下部的阻抗为 Z_2。当应力波经过阻抗分界面时，根据连续性条件有：

$$\left.\begin{array}{l} F_{d1} + F_{u1} = F_{d2} + F_{u2} \\ v_{d1} + v_{u1} = v_{d2} + v_{u2} \end{array}\right\} \quad (2\text{-}3\text{-}39)$$

由于经分界面反射的上行力波 F_{u1} 是在 $2x/c$ 时刻出现，而经桩端反射后上行力波 F_{u2} 是在 $2L_0/c$ 时刻才出现，因此在 $2L_0/c$ 的时间段内 $F_{u1} = 0$，$v_{u2} = 0$，所以式（2-3-29）变为：

$$\left.\begin{array}{l} F_{d1} + F_{u1} = F_{d2} \\ v_{d1} + v_{u1} = v_{d2} \end{array}\right\} \quad (2\text{-}3\text{-}40\text{a})$$

式（2-3-40a）的第二式又可写成：

$$\frac{F_{d1}}{Z_1} - \frac{F_{u1}}{Z_1} = \frac{F_{d2}}{Z_2} \quad (2\text{-}3\text{-}40\text{b})$$

由式（2-3-40a）的第一式和式（2-3-40b）可得：

$$\frac{Z_2}{Z_1} = \frac{F_{d1} + F_{u1}}{F_{d1} - F_{u1}} \quad (2\text{-}3\text{-}41)$$

假定桩侧土在 x 长度范围的总阻力波为 R_{fx}，在这个长度范围内存在下行力波 $F_d(t_1)$，抵达分界面处变为下行力波 F_{d1}，减小部分 $[F_d(t_1) - F_{d1}]$ 为上行阻力波所抵消，同时还存在经分界面反射的上行力波 F_{u1}，并经过 $2x/c$ 的时间到达传感器所在截面处变为上行力

波 $F_u(t_x)$，这里 $t_x = t_1+2x/c$，那么 $F_u(t_x)$ 与 F_{u1} 的差正好等于下行阻力波。这样，便可得到如下两个等式：

$$\left. \begin{array}{l} F_d(t_1) - F_{d1} = \dfrac{R_{fx}}{2} \\ F_u(t_x) - F_{u1} = \dfrac{R_{fx}}{2} \end{array} \right\} \quad （2-3-42）$$

由上面两式可得：

$$F_{d1} + F_{u1} = \left(F_d(t_1) - \frac{R_{fx}}{2}\right) + \left(F_u(t_x) - \frac{R_{fx}}{2}\right) = F_d(t_1) + F_u(t_x) - R_{fx} \quad （2-3-43）$$

$$F_{d1} - F_{u1} = \left(F_d(t_1) - \frac{R_{fx}}{2}\right) - \left(F_u(t_x) - \frac{R_{fx}}{2}\right) = F_d(t_1) - F_u(t_x) \quad （2-3-44）$$

再将式（2-3-43）和式（2-3-44）代入式（2-3-41），并且将分界面下部和上部的波阻抗之比作为评定桩身完整性的一个指标 β，则有：

$$\beta = \frac{Z_2}{Z_1} = \frac{F_d(t_1) + F_u(t_x) - R_{fx}}{F_d(t_1) - F_u(t_x)} \quad （2-3-45）$$

这就是评定桩身缺陷程度的表达式，称 β 为完整性系数（见表 2-3-2）。

缺陷位置计算如下：

$$x = c \cdot \frac{t_x - t_1}{2\,000} \quad （2-3-46）$$

表 2-3-2　桩身完整性判定

类别	β 值
Ⅰ	$\beta = 1.0$
Ⅱ	$0.8 \leqslant \beta < 1.0$
Ⅲ	$0.6 \leqslant \beta < 0.8$
Ⅳ	$\beta < 0.6$

2.3.4　曲线拟合法

（1）曲线拟合法是高应变动力试桩中较为常用的方法。其将凯斯法在现场实测的波形曲线输入更精密的波动理论计算程序中，是以波动方程解为基础的方法。主要是将理论计算所得力波 $F(t)$、速度波 $V(t)$ 和实测值的反复比较和迭代，通过调整土阻力大小与分布及各参数值来与实测力波与速度波拟合以提供承载力。实测曲线拟合法的原理如图 2-3-5 所示。

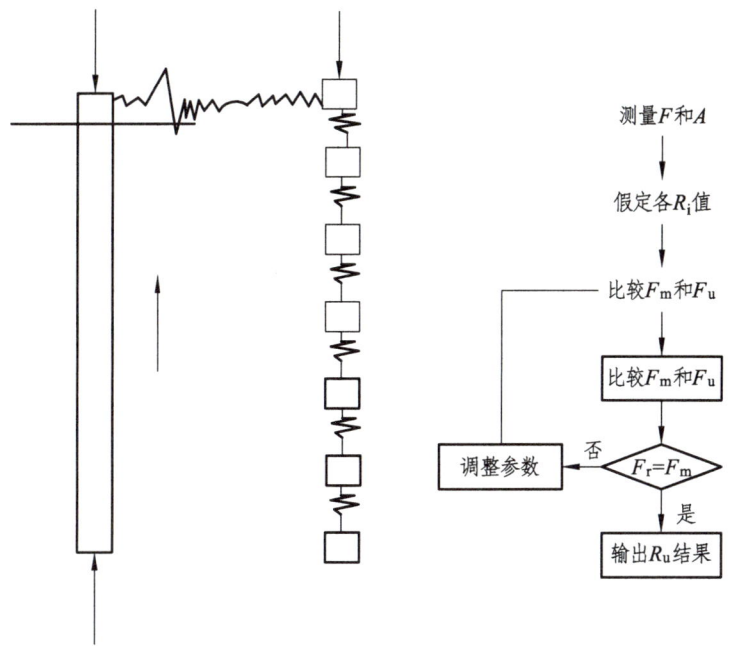

图 2-3-5　曲线拟合法原理

该方法采用连续杆件模型，将桩身分成 N_p 个（桩身及传感位置的桩材弹性模量、波速等）弹性杆件单元，每个单元长度大约为 1 m，桩身模型中包含桩材性质、波阻抗、桩身裂隙、材料阻尼等参数。将土分成 N_s（一般取 $N_s = 1/2 N_p$）个单元，模型中除了最大静阻力 R_u、最大弹性变形 Q 及阻尼系数三个基本参数外，还增加了卸载时的弹性变形、卸载水平、重新加载水平、桩端与岩土间空隙、桩端附加质量（土塞）、残余应力及能量耗散（辐射阻尼）等选项。在多数情况下，桩周土单元的 Q 值和 J_c 值可取相同值，桩身阻抗是恒定的，故一般情况下共有 N_s+19 个未知数。

该分析方法的思路是根据实测的应力的速度曲线中，选一条曲线进行相应的波动计算，将求得的另一条计算曲线与实测曲线相比较拟合。也可以通过应力和速度曲线求解上行波和下行波相拟合进行，即从上行波曲线（或下行波曲线）出发，对各种参数进行设定，计算出下行波（或上行波）曲线，把计算结果和相应的实测曲线进行比较，根据对比的差值，自动修改数学模型，再进行下一次的计算拟合。如此反复进行，直至拟合效果满意为止，才能最终确定符合实际桩土体系的各种参数。但必须指出，最终设定的各种参数应基本符合桩周土的分布规律。可见这种算法是以实测值作为客观标准来反演桩土参数。经过多次拟合，最终得到桩身剖面形状、土参数分布（如土阻沿桩身分布）和根据桩土参数进行静力分析模拟出的静荷载-沉降曲线。此外，由于求解是对整个波动过程进行的，因而还能给出桩身任一深度处的动力学和运动学参量随时间的变化。应该注意到：参数选取是否合理与分析人员素质与经验的丰富程度有很大关系，所得拟合效果因人而异。因此，尽管拟合法的标准唯一，但实际上解并非唯一，只可能将不同的解控制在一定的变异范围内。

（2）采用实测曲线拟合法判定桩承载力，应符合下列规定：

① 所采用的力学模型应明确、合理，桩和土的力学模型应能分别反映桩和土的实

际力学性状，模型参数的取值范围应能限定。

② 拟合分析选用的参数应在岩土工程的合理范围内。

③ 曲线拟合时间段长度在 t_1+2L/c 时刻后延续时间不应小于 20 ms；对于柴油锤打桩信号，在 t_1+2L/c 时刻后延续时间不应小于 30 ms。

④ 各单元所选用的土的最大弹性位移 s_q 值不应超过相应桩单元的最大计算位移值。

⑤ 拟合完成时，土阻力响应区段的计算曲线与实测曲线应吻合，其他区段的曲线应基本吻合。

⑥ 贯入度的计算值应与实测值接近。

2.3.5 信号分析

1. 试验方法及信号的选取

将 2 个加速度传感器和 2 个应变力传感器分别对称安装在距桩顶 1.5 倍桩径左右的桩测表面，锤以自由下落方式锤击桩顶，瞬时冲击产生的加速度和力的信号通过桩基动测系统放大和 A/D 转换，变成数字信号传给微机，信号经过计算机软件的处理显示实测波形。

依据行波理论，在波形曲线开始段，即传感器开始感受到冲击波，而土阻力的回波还不明显时，在安装传感器的桩截面上只有单一的行波，在波形曲线的初始段（一般在峰值以前）F 曲线与 $Z \cdot V(t)$ 曲线应基本重合。

图 2-3-6 是典型的现场记录波形，可见在波形曲线的初始段两条曲线是重合的。

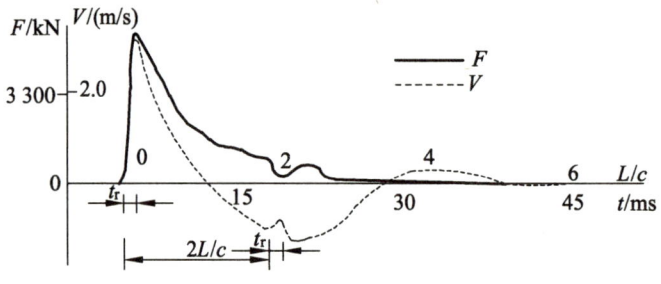

图 2-3-6 典型的现场记录波形

当波形曲线初始段没有明显的重合趋势时，应停止试验，仔细检查传感器和仪器，认真找出产生异常的原因，可能的原因如下：

（1）地表有阻力；

（2）传感器附近变截面；

（3）参数不合理；

（4）传感器位置不当，安装不好；

（5）偏心，力的任一值与平均值相差大于 30% 为严重偏心。

图 2-3-7 是测试中可能遇到的两种异常情况。图 2-3-7（a）的异常情况比较明显，曲线的形状完全不重合。图 2-3-7（b）曲线形状似乎有重合的趋势，但是实测的 Z 值与理论估算值相差太大。

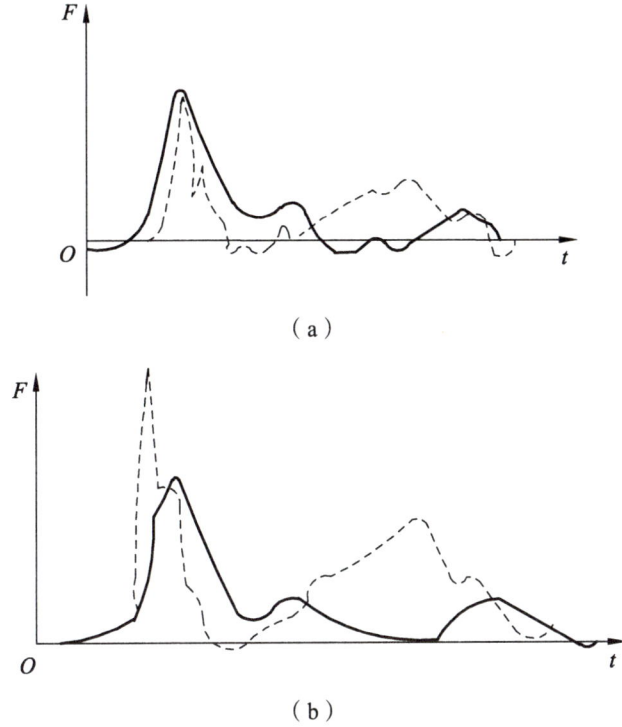

图 2-3-7　F 波和 $Z·V(t)$ 波起始段不重合的实录曲线

当传感器接收到上行的回波（一般情况首先是土阻力的回波），F 曲线与 ZV 曲线开始被分开。当上行的回波是压力波时，$F\uparrow$ 为正值，$V\uparrow$ 为负值。

截面的入射波的波幅为：

$$F\downarrow = F_{max} - \frac{1}{2}\Delta R \qquad (2\text{-}3\text{-}47)$$

式中　F_{max}——力波的峰值。

如果在 t_a 以后没有任何回波叠加，则自 t_a 以后，速度波和力波将保持平行。图中超出平行线的部分就是由拉力回波的叠加所产生的，它的大小可用 ΔU 表示。

这里以压力为正，故上行的拉力波 F_1T 幅值是负的；上行的速度为 $-F_1\uparrow/Z$ 是正值。上行的拉力波与原来的波叠加时，使力波幅值减小 $|F_1\uparrow|$，使速度波 $Z·V$ 增大 $|F_1\uparrow|$，所以两条曲线的差值 $F-ZV$ 的变化量为 $\Delta U = -2F_1\uparrow$。因此可得：

$$\frac{F_1\uparrow}{F_1\downarrow} = \frac{-\frac{1}{2}\Delta R}{F_{max} - \frac{1}{2}\Delta R} \qquad (2\text{-}3\text{-}48)$$

高勃尔、劳歇建议在实际应用中，公式修改为：

$$\alpha = \frac{F_1\uparrow}{F_1\downarrow} = \frac{-\frac{1}{2}\Delta R}{F_{max} - \frac{1}{2}\Delta R} \qquad (2\text{-}3\text{-}49)$$

由式（2-3-49）得高应变基桩完整性系数：

$$\beta = \frac{1-\alpha}{1+\alpha} \quad (2\text{-}3\text{-}50)$$

根据观察这一异常回波的时刻 t_x，即可求得缺陷距传感器的距离为：

$$x = \frac{1}{2} \cdot c \cdot t_x \quad (2\text{-}3\text{-}51)$$

式中　c——为波在桩桩身中传播的速度（m/s）。

压力回波使传感器测到的 F 值增大，V 值减小，F 曲线与 ZV 曲线拉开，F 曲线值大于 ZV 曲线值；反之，当回波是拉力波时，$F_1\uparrow$ 为负值，$V\uparrow$ 为正值，则 F 值减小，V 值增大，ZV 曲线值大于 F 曲线值。两曲线开始拉开后，F 曲线值大于 ZV 曲线值，可知回波是压力波，一般情况下，它是由土阻力所产生，在时刻 t_b 时，突然产生了相反的现象，即 F 波急剧减小，ZV 波急剧增大，说明在时刻 t_b 起传感器接收到一个较强的拉力回波，一般它是由于桩截面的突然缩小所产生的。由于时间 t_b-t_a 与估算 $2L/c$ 值很接近，我们即可判断在 t_b 时刻，传感器接收到桩尖回波；时间 t_b-t_a 就是实测的 $2L/c$ 值，其与理论值之间误差的大小也是判断现场测试记录可靠性的重要依据。

2. 信号的判读

实测信号是否有用，试验人员必须在现场作出判断，一个信号的好坏主要从如下几方面进行判别：

（1）信号的比例性。正常情况下（桩身浅部存在缺陷除外），实测力曲线与速度曲线起始部分应该重合。若力曲线和速度曲线在起始部分即有较大的偏离，这可能由如下几种情况引起：一是传感器附近混凝土松散，锤击作用下该处混凝土产生塑性变形（见图 2-3-8）；二是锤击严重偏心，引起信号偏离（见图 2-3-9）；三是弹性波速输入不正确。试验人员应根据实际情况及时排除故障，重新测试。

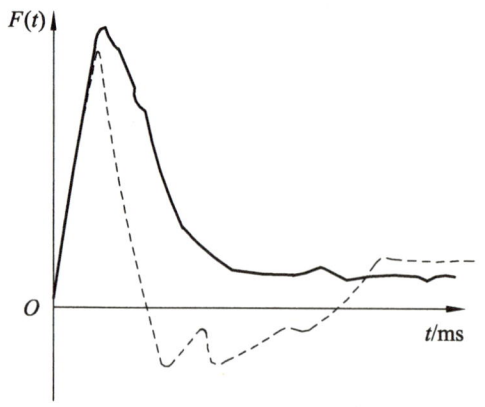

图 2-3-8　锤击引起测点混凝土塑性变形，使波形不归零

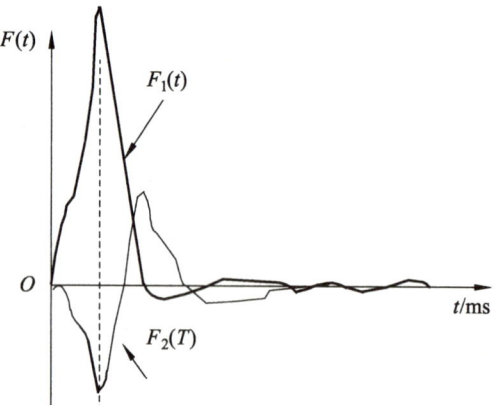

图 2-3-9　锤击严重偏心

（2）信号的一致性。同一试桩的不同锤击信号应具有相关一致性。若不同的锤击信号差异很大，试验人员应及时检查传感器的安装是否松脱，传感器有否损坏，采取措施重新测试（见图2-3-10）。

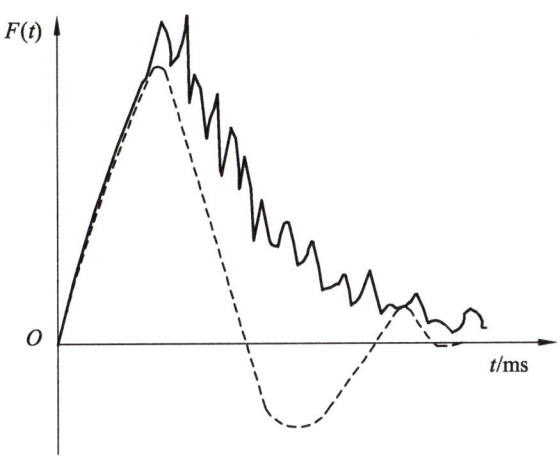

图 2-3-10　力传感器安装不紧，波形产生自振

（3）信号的归零性。正常的实测信号，力与速度曲线尾部必须归零。引起零漂的原因主要是锤击偏心，使桩身混凝土局部受压和受拉，以及传感器处混凝土松散，强度较低（见图2-3-11），锤出时产生塑性变形。另外，传感器处桩身若存在局部裂缝（见图2-3-12），也往往引起实测曲线零漂。

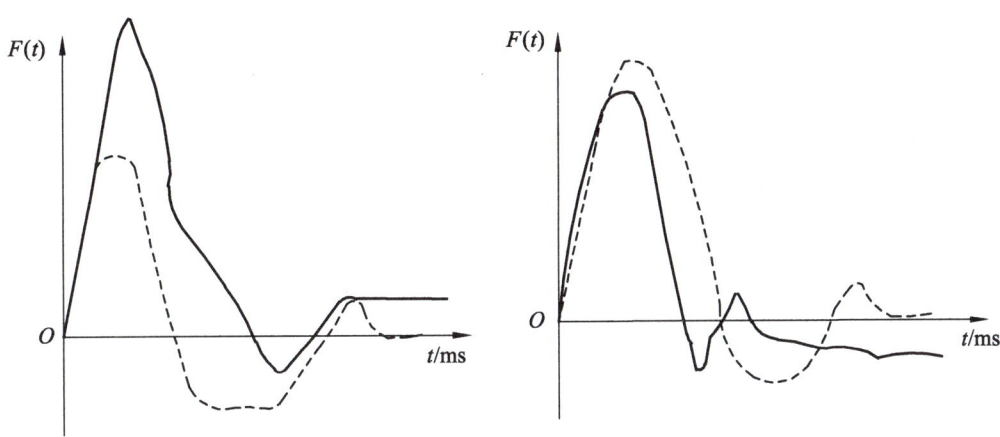

图 2-3-11　传感器安装处混凝土强度低　　　图 2-3-12　测点附近桩身有裂缝

（4）试验的充分性。试验的充分与否，直接影响承载力的计算，一个不充分的试验曲线，其提供的承载力显然是保守的。试验是否充分，主要从以下两方面进行观察：一是观察桩在锤击下的贯入度；二是观察速度曲线 $2L/c$ 时刻之前是否归零，如果速度曲线在 $2L/c$ 之前提早归零，那么可以肯定该桩的承载力仍未能充分激发，此时必须加大锤重或提高落距，进行进一步的检测。

总之，实测数据的好坏必须从信号的比例性、一致性、归零性及试验充分性进行判别，只有反映真实情况的实测数据，才能得出正确的结果。

3. 分析方法

将原始信号回放，利用软件进行波形拟合分析。具体做法是：先假设桩-土模型及其参数，以实测速度信号作为边界条件输入，求解波动方程，反算桩顶的力，如果计算的力曲线与实测的力波形不符合，则继续调整桩-土模型及参数，再进行拟合计算，直到计算的力曲线与实测力曲线的吻合程度达到最佳状态为止，最终给出桩的极限承载力、荷载-沉降曲线及土阻力沿桩分布图。

4. 目前实测曲线拟合法所采用的模型

（1）土的静阻力模型一般为理想弹塑性或考虑土体软化和硬化的双线性模型。模型有两个主要参数：土的极限阻力 R_u 和土的最大弹性位移 S_q。

（2）土的动阻力模型，一般采用与桩身质点运动速度成比例的线型黏滞阻尼。

（3）桩的单元划分一般采用等时单元（即应力波通过每个单元的时间相等）。为避免高阶项影响计算精度，不宜采用弹簧-质量块的离散模型。

（4）桩单元中除考虑面积、弹性模量、波速等参数外，也可考虑桩身阻尼和裂隙。

5. 关于波形拟合时间段长度和拟合系数加权

对波形拟合时间段长度的规定，是考虑到在 $2L/c$ 之后，虽然与质点运动相关的动阻力趋于减弱，但总静土阻力一般在 $2L/c$ 之后才能更充分发挥，具体参见图 2-3-13。而且不同的土质条件，特别是桩端持力层力学性状的差异，桩端阻力和总阻力可能远远滞后于 $2L/c$ 时刻。所以对曲线拟合质量应采用合理的加权方法计算其拟合系数的规定，实质上是针对 $2L/c$ 后，为更好地控制总阻力响应区段的拟合质量。

拟合分析应参考工程地质勘察资料和桩基基础施工记录，以使分析选用的参数更加合理。

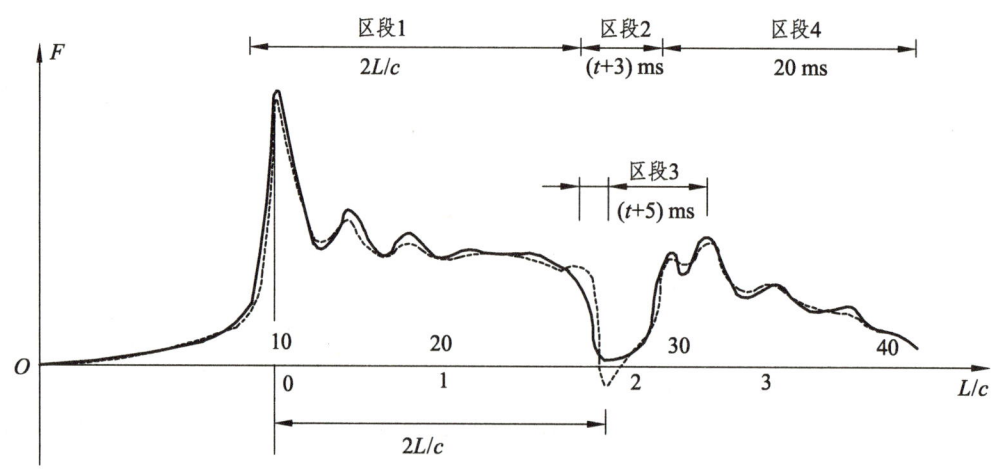

图 2-3-13 评估计算曲线拟合程序的 4 个时间段

2.3.6 仪器设备

1. 基桩动测仪

检测仪器的主要技术性能指标不应低于《基桩动测仪》(JG/T 518—2017)中表 1 规定的 2 级标准,且应具有保存、显示实测力与速度信号和信号处理与分析的功能。高应变整机系统见图 2-3-14。

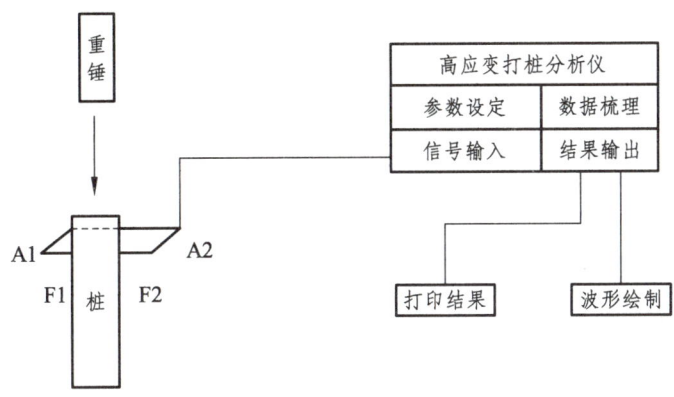

图 2-3-14　高应变整机系统

2. 锤击装置

(1)自由落锤:锤重≥$1.0\%Q_u$(Q_u 为预估单桩极限承载力);高径(宽)比≥1;铸铁或铸钢整体锤;组合锤。

(2)锤击设备可采用筒式柴油锤、液压锤、蒸汽锤等具有导向装置的打桩机械,但不得采用导杆式柴油锤、振动锤。

3. 桩　垫

采用厚 10~30 mm 的木板或胶合板,面积比锤底面积稍大。

4. 传感器

(1)应变式力传感器,应变测量范围:混凝土桩>±1 000 με;钢桩>±1 500 με。

(2)加速度计。

① 带内装放大压电式加速度计;

② 电荷放大压电式加速度计。量程:桩混凝土 1 000~2 000 g;钢桩 3 000~5 000 g。

常见的应力及加速度传感器如图 2-3-15 所示。

图 2-3-15　常见的应力及加速度传感器

2.3.7 现场检测

1. 检测前的准备工作

（1）对锤击的桩头应作加固处理，处理规定如下：

① 混凝土桩应凿掉桩顶部的破碎层以及软弱或不密实的混凝土。

② 桩头顶面应平整，桩头中轴线与桩身上部的中轴线应重合。

高应变法检测相关要点

③ 桩头主筋应全部直通至桩顶混凝土保护层之下，各主筋应在同一高度上。

④ 距桩顶 1 倍桩径范围内，宜用厚度为 3~5 mm 的钢板围裹或距桩顶 1.5 倍桩径范围内设置箍筋，间距不宜大于 100 mm。桩顶应设置钢筋网片 1~2 层，间距 60~100 mm。

⑤ 桩头混凝土强度等级宜比桩身混凝土提高 1~2 级，且不得低于 C30。

⑥ 高应变法检测的桩头测点处截面尺寸应与原桩身截面尺寸相同。

钻孔灌注桩由于在桩头附近存在一定深度的浮浆，该层浮浆强度低、塑性大，如果不对其加以处理，则将严重影响测试信号的质量，使测试信号严重畸变，而无法用于解释。处理的办法是将该层浮浆凿除，凿除深度主要以桩身混凝土设计强度为依据，务必使桩头表面混凝土强度达到或接近设计混凝土强度值。

特别是由于钻孔灌注桩的桩身直径大，设计承载力高，若要充分激发桩身土阻力，必须选择较重的落锤，为了防止重锤直接作用在桩头，避免桩头混凝土产生塑性变形和破裂，必须在桩头处捣制桩帽。桩帽的作用是为了缓冲重锤对桩头过大的动力冲击，以及锤击偏心时对桩头的剪切破坏。因此，捣制桩帽时，必须在桩帽内设置若干层钢筋网片，以消散锤击偏心时，重锤对桩头所产生的剪切应力。另外，桩帽混凝土的强度必须比桩身混凝土强度高一至二个级别，以提高桩帽的耐打性，进一步保护桩头。

（2）传感器安装前应检查。

① 将传感器接入试桩分析仪，检查传感器的初偏值是否在允许范围之内。

② 在试桩分析仪处于接收状态时，手持传感器一端，在其另一端分别用手指硬、软部位轻轻敲击，就能观察到不同的信号图形。

（3）传感器的安装规定。

① 应变传感器和加速度传感器，宜分别对称安装在距桩顶不小于 $2D$（桩身外径，单位为 mm）或 $2B$（矩形桩的边宽，单位为 mm）的桩侧表面处；对于大直径桩，传感器和桩顶之间的距离可适当减小，但不得小于 D；传感器安装面处的材质和截面尺寸应与原桩身相同，传感器不得安装在截面突变处附近。

② 应变传感器与加速度传感器的中心应位于同一水平线上；同侧的应变传感器和加速度传感器间的水平距离不宜大于 80 mm。

③ 各传感器的安装面材质应均匀、密实、平整；当传感器的安装面不平整时，可采用磨光机将其磨平。

④ 安装传感器的螺栓钻孔应与桩侧表面垂直；安装完毕后的传感器应紧贴桩身表面，传感器的敏感轴应与桩中心轴平行；锤击时传感器不得产生滑动。

⑤ 安装应变式传感器时应对其初始应变值进行监视；安装后的传感器初始应变值不应过大，锤击时传感器的可测轴向变形余量的绝对值应符合下列规定：混凝土桩不得小于 1 000 με；钢桩不得小于 1 500 με。

（4）传感器安装后固定检查。

① 力传感器与桩身接触的基面都经研磨，十分平整，因而安装传感器的桩身表面也必须用磨光机打磨平整，并与传感器基面吻合良好。

② 力传感器都使用 M8 机制六角螺栓安装固定，对于钢桩，在测点位置先钻 5 mm 的孔，孔间中心距离为 75 mm，允许偏差±1 mm，然后用 M8 丝钻铰成螺孔。对于混凝土桩需用 M8 胀锚螺栓固定。为了保证孔距在允许偏差范围以内，建议先打好一孔，装胀锚螺栓，套上打孔样板后再钻另一孔。对于木桩可用木螺丝固定传感器。安装传感器轴线与桩身轴线平行偏差小于 3°。

③ 安装固定力传感器要用长度合适的 M8 六角或内六角标准螺栓，螺栓与传感器接触面应加垫圈，以防擦伤传感器。

④ 拧紧螺栓过程中，应十分小心，随时监视输出信号，切勿使力传感器弯曲或扭曲超过传感器变形极限，产生不可恢复的永久变形，损坏传感器。

⑤ 拧紧螺栓过程中，可以适当地拉伸、压缩力传感器，使用传感器输出接近零位。

⑥ 力传感器引出导线与仪器分线器连接后，应把导线固定在传感器上部的桩身上，以避免锤击过程中，因导线下垂影响测量数据或损坏传感器。

⑦ 为了防止损坏力传感器，一般在试桩导架安装好后，再安装传感器。起吊装有传感器的桩必须十分小心，对传感器本体及导线务必采取保护措施。

⑧ 力传感器外壳是保护传感器用的，传感器使用前后，请将传感器放在外壳内。撞击、跌落、挤压都会损坏传感器。

⑨ 力传感器可以安装在桩身的任意位置上，然而安装位置越低，实测的传递能量会减小。传感器越接近桩顶，损坏传感器的概率越大，一般离桩顶 2~3 倍桩径为最理想。为了避免损坏传感器，选定的安装位置也应在达到最终的入土深度时仍在地面以上。对于复打，当桩顶离地面较高时，传感器要安装在最适宜人员操作的高度，如离地 1.2 m 左右。

（5）桩头顶部应设置桩垫，桩垫可采用 10~30 mm 厚的木板或胶合板等材料。使用桩垫的目的是防止重锤与桩帽直接接触，缓减重锤的冲击能量，保持桩帽不被重锤击烂。应根据测试时的实际情况，选择不同厚度的干木板或纤维夹板作为桩垫。过厚的桩垫会延缓锤与桩帽的接触时间，使冲击脉冲变宽，起跳不干脆，影响桩身平均波速的求取及桩身浅部缺陷的判定。

（6）通过复打确定桩承载力的时间效应。

2. 现场试验参数设定与计算

（1）采样时间间隔宜为 50~200 μs，信号采样点数不宜少于 1 024 点。

（2）传感器的设定值应按计量检定结果设定。

力传感器和加速度传感器标定系数应由国家法定计量单位开具的标定系数或传感器出厂标定系数作为设定值。

（3）自由落锤安装加速度传感器测力时，力的设定值由加速度传感器设定值与重锤质量的乘积确定。

（4）测点处的桩截面尺寸应按实际测量确定，波速、质量密度和弹性模量应按实际情况设定。

（5）测点以下桩长和截面积可采用设计文件或施工记录提供的数据作为设定值。

① 测点下桩长应取传感器安装点至桩底的距离。

② 对于预制桩，可采用建设或施工单位提供的实际桩长和桩截面积作为设定值。

③ 对于灌注桩，测点下桩长和截面积设定值宜按建设或施工单位负责提供的完整的施工记录确定。

（6）桩身材料质量密度应按相关规范确定。

（7）桩身波速可结合本地经验或按同场地同类型已检桩的平均波速初步设定，现场检测完成后应按规范调整。

① 一般钢桩，波速值可设定为 5 120 m/s。

② 对于混凝土预制桩，可在打入前实测无缺陷桩的桩身平均波速作为设定值。

③ 对于混凝土预制桩，在桩长已知的情况下，可用反射波法按桩底反射信号计算桩的平均波速作为设定值；如桩底反射信号不清晰，可根据桩身混凝土强度等级参数综合设定。

（8）桩身材料弹性模量应按下式计算：

$$E = \rho c^2 \qquad (2\text{-}3\text{-}52)$$

式中　E——桩身材料弹性模量（kPa）；

　　　ρ——桩身材料质量密度（t/m³），见表 2-3-3；

　　　c——桩身应力波传播速度（m/s）。

表 2-3-3　桩身材料质量密度　　　　　　　　　　单位：t/m³

钢桩	混凝土预制桩	离心管桩	混凝土灌注桩
7.85	2.45~2.50	2.55~2.60	2.40

3. 现场检测要求

（1）交流供电的测试系统应良好接地；检测时测试系统应处于正常状态。

（2）采用自由落锤为锤击设备时，应重锤低击，最大锤击落距不宜大于 2.5 m。

（3）确定预制桩打桩过程中的桩身应力、沉桩设备匹配能力和选择桩长时，应按规范执行。

（4）检测时应及时检查采集数据的质量；每根受检桩记录的有效锤击信号应根据桩顶最大动位移、贯入度以及桩身最大拉、压应力和缺陷程度及其发展情况综合确定。

（5）发现测试波形紊乱，应分析原因；桩身有明显缺陷或缺陷程度加剧，应停止检测。

2.3.8 数据处理

（1）检测承载力时选取锤击信号，宜取锤击能量较大的击次。

（2）当出现下列情况之一时，锤击信号不得作为承载力分析计算的依据。

① 传感器安装处混凝土开裂或出现严重塑性变形使力曲线最终未归零。

② 严重锤击偏心，两侧力信号幅值相差超过 1 倍。

③ 受触变效应的影响，预制桩在多次锤击下承载力下降。

④ 四通道测试数据不全。

（3）桩身波速可根据下行波波形起升沿的起点到上行波下降沿的起点之间的时差与已知桩长值确定（见图 2-3-16）；桩底反射信号不明显时，可根据桩长、混凝土波速的合理取值范围以及邻近桩的桩身波速值综合确定。

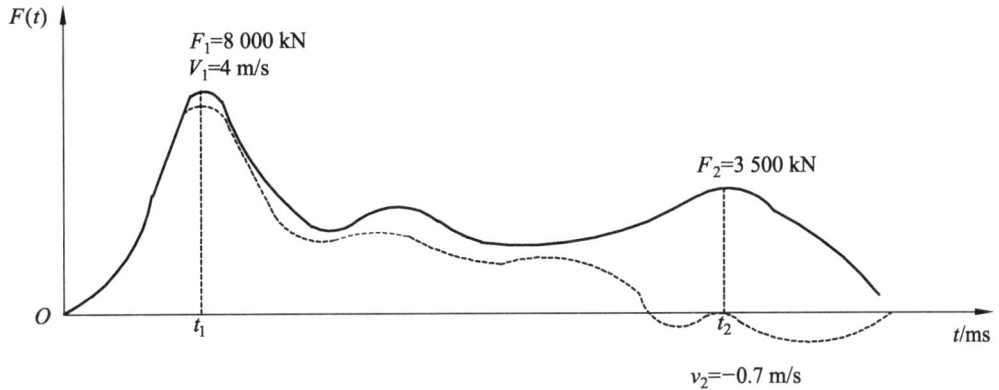

图 2-3-16　桩身波速的确定

（4）当测点处原设定波速随调整后的桩身波速改变时，桩身材料弹性模量和锤击力信号幅值的调整应符合下列规定：

① 桩身材料弹性模量应重新计算。

② 当采用应变式传感器测力时，应同时对原实测力值进行校正。

（5）高应变实测的力和速度信号第一峰起始比例失调时，不得进行比例调整。

（6）承载力分析计算前，应结合地质条件、设计参数，对实测波形特征进行定性检查：

① 实测曲线特征反映出的桩承载性状。

② 观察桩身缺陷程度和位置，连续锤击时缺陷的扩大或逐步闭合情况。

（7）以下四种情况应采用静载法进一步验证：

① 桩身存在缺陷，无法判定桩的竖向承载力。

② 桩身缺陷对水平承载力有影响。

③ 单击贯入度大，桩底同向反射强烈且反射峰较宽，侧阻力波、端阻力波反射弱，

即波形表现出竖向承载性状明显与勘察报告中的地质条件不符合。

④嵌岩桩桩底速度曲线同向反射强烈，且在时间 $2L/c$ 后无明显端阻力反射；也可采用钻芯法核验。

（8）采用 CASE 法判定桩承载力，应符合下列规定：

①只限于中、小直径桩。

②桩身材质、截面应基本均匀。

③阻尼系数 J_c 宜根据同条件下静载试验结果校核，或应在已取得相近条件下可靠对比资料后，采用实测曲线拟合法确定 J_c 值，拟合计算的桩数应不少于检测总桩数的 30%，且不少于 3 根。

④在同一场地、地质条件相近和桩型及其截面积相同情况下，J_c 值的极差不宜大于平均值的 30%。

（9）CASE 法判定单桩承载力可按式（2-3-34）计算。

对于土阻力滞后于 t_1+2L/c 时刻明显发挥或先于 t_1+2L/c 时刻发挥并造成桩中上部强烈反弹这两种情况，宜分别采用以下两种方法对 R_c 值进行提高修正：

①适当将 t_1 延时，确定 R_c 的最大值。

②考虑卸载回弹部分土阻力对 R_c 值进行修正。

（10）采用实测曲线拟合法判定桩承载力，应符合下列规定：

①所采用的力学模型应明确合理，桩和土的力学模型应能分别反映桩和土的实际力学性状，模型参数的取值范围应能限定。

②拟合分析选用的参数应在岩土工程的合理范围内。

③曲线拟合时间段长度在 t_1+2L/c 时刻后延续时间不应小于 20 ms；对于柴油锤打桩信号，在 t_1+2L/c 时刻后延续时间不应小于 30 ms。

④各单元所选用的土的最大弹性位移值不应超过相应桩单元的最大计算位移值。

⑤拟合完成时，土阻力响应区段的计算曲线与实测曲线应吻合，其他区段的曲线应基本吻合。

⑥贯入度的计算值应与实测值接近。

（11）本方法对单桩承载力的统计和单桩竖向抗压承载力特征值的确定应符合下列规定：

①参加统计的试桩结果，当满足极差不超过 30% 时，取其平均值为单桩承载力统计值。

②当极差超过 30% 时，应分析极差过大的原因，结合工程具体情况综合确定。必要时可增加试桩数量。

③单位工程同一条件下的单桩竖向抗压承载力特征值 R_a；应按本方法得到的单桩承载力统计值的一半取值。

（12）桩身完整性判定可采用以下方法进行：

①采用实测曲线拟合法判定时，拟合时所选用的桩土参数应符合第（10）条第①②款的规定；根据桩的成桩工艺，拟合时可采用桩身阻抗拟合或桩身裂隙（包括混凝土预制桩的接桩缝隙）拟合。

② 对于等截面桩，桩身完整性系数 β 和桩身缺陷位置 x 应分别按公式（2-3-45）和式（2-3-46）计算。

（13）出现下列情况之一时，桩身完整性判定宜按工程地质条件和施工工艺，结合实测曲线拟合法或其他检测方法综合进行：

① 桩身有扩径的桩。

② 桩身截面渐变或多变的混凝土灌注桩。

③ 力和速度曲线在峰值附近比例失调，桩身浅部有缺陷的桩。

④ 锤击力波上升缓慢，力与速度曲线比例失调的桩。

（14）桩身最大锤击拉、压应力和桩锤实际传递给桩的能量应分别按规范相应公式计算。

（15）高应变检测报告应给出实测力与速度的实测信号曲线。

2.3.9 报告编写

（1）高应变动力试桩法检测基桩时，检测报告应包括下列内容：

① 工程名称、工程地点、检测目的、检测日期和检测依据。

② 建设、勘测、设计和施工单位名称。

③ 检测场地的工程地质概况、桩位置及相应的钻孔柱状图。

④ 桩基设计施工概况、桩位平面图及试桩施工记录。

⑤ 检测情况、仪器设备及检测过程中出现的异常现象的说明。

⑥ 每根桩的实测曲线、参数取值、试验数据处理、分析方法和试验结果，对实测曲线拟合法应包括：拟合曲线、拟合质量系数、模拟静载荷-沉降曲线、桩身阻抗变化、土阻力沿桩身分布、选用的各桩单元有关参数。

⑦ 结论。

⑧ 签署报告单位名称、测试负责人、报告审核人和审定人。

（2）检测报告除应包括《建筑基桩检测技术规范》（JGJ 106—2014）一般内容外，还应包括：

① 计算机实际采用的桩身波速值和 J_c 值。

② 实测曲线拟合法所选用的各单元桩土模型参数、拟合曲线、模拟的静荷载-沉降曲线、土阻力沿桩身分布图。

③ 实测贯入度。

④ 试打桩和打桩监控所采用的桩锤型号、锤垫类型，以及监测得到的锤击数、桩侧和桩端静阻力、桩身锤击拉应力和压应力、桩身完整性以及能量传递比随入土深度的变化。

（3）高应变动力试桩法进行试打桩和打桩监控时，检测报告除应符合以上规定外，尚应包括下列内容：

① 打桩机械、桩锤垫类型。

② 锤击数、桩侧静土阻力、桩端静土阻力、桩身锤击压应力、桩身锤击拉应力和

桩锤实际给桩的能量与桩入土深度的关系。

③ 对打桩全过程中桩身结构完整性的评价。

任务 2.4　桩身完整性检测

在《建筑基桩检测技术规范》（JGJ 106—2014）中桩身完整性定义为：反映桩身截面尺寸相对变化、桩身材料密实性和连续性的综合定性指标；桩身缺陷定义为：使桩身完整性恶化，在一定程度上引起桩身结构强度和耐久性降低的桩身断裂、裂缝、夹泥（杂物）、空洞、蜂窝、松散等现象的统称。桩身完整性类别是根据缺陷对桩身结构承载力的影响程度，统一划分为四类，如表 2-4-1 所示。

表 2-4-1　桩身完整性分类

桩身完整性类别	分类原则
Ⅰ 类桩	桩身完整
Ⅱ 类桩	桩身有轻微缺陷，不会影响桩身结构承载力的正常发挥
Ⅲ 类桩	桩身有明显缺陷，对桩身结构承载力有影响
Ⅳ 类桩	桩身存在严重缺陷

作为完整性定性指标之一的桩身截面尺寸，由于在《建筑基桩检测技术规范》（JGJ 106—2014）中定义为"相对变化"，所以先要确定一个相对衡量尺度。但检测时，桩径是否减小可能会参照以下条件之一：

（1）按设计桩径；

（2）根据设计桩径，并针对不同成桩工艺的桩型按施工质量验收规范考虑桩径的允许负偏差；

（3）考虑充盈系数后的平均施工桩径。

显然，灌注桩是否缩颈必须有一个参考基准。过去，在动测法检测并采用开挖验证时，说明动测结论与开挖验证结果是否符合通常是按第一种条件。但严格地讲，应按施工验收规范，即第二个条件才是合理的，但因为动测法不能对缩颈严格定量，于是才定义为"相对变化"。

桩身缺陷有三个指标，即位置、类型（性质）和程度。

现在常用的基桩完整性检测方法主要有低应变法、声波透射法及钻芯法。

2.4.1　低应变法

低应变法是采用低能量瞬态或稳态激振方式在桩顶激振，实测桩顶部的速度时程曲线，通过波动理论分析或频域分析，对桩身完整性进行判定的检测方法。

该方法适用于检测混凝土桩的桩身完整性，判定桩身缺陷的程度及位置。桩的有效检测桩长范围应通过现场试验确定。

目前国内外普遍采用瞬态冲击方式,通过实测桩顶加速度或速度响应时域曲线,基于一维波动理论分析来判定基桩的桩身完整性,这种方法称之为反射波法(或瞬态时域分析法)。低应变法理论依据是建立在一维线弹性杆件模型基础上,因此受检桩的长细比、瞬态激励脉冲有效高频分量的波长与桩的横向尺寸之比应符合一维弹性杆件的理论模型,设计桩身截面宜遵循基本规则。另外,一维理论要求应力波在桩身中传播时平截面假设成立,所以,对薄壁钢管桩、大直径现浇薄壁混凝土钢管桩和类似于H型钢桩的异形桩,低应变法不适用。

低应变法对桩身缺陷程度只作定性判定,尽管利用实测曲线拟合法分析能给出定量的结果,但由于桩的尺寸效应、测试系统的幅频相频响应、高频波的弥散、滤波等造成的实测波形畸变,以及桩侧土阻尼、土阻力和桩身阻尼的耦合影响,曲线拟合法还不能达到精确定量的程度。

对于桩身不同类型的缺陷,低应变测试信号中主要反映出桩身阻抗减小的信息,缺陷性质往往较难区分。例如,混凝土灌注桩出现的缩颈与局部松散、夹泥、空洞等,只凭测试信号就很难区分。因此,对缺陷类型进行判定,应结合地质、施工情况综合分析,或采取开挖钻芯、声波透射等其他方法验证。

2.4.1.1 基本理论或原理

1. 行波法

理论假设:某桩为一等截面、均质、各向同性的弹性杆件,并且服从胡克定律。位移假设相当微小以致对动力激发的反应总是线性弹性的,并假定纵波的长度比杆的横截面尺寸大得多。杆在纵向振动时,杆的横截面保持为平面,在这种情况下,横向位移对纵向运动的效应可以略去不计。应力是均匀分布的。杆长为 L,截面面积 A,弹性模量 E,密度 ρ,杆轴 x 轴,杆受力 F 作用,位移为 u(见图2-4-1)。

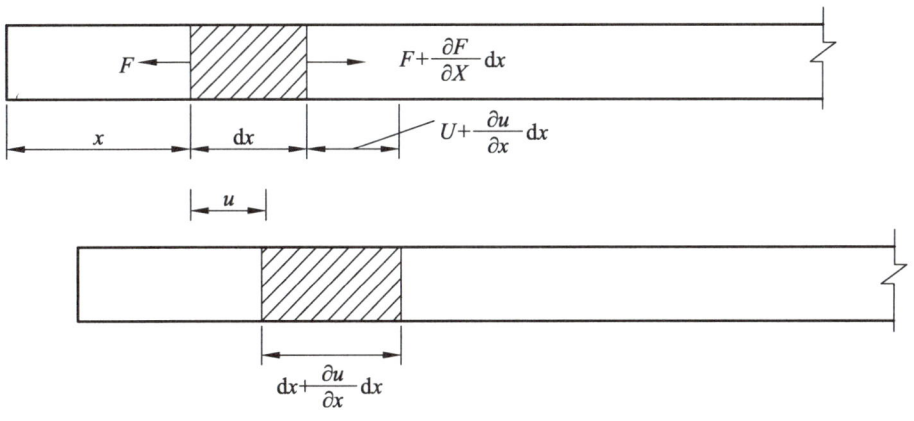

图2-4-1 行波法计算示意图

这些动力学和运动学量只是 x 和时间 t 的函数,质点运动速度 $v = \frac{\partial u}{\partial t}$,应变 $\varepsilon = \frac{\partial u}{\partial x}$。由于杆具有无穷多的振型,每一振型各自对应的运动量分布形式都不同。上图所示,在距杆端处有一个长度为 dx 的单元，如果 $u(x,t)$ 为 t 时刻 x 处横截面的纵向位移，则在 $x+$dx 处的位移为：$u+\dfrac{\partial u}{\partial x}\mathrm{d}x$。

显然，单元在新位置上的长度变化量为 $\dfrac{\partial u}{\partial x}\mathrm{d}x$，即为该单元的应变。

（1）根据胡克定律可写出：$F=\sigma A=\xi EA=\dfrac{\partial u}{\partial x}EA=\dfrac{v}{c}EA$

（2）根据牛顿第二定律有：$F=mA=\xi EA=\rho A\mathrm{d}xa=\rho A\mathrm{d}x\dfrac{\mathrm{d}v}{\mathrm{d}t}=\rho A\dfrac{\mathrm{d}x}{\mathrm{d}t}v=\rho Acv$

联立上面两式得：$\dfrac{v}{c}EA=\rho Acv$，$E=\rho c^2$

（3）令 Z 为广义波阻抗：$Z=\dfrac{AE}{c}=Ac\rho$，则有 $F=ZV$。

（4）根据达朗贝尔原理，单元上力满足方程：$A\sigma+\dfrac{\partial(A\sigma)}{\partial x}\mathrm{d}x-A\sigma=\rho A\mathrm{d}x\dfrac{\partial^2 u}{\partial t^2}$，

化简后得：$\dfrac{\partial^2 u}{\partial t^2}=\left(\dfrac{E}{\rho}\right)\dfrac{\partial^2 u}{\partial x^2}$，即 $\dfrac{\partial^2 u}{\partial t^2}-c^2\dfrac{\partial^2 u}{\partial x^2}=0$。

（5）运用行波理论求解波动方程，得到反射波法结论：
$$u(x,t)=f(x-ct)+g(x+ct)$$

令：

下行波：$w_\mathrm{d}=f(x-ct)$　　上行波：$w_\mathrm{u}=g(x+ct)$（见图 2-4-2）

下行波质点运动速度记为 $v\downarrow$，应变记为 $\varepsilon\downarrow$；负号表示压缩变形和压应力为正。

$$v\downarrow=\dfrac{\partial f(x-t)}{\partial t}=f'(x-t)\cdot(-c)=-cf'$$

$$\varepsilon\downarrow=\dfrac{\partial f(x-t)}{\partial x}=-f'(x-t)\cdot 1=-f'$$

$$\Rightarrow v=c\xi$$

则下行波产生的力 $P\downarrow$ 为：

$$P\downarrow=\sigma A=\varepsilon\downarrow\cdot AE=-AEf'=-Zv$$

同理 $P\uparrow=-Zv\uparrow$。

一般情况下，桩身任一截面上测得的质点运动速度或力都是上行波与下行波叠加的结果。

① 杆端为自由端，据其边界条件有（见图 2-4-2）：

$$P=P\downarrow+P\uparrow=0$$
$$\Rightarrow Zv\downarrow-Zv\uparrow=0$$
$$\Rightarrow v\downarrow-v\uparrow=0$$
$$\begin{cases}P\downarrow=P\uparrow\\v=v\downarrow+v\uparrow=2v\downarrow\end{cases}$$

所以到了自由端速度加倍。

② 当杆件截面发生突然变化时，由变截面处的连续条件可写出：

$$P_1\downarrow + P_1\uparrow = P_2\downarrow + P_2\uparrow$$
$$v_1\downarrow + v_1\uparrow = v_2\downarrow + v_2\uparrow$$

当只有下行波 $P_1\downarrow$ 通过变截面时（见图 2-4-2）：

$$P_1\downarrow - P_2\uparrow = P_2\downarrow - P_1\uparrow$$
$$\frac{P_1\uparrow}{Z_1} + \frac{P_2\downarrow}{Z_2} = \frac{P_2\uparrow}{Z_2} + \frac{P_1\downarrow}{Z_1}$$
$$\Rightarrow \begin{cases} P_1\uparrow = \dfrac{Z_2 - Z_1}{Z_1 + Z_2} P_1\downarrow + \dfrac{2Z_1}{Z_1 + Z_2} P_2\uparrow \\ P_2\uparrow = \dfrac{Z_2 - Z_1}{Z_1 + Z_2} P_2\uparrow + \dfrac{2Z_1}{Z_1 + Z_2} P_1\downarrow \end{cases}$$

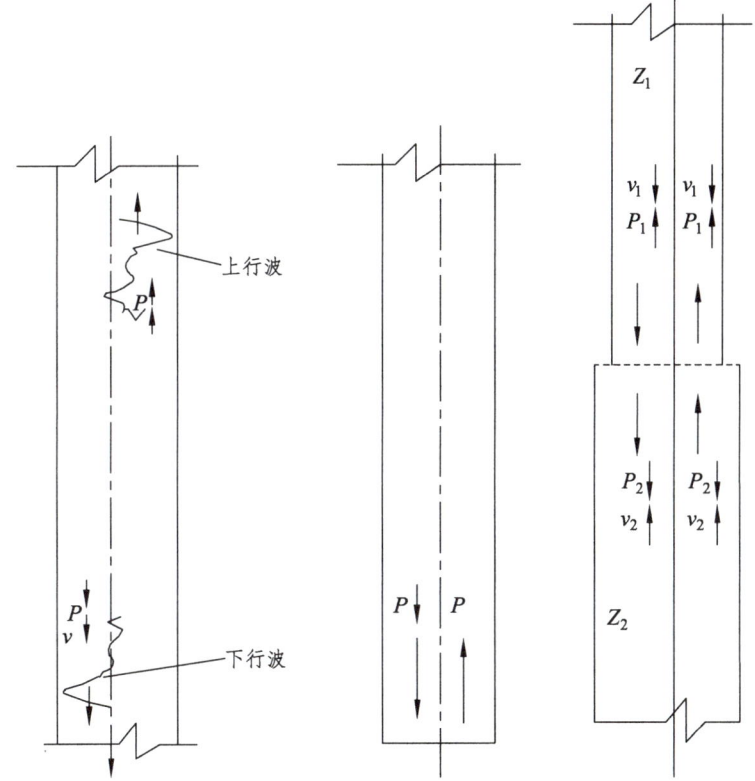

图 2-4-2　上下行波法示意图

当只有下行波 $P_1\downarrow$ 通过变截面时：

$$P_1\uparrow = \frac{Z_2 - Z_1}{Z_1 + Z_2} P_1\downarrow \text{（反射波）}$$

$$P_2\uparrow = \frac{2Z_1}{Z_1 + Z_2} P_1\downarrow \text{（透射波）}$$

由以上可导出：

$$v_1 \uparrow = \frac{Z_2 - Z_1}{Z_1 + Z_2} v_1 \downarrow$$

$$v_2 \uparrow = \frac{2Z_1}{Z_1 + Z_2} v_1 \downarrow$$

当只有上行波 $P_2\uparrow$ 通过变截面时：

$$P_1 \uparrow = \frac{2Z_1}{Z_1 + Z_2} P_2 \uparrow （透射波）$$

$$P_2 \uparrow = \frac{Z_2 - Z_1}{Z_1 + Z_2} P_2 \uparrow （反射波）$$

反射波法结论：

① 当原有的下行波 $P_1\downarrow$ 及上行波 $P_2\uparrow$ 通过变化截面时，都会分成透射和反射两部分。

② 透射波的性质（拉力波或压力波）保持与入射波一致，幅值为原入射 $|2Z_2/(Z_2+Z_1)|$ 倍。

③ 反射波的幅值为原入射波的 $|(Z_2-Z_1)/(Z_2+Z_1)|$ 倍，并根据 Z_2-Z_1 项的正负号，决定反射波的性质是否变化。

④ 当入射波由阻抗较大的杆件 Z_1 段进入阻抗较小的 Z_2 段时，透射波的幅值比原来入射波的幅值小，Z_2-Z_1 为负值，反射波改变符号。如果入射波是压力波时，反射是拉力波，出现与入射波同向的反射波；入射是拉力波时反射是压力波，出现与入射波反向的反射波。

⑤ 当入射波是由阻抗较小的杆件段进入阻抗较大的杆件段时，透射波的幅值比原来入射波大。Z_2-Z_1 为正值，反射波不改变符号。即入射是什么性质的波，反射仍是什么性质的波。

2. 射线追踪法

（1）波阻抗界面的反射与透射。

如介质是不连续的，存在界面 n 介质的波阻抗 $Z_1 \neq Z_2$，纵波 P 垂直入射到界面 n 时，产生垂直向上的反射波 R，还有垂直的透射波 T（见图 2-4-3）。

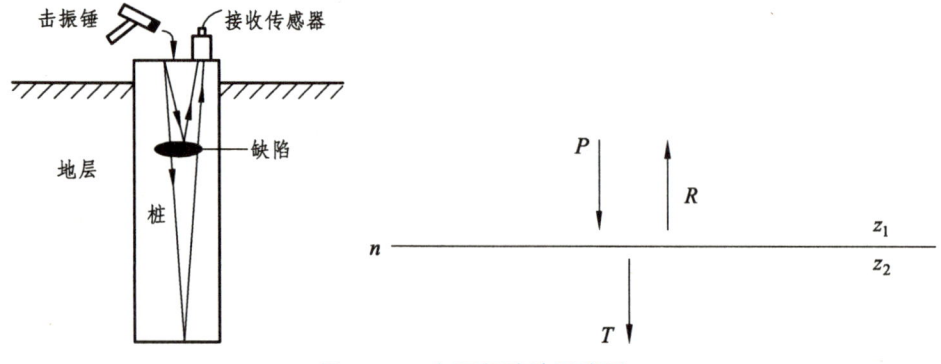

图 2-4-3　上下行波法示意图

反射波的大小取决于反射系数：

$$R_\text{V} = \frac{\rho_1 c_1 - \rho_2 c_2}{\rho_1 c_1 + \rho_2 c_2}$$

透射波的大小取决于透射系数：

$$R_\text{T} = \frac{2Z_2}{Z_1 + Z_2}$$

同时，桩的截面积发生改变时，也会产生反射：

$$R_\text{A} = \frac{A_1 - A_2}{A_1 + A_2}$$

广义波阻抗：

$$Z = \rho c A$$

广义反射系数：

$$R_\text{V} = \lambda = \frac{\rho_1 c_1 A_1 - \rho_2 c_2 A_2}{\rho_1 c_1 A_1 + \rho_2 c_2 A_2} = \frac{Z_1 - Z_2}{Z_1 + Z_2}$$

则：反射系数+透射系数 = 1，即：$R_\text{T} + R_\text{V} = 1$，此时如不考虑能量衰减，可理解为反射能量与透射能量之和为入射能量。

一维线弹性杆件的波速：

$$V_\text{B} = \sqrt{\frac{E}{\rho}}$$

均匀半无限大空间介质波速：

$$V_\text{P} = \sqrt{\frac{E}{\rho}} \cdot \sqrt{\frac{1-\sigma}{(1+\sigma)(1-2\sigma)}}$$

一般桩身混凝土的泊松比 $\sigma = 0.2 \sim 0.25$，则：

$$V_\text{p} = (1.05 \sim 1.1) V_\text{B} \qquad V_\text{B} = (0.9 \sim 0.95) V_\text{p}$$

（2）低应变振动方程。

低应变法是利用应力波在传播过程中遇到障碍（波阻抗变化）会产生反射的特性来判定桩的完整性，低应变振动方程（见图2-4-4）为：

$$\mu(t, x) = A\lambda \cos(\omega t + \phi) e^{-i\omega t} \tag{2-4-1}$$

式中 A——初始振幅（cm），可理解为入射能量。

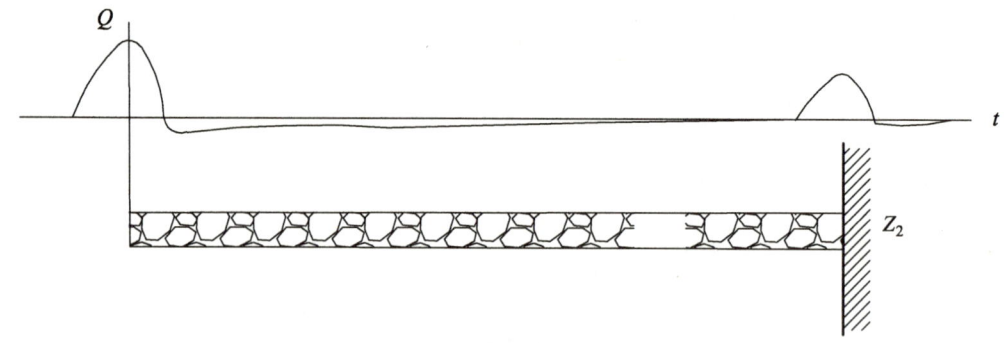

图 2-4-4 低应变振动方程曲线

不难看出，低应变反射波法是一条余弦曲线。由式（2-4-1）可知：$\mu(t,x)$ 为正数时方程的值的符号与 cos 函数相同，$\mu(t,x)$ 为负数时方程的值的符号与 cos 函数相反。

由此可以总结出，低应变反射波法的核心是波阻抗的变化，反射波法测试到的是桩身平截面内波阻抗的变化，由此产生反射波。同时可根据波阻抗参数性质的改变，从而推导缺陷（阻抗变化）的性质。

由图 2-4-5 可知，在波阻抗发生变化的界面（$Z_1—Z_2$，$Z_2—Z_3$，$Z_3—Z_4$）处振动波的反射系数 λ 的符号依次为 +、-、+，结合振动方程，其曲线在上述界面处的反射应为正反射、负反射、负反射，根据此现象就可以定性地分析基桩缺陷的原因，也可以解释为什么有的曲线是正向反射，有的是负向反射。

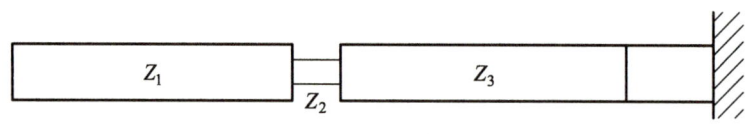

图 2-4-5 波阻抗变化

3. 模型桩

图 2-4-6 给出了塑料模型桩的三组速度曲线，它们分别是直桩、局部缩颈桩和局部扩颈桩。由于材料特性均匀，且无土阻抗，因此，这些曲线是非常容易用以上理论加以解释的。

图 2-4-6（a）是直桩的低应变曲线。在 $t=0$ 时刻，锤击桩头产生压缩波（初次锤击），这可由加速度计测得，并在曲线 0.0 m 处记录一个压缩波。该波不间断地沿桩长向下传播直到桩尖，桩尖反射一个方向相反的拉力波。

图 2-4-6（b）为带缩颈的模型桩的低应变曲线，起始的压缩锤击波记录在 0.0 m 处，再次出现曲线下行，是桩阻抗减小的特征响应（拉力波反射），发生在应力波从原截面通过截面面积缩减位置处。

图 2-4-6（c）为有局部增大的模型桩的低应变的曲线，初始锤击记录在 0.0 m 处，曲线下行，在扩径产生上行，随后下降到零线以下。压缩波反射（产生桩截面积的增加）引起曲线上行，而拉力波反射（产生于波的运行穿过局部增加以后又变为阻抗的相对减小）引起曲线下行。

图 2-4-6（d）为有缩颈、扩径的模型桩的低应变的曲线。

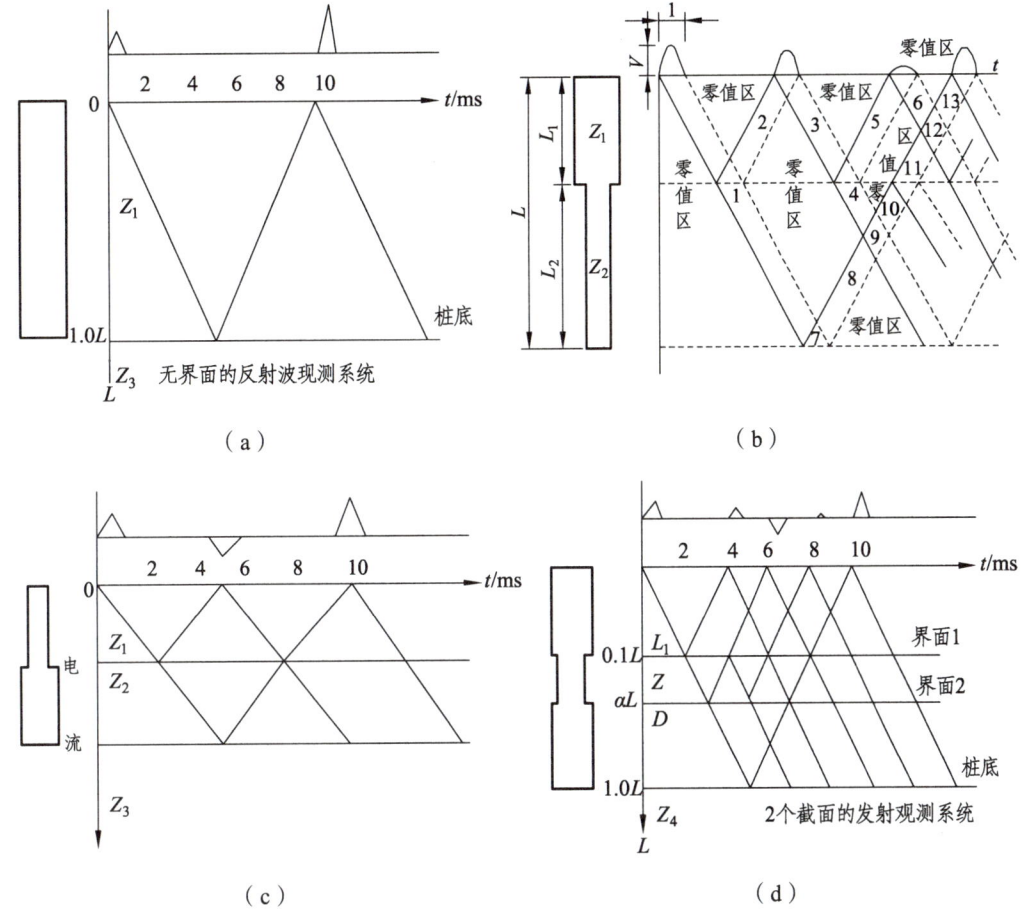

图 2-4-6 模型桩测试曲线

2.4.1.2 仪器设备

检测仪器的主要技术性能指标应符合《基桩动测仪》（JG/T 518—2017）的有关规定，且应具有信号显示、储存和处理分析功能。

瞬态激振设备应包括能激发宽脉冲和窄脉冲的力锤和锤垫；力锤可装有力传感器；稳态激振设备应包括激振力可调、扫频范围为 10～2 000 Hz 的电磁式稳态激振器。

另外，反射波法中采用聚四氟乙烯锤头进行敲击激励。当需用力传感器作脉冲力定量时，可在锤头安装力传感器及垫帽，反射波法诊断系统的综合指标如下。

1. 测量部分

测量部分包括：加速度传感器电荷放大器、滤波器、程控指数增益放大器。其主要技术要求如下：

1）加速度计

反射波法采用小型中频加速度计，其主要技术指标为：

（1）电荷灵敏度 3 pC/（m/s^2），速度型 > 300 mV/s；

（2）电压灵敏度 2.6 mV/（m/s^2），加速度型>100 mV/g；

（3）谐振频率 > 23 kHz；

（4）安装谐振频率 > 3.5 kHz（手持）和 > 20 kHz（胶固定）。

2）电荷放大器

反射波法采用了冲击型电荷放大器（如 B&k2634，国产 YE581），其主要技术要求：

（1）测量模式加速度；

（2）灵敏度调节可调；

（3）灵敏度增益 1~10 mV/pC，20 dB；

（4）总频率范围 1~200 kHz。

2. 采集部分

反射波法桩基完整性试验的采集部分主要是由采样/保持器（S/H）、模数转换器（A/D）、程控放大器和触发器等组成（见图 2-4-7）。

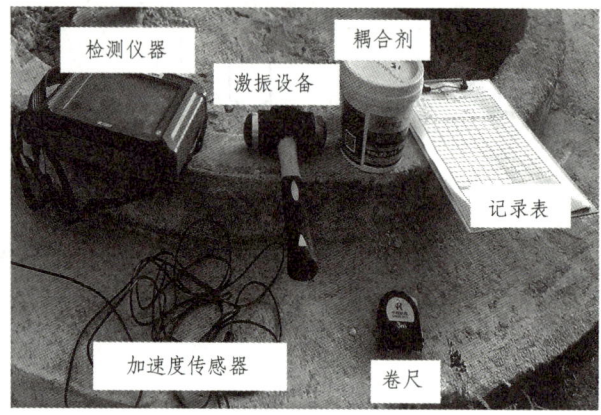

图 2-4-7 反射波法桩基完整性试验采集仪器

其主要性能要求：

（1）采样/保持器（S/H）。

① 精度 0.01%~0.02%；

② 采样频率 100 kHz（单通道）。

（2）模数转换器（A/D）。

① 位数 > 12 位；

② 动态 70~120 dB；

③ 幅值精度优于 0.02%（0.2 dB）。

（3）触发器。

① 触发模式信号触发（软或硬）；

② 触发延迟超前、滞后。

（4）程控放大器。

① 线性；

② 指数型 e^{xi}（增益为时间的指数函数）；

3. 计算部分

反射波法诊断程序可在一般计算机或兼容机上运行，所配打印机可在信号回放处理时使用。

2.4.1.3 测试技术

（1）受检桩应符合下列规定：

① 当采用低应变法检测时，受检桩混凝土强度不应低于设计强度的70%，且不小于 15 MPa。

② 桩头的材质、强度、截面尺寸应与桩身基本等同。

③ 桩顶面应平整、密实、并与桩轴线基本垂直。

（2）测试参数设定应符合下列规定：

① 时域信号分析的时间段长度应在 $2L/c$ 时刻后延续不少于 5 ms；幅频信号分析的频率范围上限不应小于 2 000 Hz。

② 设定桩长应为桩顶测点至桩底的施工桩长；设定桩身截面面积应为施工截面面积。

③ 桩身波速可根据本地区同类型桩的测试值初步设定。

④ 采样时间间隔或采样频率应根据桩长、桩身波速和频域分辨率合理选择；时域信号采样点数不宜少于 1 024 点。

⑤ 传感器的设定值应按计量检定或校准结果设定。

（3）测量传感器安装和激振操作应符合下列规定：

① 传感器安装应与桩顶面垂直；用耦合剂黏结时，应具有足够的黏结强度。

② 实心桩的激振点位置应选择在桩中心，测量传感器安装位置宜为距桩中心 2/3 半径处；空心桩的激振点与测量传感器安装位置宜在同一水平面上，且与桩中心连线形成的夹角宜为 90°，激振点和测量传感器安装位置宜为桩壁厚的 1/2 处（见图 2-4-8）。

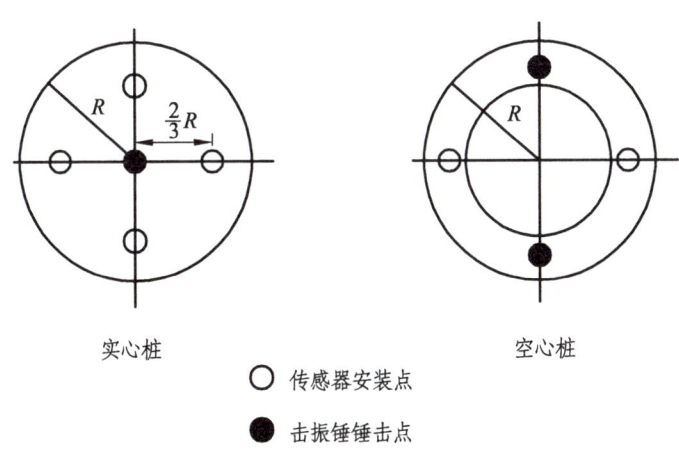

图 2-4-8 传感器安装位置示意图

③ 激振点与测量传感器安装位置应避开钢筋笼的主筋影响。

④ 激振方向应沿桩轴线方向。

⑤ 瞬态激振应通过现场敲击试验，选择合适重量的激振力锤和锤垫，宜用宽脉冲获取桩底或桩身下部缺陷反射信号，宜用窄脉冲获取桩身上部缺陷反射信号。

⑥ 稳态激振应在每一个设定频率下获得稳定响应信号，并应根据桩径、桩长及桩周土约束情况调整激振力大小。

（4）信号采集和筛选应符合下列规定：

① 根据桩径大小，桩心对称布置 2~4 个检测点；每个检测点记录的有效信号数不宜少于 3 个。

② 检查判断实测信号是否反映桩身完整性特征。

③ 不同检测点及多次实测时域信号一致性较差，应分析原因，增加检测点数量。信号不应失真和产生零漂，信号幅值不应超过测量系统的量程。

2.4.1.4 现场检测方法

现场采用反射波法对基桩的完整性进行检测，分以下几个步骤：

1. 现场查看及资料收集

检测人员在进行测试联系的过程中首先要了解该工程的概貌，内容包括建筑物的类型、桩基础的种类、设计指标、地质情况、施工队的素质和工作作风以及甲方现场管理人员、监理人员的情况等。检测工作开始以前，应借阅基础设计图纸及有关设计资料、有效的地质勘察报告、桩基础的施工记录、甲方现场管理人员、监理人员的现场工作日志等。

2. 桩位的选择及桩头的平整

测试工作的负责人应会同设计者、甲方人员及监理人员，参考施工记录和工作日志，选择被检测桩的桩位。为了确保检测信号能有效、清楚地反映桩基的完整性，测试前应考察桩身混凝土的龄期，使之具备足够的强度。

桩头应予以处理，要求将桩头的浮浆予以清除，还应注意不能将桩身劈裂，留下隐性裂缝，桩头的破碎部分应彻底清除，桩头面应成完整的水平面（见图 2-4-9）。如此就可避免检测过程中产生虚假的信号，以防止影响正确的评判结果。

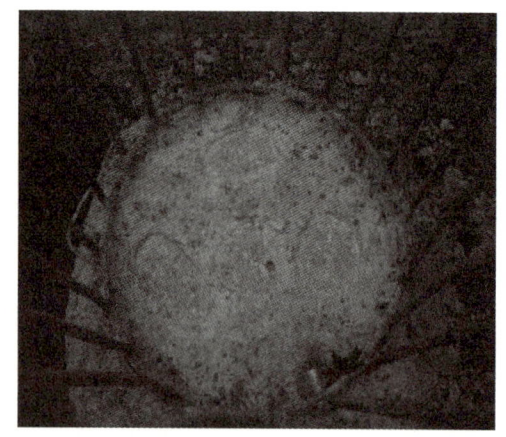

图 2-4-9　桩头打磨处理

3. 传感器的安装

为了确保测试结果的客观性，传感器的安装应考虑以下两个方面的影响。

（1）传感器的安装位置及方向。

由于弹性反射波法是建立在一维纵向振动波动理论的基础上，传感器的轴线与桩身的纵轴线是否平行是至关重要的，否则，入射波与反射波之间将产生夹角（相位差），二维效应将难以克服。由实践可知，传感器的安放点应距桩心沿半径方向约 $2R/3$（半径）处，这样将得到最小的反冲信号，有利于浅部缺陷的评判，且对于较大直径的桩，测点应不小于 2 个，每个测点至少有 3 个锤击点记录。另外，检测点与锤击点应有足够的距离以消除二维效应。

（2）传感器与桩顶面的耦合。

传感器与桩顶之间的耦合是非常重要的，安装方式不慎，黏结状态不好，就会降低传感器的安装谐振效率，严重的情况下还将制约加速度的有效使用频范，使测试失败。传感器的安装方法通常有以下几种：

① 胶黏结。此方法需要在传感器底部配一块刚性垫块，该垫块通过螺栓与传感器底部紧密连成一体，使用时，在桩顶测点面上用环氧树脂或 502 胶将垫块与测点面胶结。对胶接质量要求较高，且易造成降低传感器有效频率范围的情况，工程上不太适用。

② 石膏黏结。现场在测点上用将石膏粉调匀，然后将传感器连同垫块一起黏结在测点上。该方法要求在石膏凝固前将传感器位置放正，对测点面无特殊要求，操作方便，干凝时间短，成本低，一般情况下不会降低传感器的使用频率范围，不失为工程检测中的十种理想的黏结手段。

③ 薄蜡或润滑脂。在冬季或春秋季节，采用石蜡或润滑脂作为传感器与测点面的耦合剂比较好，此方法对桩顶测点面的要求比较高，但操作快捷，只是应注意在桩顶的混凝土材料松散的情况下效果不佳。

④ 橡皮泥黏结。学生在手工课用的橡皮泥在夏季和春秋两季也是一种很好的耦合剂，如使用得当，检测效果较佳。

4. 力锤的选择

在结构动态分析诊断中，力锤的重量、形状以及材质等对测试结果都将产生重大的影响。桩基检测中，力锤主要用来产生桩头力信号的首脉冲。力锤的质量一般为 1～1.2 kg，力锤手柄不宜太长，以避免强烈的手震感，更重要的是确保力锤下落到桩顶时，锤头与桩顶面垂直。力锤头部的材料不同，会对首脉冲的宽度产生影响。实践表明：钢锤产生的脉冲信号尖而高，可获得较精确的桩顶入射波的起始点，对判定桩身浅部缺陷也较有利，其缺陷是较易激励出许多含有高频成分的表面波；聚四氟乙烯塑料锤激励出的信号较适中，但传递的能量较小，深（长）桩的桩底反射较弱；尼龙锤的激励信号较聚四氟乙烯塑料锤要尖一些，也易产生少许高频成分，应视现场桩的长度、混凝土强度以及缺陷深度选择不同的锤型。在实践中还可尝试力棒，材质为 45 号钢，力棒较之力锤有其独特的优点，它激励能量大，力作用线易于控制，且不受桩头上部钢筋笼的困扰（见图 2-4-10）。

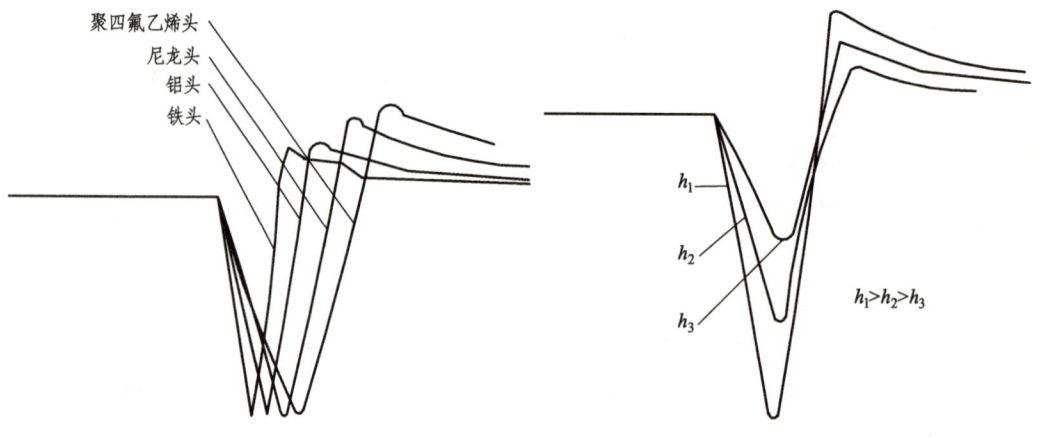

图 2-4-10　不同材质及落距对信号的影响

低频锤的特点是频率低、能量强、衰减慢、穿透能力强，但对缺陷分辨率低。高频锤的特点是频率高、能量弱、衰减快、穿透能力弱，但对缺陷分辨率高。因此对于大长桩，应选择低频锤，必要时可在桩头加锤垫及采用高低频组合。

5. 采样间隔

根据《建筑基桩检测技术规范》（JGJ 106—2014），采样长度 $2L/c+5$ ms，采样点数不少于 1 024 点，此条规定了最低的采样间隔 $(2L/c+5$ ms$)/1\,024$，计算时应注意单位的换算。这样规定的目的是保证能采集到桩底反射信号。但往往在现场检测时，采样间隔要设置得稍微大一些，有时为了追踪缺陷信号是否稳定以及判定缺陷的反射情况，需要更长的采样，一般为 $(2L/c+10\sim15$ ms$)/1\,024$，如图 2-4-11 所示。

图 2-4-11　采样间隔示意图

注意：仪器采样为离散信号，单点相连即为曲线。

6. 首脉冲的敲击

首脉冲的好坏直接影响对桩身缺陷的评判。理想的首脉冲为半正弦波，且无反冲脉冲现象。要获得理想的首脉冲，可从以下几个方面着手：

（1）桩头要破到真实的硬混凝土，桩头部分不得存在松动和裂缝，桩面应平整。

（2）传感器的安装位置一定要适合，以获得最小反冲甚至无反冲。

（3）传感器的安装质量要高，不宜降低其工作频率。

（4）敲击时，落锤要落到实处，动作干脆利落，以尽量使首脉冲狭窄且符合半正弦规律。

7. 曲线的初判及存盘

现场检测人员一般很难做到对桩身的完整性进行较为精确的判定，每根基桩均应检测一组（3 根以上测试曲线）数据曲线，且各曲线都比较吻合。确认已反映了基桩的客观情况的后方可将它们存盘，以备打印报告日才再作细致的分析和评判。对缺陷比较严重，或初判认为曲线不能完全反映桩身的实际情况时，建议多测几个测点、多存几组曲线，以防误判或漏判存有严重缺陷的基桩。波形识别可按如下几点原则判别：

（1）杂波或干扰波。

特征：杂在多次锤击信号中，表现为随机性，但混凝土骨料的不均匀，会表现为固定干扰。

（2）低频反射信号。

引起低频同相反射，往往由于目标体的刚度变低，总体来讲，越软弱的介质，其反射频率越低。

（3）反射子波衰减信号。

波形的衰减，大部分呈指数状态，其波峰包络线呈指数曲线状态，在浅部时，首波的衰减易误判为缺陷。

（4）缺陷反射波的识别。

应力波在传播过程中，遇有阻抗变化会产生反射波，此时，形象地讲，就如同在缺陷部位去锤击产生新的波动，其与前波在相位或频率上都有较明显的差异，这是初步识别缺陷反射波的关键。

图 2-4-12～图 2-4-14 为波形识别示例。

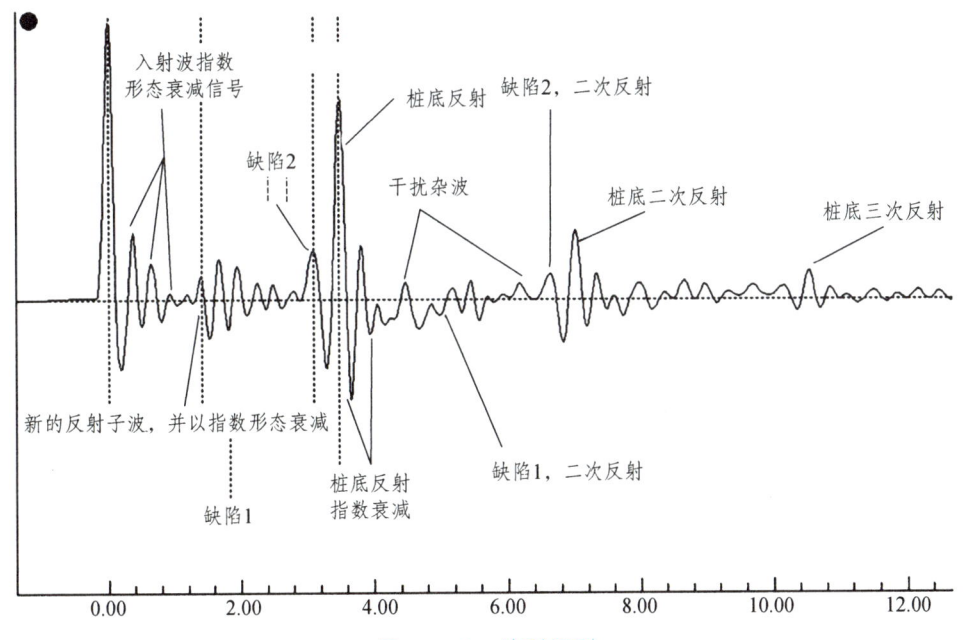

图 2-4-12　波形识别

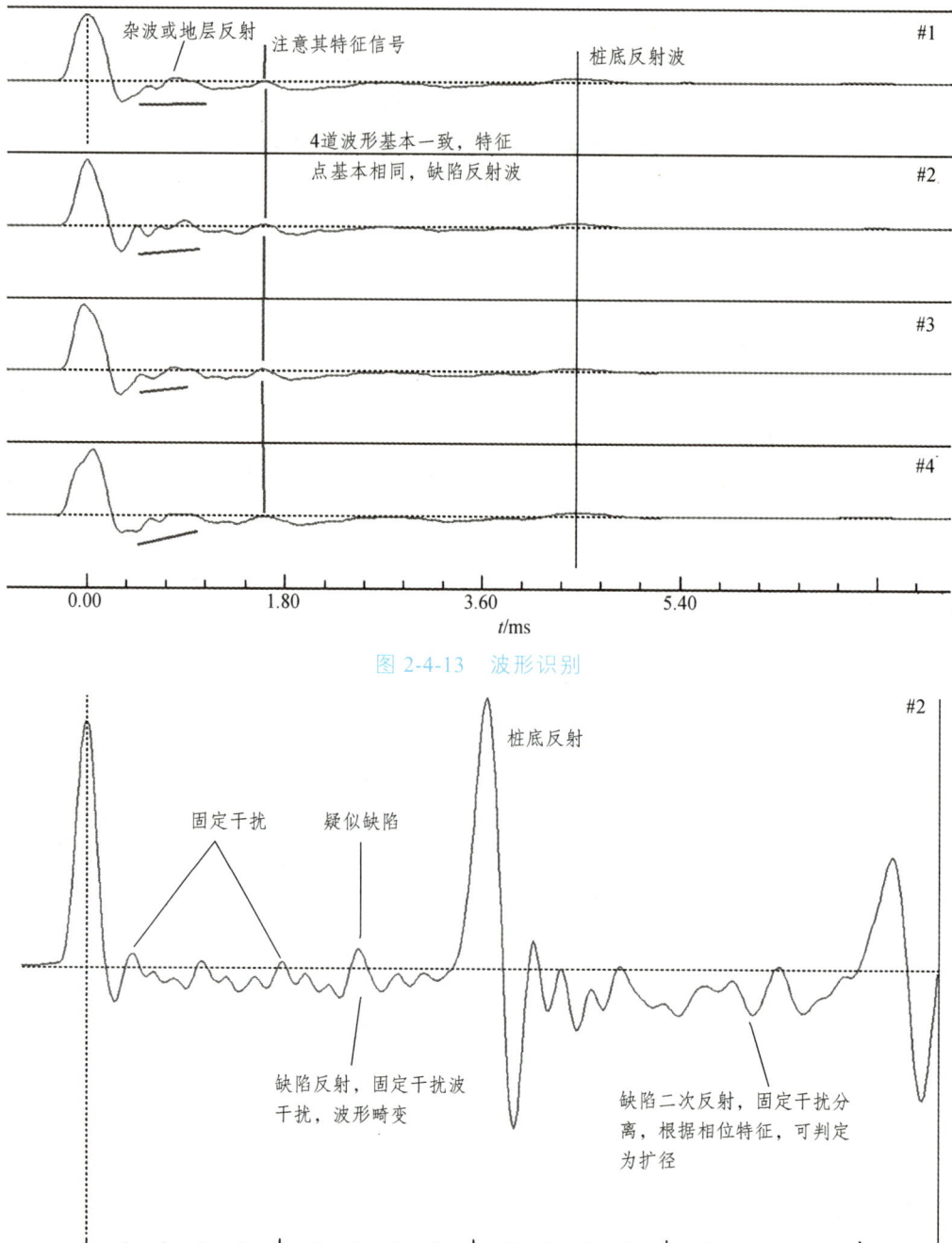

图 2-4-13　波形识别

图 2-4-14　波形识别

8. 特殊情况下的测量

特殊情况下的测量是指对那些由于传感器安装位置不适当或其他的因素，造成测试曲线上反映的缺陷状态较为严重，而实际上可能是由于扩大或桩头疏松或传感器恰好处于小缩位的正上方，造成将实际小缺陷放大了的那些情况；也可能指那些由于传感器的正下方不存在缺陷，而在其他的方向存在大缺陷，造成实际的测量曲线没有能够如实反映缺陷的严重程度。在这些情况下，测试人员应该有所警觉，采取一些诸如"圈打"或变更检测点的位置等特殊手法，并相应地选择适当的力锤，多存几组数据曲线，以便较全面地分析基桩缺陷的程度和类型。

2.4.1.5 检测数据分析与判定

按《建筑基桩检测技术规范》（JGJ 106—2014）规定的方法予以介绍。

1. 通过统计确定桩身波速平均值

为分析不同时段或频段信号所反映的桩身阻抗信息、核验桩底信号并确定桩身缺陷位置，需要确定桩身波速及其平均值。

当桩长已知、桩底反射信号明确时，在地质条件、设计桩型、成桩工艺相同的基桩中，选取不少于 5 根 I 类桩的桩身波速值按下列三式计算其平均值：

$$c_m = \frac{1}{n}\sum_{i=1}^{n} c_i \quad (2\text{-}4\text{-}2)$$

$$c_i = \frac{2L}{\Delta T} \quad (2\text{-}4\text{-}3)$$

$$c_i = 2L \cdot \Delta f \quad (2\text{-}4\text{-}4)$$

式中　c_m——桩身波速的平均值（m/s）；

　　　n——参加波速平均值计算的基桩数量（$n \geq 5$）；

　　　c_i——第 i 根受检桩的桩身波速值（m/s），规范要求 c_i 取值的离散性不能太大，即 $|c_i - c_m|/c_m \leq 5\%$；

　　　L——测点下桩长（m）；

　　　ΔT——速度波第一峰与桩底反射波峰间的时间差（s），见图 2-4-15；

　　　Δf——幅频曲线上桩底相邻谐振峰间的频差（Hz），见图 2-4-16。

需要指出，桩身平均波速确定时，要求 $|c_i - c_m|/c_m \leq 5\%$ 的规定在具体执行中并不宽松，因为如前所述，影响单根桩波速确定准确性的因素很多。如果被检工程桩数量较多，尚应考虑尺寸效应问题，即参加平均波速统计的被检桩的测试条件应尽可能一致，桩身也不应有明显扩径。

当无法按上述方法确定时，波速平均值可根据本地区相同桩型及成桩工艺的其他桩基工程的实测值，结合桩身混凝土的骨料品种和强度等级综合确定。虽然波速与混凝土强度二者并不呈一一对应关系，但考虑到两者整体趋势上呈正相关关系，且强度等级是现场最易得到的参考数据，故对于超长桩或无法明确找出桩底反射信号的桩，可根据本地区经验并结合混凝土强度等级，综合确定波速平均值，或利用成桩工艺、桩型相同、桩长相对较短并能够找出桩底反射信号的桩确定的波速，作为波速平均值。

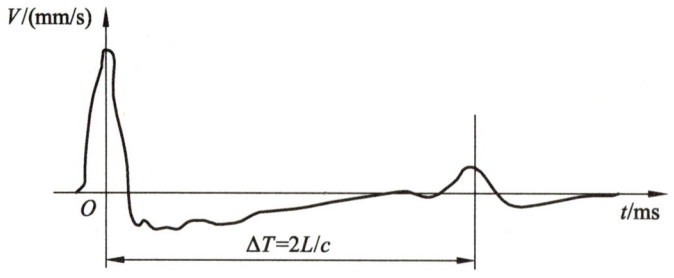

图 2-4-15　完整桩典型时域信号特征

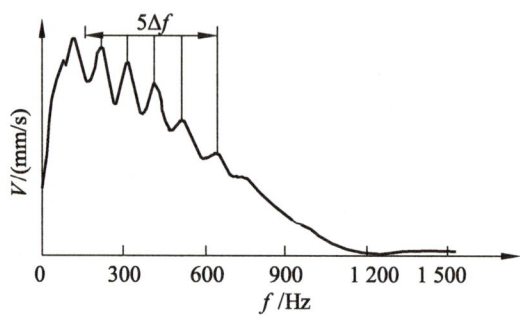

图 2-4-16　完整桩典型速度幅频信号特征

此外，当某根桩露出地面且有一定的高度时，可沿桩长方向间隔一可测量的距离安置两个测振传感器，通过测量两个传感器的响应时差，计算该桩段的波速值，以该值代表整根桩的波速值。

2. 桩身缺陷位置计算

采用以下两式之一计算桩身缺陷位置。

$$x = \frac{1}{2} \cdot \Delta t_x \cdot c \qquad (2-4-5)$$

$$x = \frac{1}{2} \cdot \frac{c}{\Delta f'} \qquad (2-4-6)$$

式中　x——桩身缺陷至传感器安装点的距离（m）；

Δt_x——速度波第一峰与缺陷反射波峰间的时间差（ms），见图 2-4-17；

c——受检桩的桩身波速（mm/s），无法确定时用 c_m 值替代；

$\Delta f'$——幅频信号曲线上缺陷相邻谐振峰间的频差（Hz），见图 2-4-18。

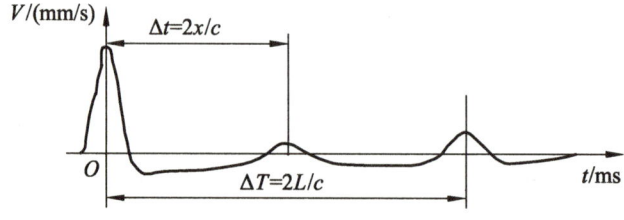

图 2-4-17　缺陷桩典型时域信号特征

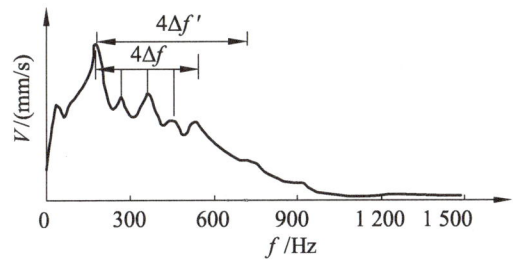

图 2-4-18　缺陷桩典型速度幅频信号特征

3. 桩身完整性类别判定

（1）建议采用时域和频域波形分析相结合的方法进行桩身完整性判定（见表2-4-2），也可根据单独的时域或频域波形进行完整性判定。一般在实际应用中是以时域分析为主、频域分析为辅。

低应变法桩身完整性判定分析

依据实测时域或幅频信号特征进行桩身完整性判定的分类标准见《建筑基桩检测技术规范》（JGJ 106—2014），显然缺陷类别的判定是定性的。这里需特别强调，仅依据信号特征判定桩身完整性是不够的，需要检测分析人员结合缺陷出现的深度、测试信号衰减特性以及设计桩型、成桩工艺、地质条件、施工情况等综合分析判定。

表 2-4-2　桩身完整性判定

类别	时域信号特征	幅频信号特征
Ⅰ	$2L/c$ 时刻前无缺陷反射波，有桩底反射波	桩底谐振峰排列基本等间距，其相邻频差 $\Delta f \approx c/2L$
Ⅱ	$2L/c$ 时刻前出现轻微缺陷反射波，有桩底反射波	桩底谐振峰排列基本等间距，其相邻频差 $\Delta f \approx c/2L$，轻微缺陷产生的谐振峰与桩底谐振峰之间的频差 $\Delta f' > c/2L$
Ⅲ	有明显缺陷反射波，其他特征介于Ⅱ类和Ⅳ类之间	
Ⅳ	$2L/c$ 时刻前出现严重缺陷反射波或周期性反射波，无桩底反射波；或因桩身浅部严重缺陷使波形呈现低频大振幅衰减振动，无桩底反射波	缺陷谐振峰排列基本等间距，相邻频差 $\Delta f' > c/2L$，无桩底谐振峰；或因桩身浅部严重缺陷只出现单一谐振峰，无桩底谐振峰

（2）缺陷多次反射波的出现一般有如下三种情况：
① 由缺陷自身产生的反射波反射至桩顶后发生多次反射（第一类）；
② 由桩底反射信号反射至桩顶后再次反射至缺陷位置产生的多次反射（第二类）；
③ 以上两者都有（第三类）。

（3）采用时域信号分析判定受检桩的完整性类别时，应结合成桩工艺和地基条件区分下列情况：

① 混凝土灌注桩桩身截面渐变后恢复至原桩径并在该阻抗突变处的反射，或扩径突变处的一次和二次反射；

② 桩侧局部强土阻力引起的混凝土预制桩负向反射及其二次反射；

③ 采用部分挤土方式沉桩的大直径开口预应力管桩，桩孔内土芯闭塞部位的负向反射及其二次反射；

④ 纵向尺寸效应使混凝土桩桩身阻抗突变处的反射波幅值降低。

4. 桩身阻抗多变或渐变

低应变法的误判高发情形中主要包含了桩身出现阻抗多变或渐变的情况。《建筑基桩检测技术规范》（JGJ 106—2014）建议以下两种情况的桩身完整性判定宜结合其他检测方法进行。

（1）实测信号复杂，无规律，无法对其进行准确评价。

（2）桩身截面渐变或多变，且变化幅度较大的混凝土灌注桩。

5. 关于嵌岩桩

对于嵌岩桩，桩底沉渣和桩端持力层是否为软弱层、溶洞等是直接关系到该桩能否安全使用的关键因素。虽然低应变动测法不能确定桩底情况，但理论上可以将嵌岩桩桩端视为杆件的固定端，并根据桩底反射波的方向判断桩端端承效果。当桩底时域反射信号为单一反射波且与锤击脉冲信号同向时，或频域辅助分析时的导纳值相对偏高，动刚度相对偏低时，理论上表明桩底有沉渣存在或桩端嵌固效果较差。注意，虽然沉渣较薄时对桩的承载能力影响不大，但低应变法很难回答桩底沉渣厚度到底能否影响桩的承载力和沉降性状，并且确实出现过有些嵌入坚硬基岩的灌注桩的桩底同向反射较明显，而钻芯却未发现桩端与基岩存在明显胶结不良的情况。所以，出于安全和控制基础沉降考虑，若怀疑桩端嵌固效果差，应采用静载试验或钻芯法等其他检测方法核验桩端嵌岩情况，确保基桩使用安全。

6. 信号分析中一些没有涉及的问题

（1）关于数字滤波问题。

对于低应变法动力试桩而言，除了随机噪声应该过滤外，数字滤波是不得已而为之的信号处理方式。通过改变锤头材料或锤垫厚度来调整激励脉冲宽度就可以在现场做到机械滤波。这对测试系统的模拟滤波也同样适用。采样滤波与力锤要匹配，应在正式采集前做好激发试验，一般采样低通滤波应在 2 000～3 000 Hz，对于高频激发，应控制在 5 000 Hz 左右。

（2）有用信息的提取。

在确保测试质量的前提下，我们希望通过信号分析得到更多的有用信息。但是，岩土工程条件的诸多影响因素很难在此全面反映，需要检测人员在实践中不断摸索和积累经验。

（3）关于Ⅲ类桩的判定标准。

从技术能力上分析，低应变法判断桩身完整性的准确程度十分有限。客观地说，有些情况下的判断有很多经验成分，只有结合其他更可靠、更适用的方法才能做出准确判断，因此不能对该法期望过高。所以，通过低应变检测虽然不一定能肯定Ⅲ类桩，但至少应找出可能影响桩结构承载力的疑问桩。另外，桩合格与否的评定项目不仅仅是桩身完整性一项，桩基验收时还可采取验证、设计复核、直接或间接补强等多种手段，进行重新验收或让步验收。

由前面原理可知，反射系数的大小，决定了反射能量的大小，应力波在传播过程中能量会发生衰减。总的来讲，缺陷（阻抗）变化相对大，其反射系数才大，反射的能量相对较大，当反射的能量能足以支持其发生多次反射时，则表明缺陷的规模也会相对较大，在分析判定时，亦考虑到缺陷的深浅，同样的多次反射现象，较深的部位比较浅的部位反映的缺陷要严重，以上三类中，同样深度的严重程度依次较重。这也为我们判定Ⅲ类桩提供了判定依据。（按照规范而言，明显缺陷为Ⅲ类，可这样执行起来因人而异，参考上述因素，则对Ⅲ类桩的判定有一定的理论依据。）

2.4.1.6 检测报告的要求

人员水平低、测试过程和测量系统各环节出现异常、人为信号再处理影响信号真实性等，均直接影响结论判断的正确性，只有根据原始信号曲线才能鉴别。低应变检测报告应给出桩身完整性检测的实测信号曲线。

检测报告还应包括以下信息：

（1）工程概述。

（2）岩土工程条件。

（3）检测方法、原理、仪器设备和过程叙述。

（4）受检桩的桩号、桩位平面图和相关的施工记录。

（5）桩身波速取值。

（6）桩身完整性描述、缺陷的位置及桩身完整性类别。

（7）时域信号时段所对应的桩身长度标尺、指数或线性放大的范围及倍数；或幅频信号曲线分析的频率范围、桩底或桩身缺陷对应的相邻谐振峰间的频差。

2.4.1.7 工程实例

低应变法工程实例如图 2-4-19 ~ 图 2-4-24 所示。

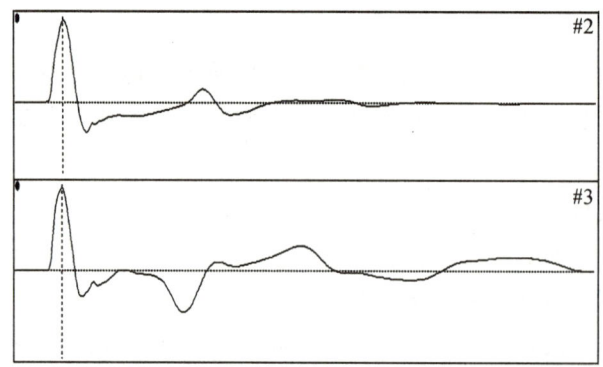

持力层中风化花岗岩，$\phi 1\,000$ mm，设计入岩 2 m，
入岩好的基桩低应变曲线桩底反相反射明显

图 2-4-19　工程实例 1

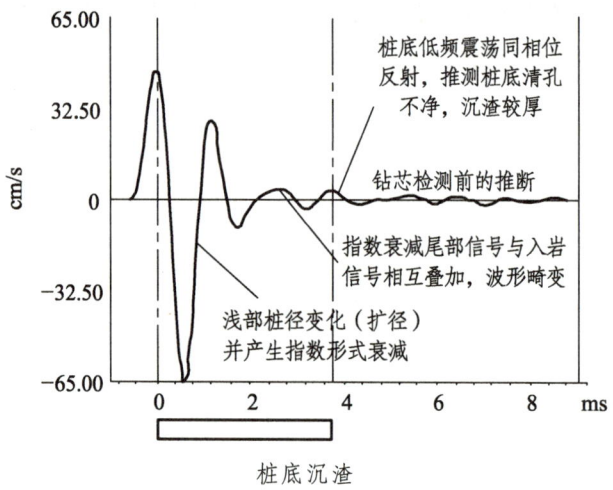

图 2-4-20　工程实例 2

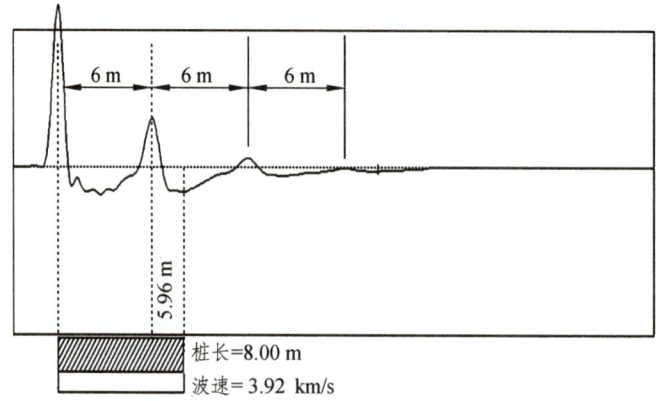

断桩，缺陷呈多次反射，无桩底反射

图 2-4-21　工程实例 3

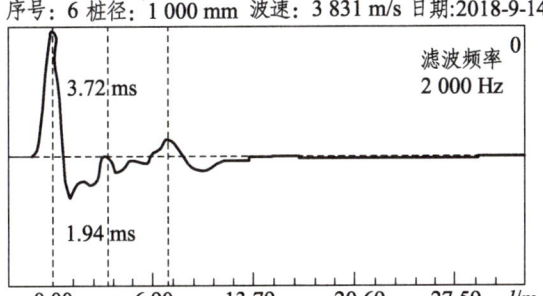

桩长 8 m，场地平均波速 3 900 m/s（施工桩长 8 m。平均波速 3 831 m/s，接近完整桩波速，缺陷无二次反射，桩底反射明显，不影响承载力发挥，故判定为轻微缩径）

图 2-4-22　工程实例 4

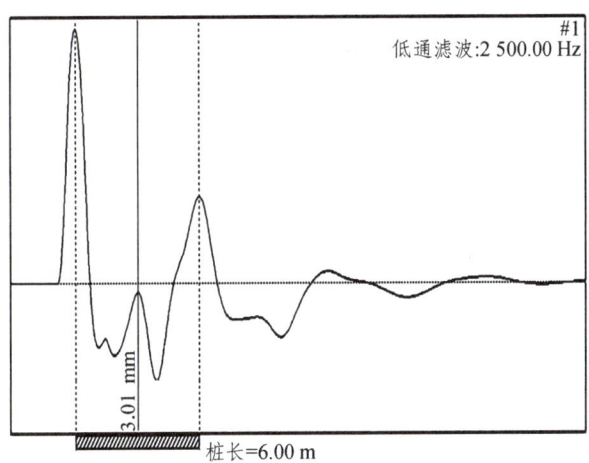

夹泥或离析

图 2-4-23　工程实例 5

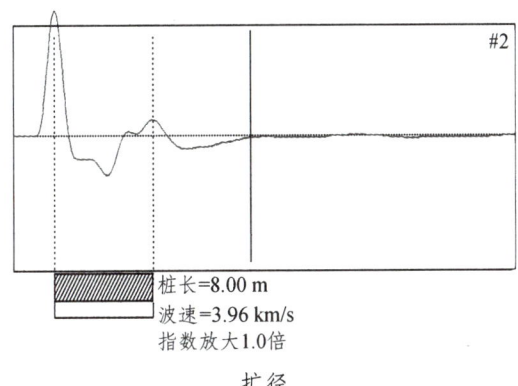

扩径

图 2-4-24　工程实例 6

141

2.4.2 声波透射法

声波检测一般是以人为激励的方式向介质（被测对象）发射声波，在一定距离上接收经介质物理特性调制的声波（反射波、透射波或散射波），通过观测和分析声波在介质中传播时声学参数和波形的变化，对被测对象的宏观缺陷、几何特征、组织结构、力学性质进行推断和表征。而声波透射法则是以穿透介质的透射声波为测试和研究对象的，如图2-4-25所示。

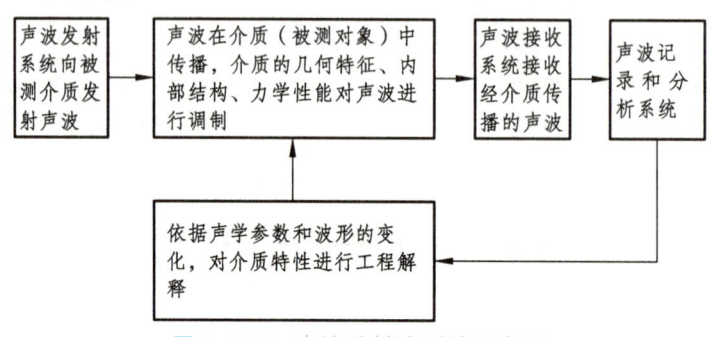

图 2-4-25 声波透射法测试示意图

2.4.2.1 基本原理

1. 波 动

在空间某处发生的扰动，以一定的速度由近及远地传播，这种传播着的扰动称为波动。波动是物质运动的一种形式，也是能量传播的一种方式。机械扰动在介质内的传播形成机械波，如水波、声波。电磁扰动在真空或介质内的传播形成电磁波，如无线电波、光波、红外线等。

2. 声 波

声波是在介质中传播的机械波，依据波动频率的不同，声波可分为次声波、可闻声波、超声波、特超声波，如表2-4-3所示。

表 2-4-3 声波种类和对应的频率范围

名称	频率范围/Hz
次声波	0~20
可闻声波	20~20 000
超声波	$2 \times 10^4 \sim 1 \times 10^{10}$
特超声波	$>1 \times 10^{10}$

在本章中，我们说的"声波"具有广泛的含义，它既包含了可被人的听觉感知的"可闻声波"，也包含不能被人类听觉感知的其他频段的机械波。用于混凝土声波透射法检测的声波主频率一般为 $2 \times 10^4 \sim 2.5 \times 10^5$ Hz。

3. 波的类型

根据介质中质点振动方向与波的传播方向的差别可将机械波分为若干种类型。

（1）纵波。介质质点的振动方向与波的传播方向平行，这种波称为纵波。例如在空气、水中传播的声波就是纵波，又称为 P 波。

纵波的传播是依靠介质时疏时密使介质的局部容积发生变化引起压强的变化而传播的，因此和介质的体积弹性相关。任何弹性介质都具有体积弹性，所以纵波可以在任何固体、气体、液体中传播。

（2）横波。介质质点的振动方向与波的传播方向垂直，这种波称为横波，又称为 S 波。

横波的传播是依靠使介质产生剪切变形（局部形状变化）引起的剪应力变化而传播的，它和介质的剪切弹性相关。由于液体、气体形状变化时，不能产生抗拒形变的剪应力，因此，液体和气体不能传播横波，只有固体才能传播横波。

（3）表面波。固体介质表面受到交替变化的表面张力作用，介质表面质点发生相应的纵向振动和横向振动，结果使质点作这两种振动的合成运动，即绕其平衡位置作椭圆运动，该质点的运动又波及相邻质点，而在介质表面传播，这种波称为表面波，又称 R 波。

表面波传播时，质点振动的振幅随深度的增加迅速减小，当深度超过 2 倍的波长时，振幅已很小了。表面波也只能在固体中传播。

自然界中的机械波还有多种复杂形式，如兰姆波、扭转波等。但根据运动学的叠加原理，任何复杂的波动都可以看成是纵波和横波的叠加。因此，纵波和横波是最基本的机械波。

声波属于纵波之一。

4. 波动方程

波动方程：描述波动介质中任一质点的位移随该质点的空间位置和时间变化规律的数学物理方程，称为波动方程。

$$u = A_0 \cos(\omega t) \tag{2-4-7}$$

式中　u——质点位移（m）；

　　　A_0——质点振幅（cm）；

　　　ω——圆频率（Hz）；

　　　t——时间（s）。

波动图形见图 2-4-26。

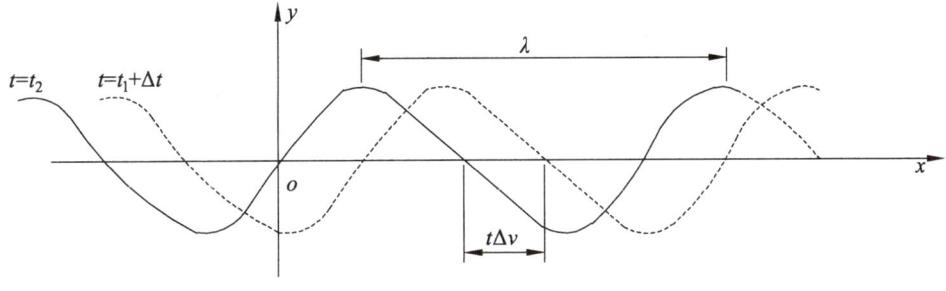

图 2-4-26　波的传播

5. 弹性固体介质中的声速

1）弹性固体介质中声速的影响因素

固体介质中声波的波速取决于波动方程的形式和介质的弹性常数，而波动方程的形式则取决于波的类型和介质的边界条件，因此，声波在固体介质中的传播速度主要受以下三方面因素的影响：

（1）波的类型。由于不同类型的波在固体介质中的传播机理不同，也就导致了传播速度的差异。

（2）固体介质的性质。对于弹性介质，主要取决于它的密度、弹性模量、泊松比。这是影响波速的内在因素，介质的弹性特征愈强（E 或 G 愈大，ρ 愈小），则波速愈快。

（3）边界条件。实际上就是固体介质的横向尺寸（垂直于波的传播方向上的几何尺寸）与波长的比值，比值越大，传播速度越快。

2）基桩低应变反射法测试波速与声波透射法测试波速的比较

在基桩低应变检测和声波透射法检测中均采用纵波，两者波的类型是相同的，桩身材料是相同的，不同之处主要有以下三个方面：

（1）波长和边界条件。低应变试验中，应力波波长量级为米，应力波沿桩纵轴线传播，在垂直于波的传播方向上的横向尺寸为桩径（0.8~1.4 m），纵向尺寸桩长较长，桩可视为杆件，声速 v_1 近似杆件波速。

声波透射法试验中，波长量级为厘米，在垂直于波的传播方向上桩的横向尺寸为桩纵剖面，明显大于波长，声速 v_2 接近体波波速。因此 v_2 明显大于 v_1。

（2）声波频率。低应变冲击脉冲主频在几百赫兹，声波脉冲主频高达 30~50 kHz。在相同介质中，高频声波波速高于低频声波波速，即存在所谓"频散"现象。

（3）测距。低应变若以桩底反射信号和桩长反算波速，则"测距"为 2 倍桩长。

声波透射法测距比桩径略小，明显小于桩长，声波在其传播过程中有"频漂"现象，即随着传递距离的增加，主频降低，传播速度减慢，测试波速减小。因此测距的差异也加大了反射波法波速与声波透射法波速的差异。

上述三个影响因素中，波长和边界条件的影响是根本的。

6. 声波在两种介质界面上的传播规律

声波在介质中传播过程中，遇到与原有介质阻抗不同的障碍物（另类介质）时，在两种介质的界面上声波的传播规律、声波能量的分配都将发生变化。这种变化的规律依赖于声波波长和障碍物尺寸的比率、两种介质的特性以及声波的入射角度。

（1）如果障碍物的尺寸远大于波长，则声波在两种介质的界面处发生反射、折射等现象。

（2）如果障碍物的尺寸与波长相近，则将发生显著的绕射现象。

（3）当障碍物的尺寸比波长还小时，声波的大部分能量可绕过障碍物，少部分能量向障碍物四周散射。

（4）如果障碍物为刚性球状物，则障碍物形成一个新波源将声波能量向四周散射，混凝土中的粗骨料就可看作是声波散射源。

混凝土是一种多种材料的聚合体,在其内部存在多种声学界面,声波在混凝土中的传播是一个非常复杂的声学现象,研究声波在异质界面上的传播规律对于混凝土质量的声波检测是有重要意义的。

1)声波的反射与折射

(1)反射定律。声波从一种介质($Z_1 = \rho_1 v_1$)传播到另一种介质($Z_2 = \rho_2 v_2$)时,在界面上有一部分能量被界面反射,形成反射波(见图2-4-27)。

(2)折射定律。声波的部分能量将透过界面形成折射波,折射波线与界面法线的夹角为折射角(见图2-4-27)。

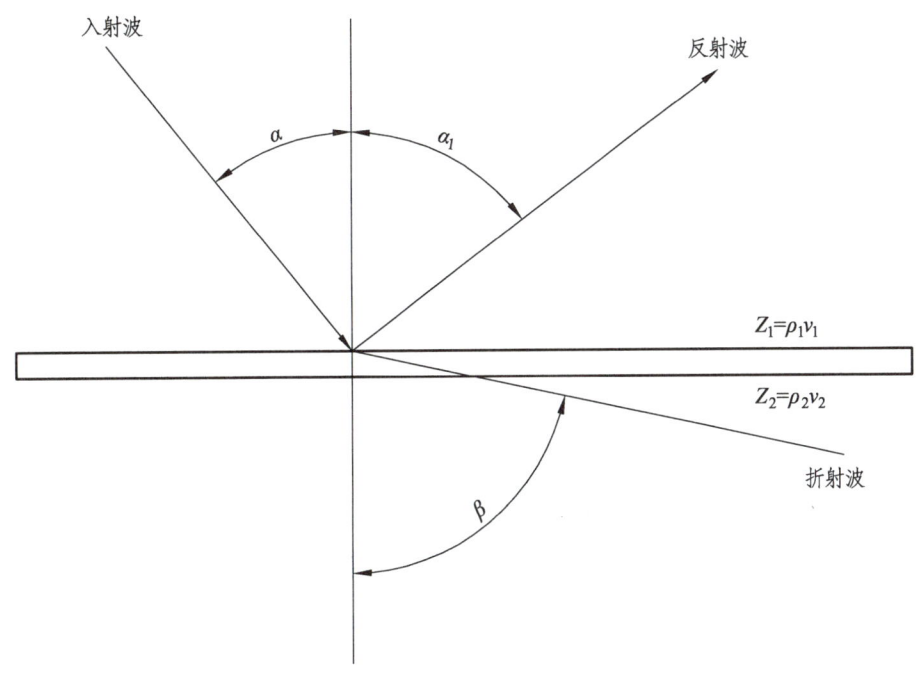

图 2-4-27 波的反射与折射

2)声波在异质界面上的波形转换

当纵波从一固体介质射入另一固体介质时,除了在两种介质中产生反射纵波和折射纵波外,还可能产生反射横波和折射横波,在特定条件下还可能产生表面波,这些波的反射角和折射角与入射角的关系,均符合前述的反射定律和折射定律。

7. 声波能量衰减

声波在介质中传播时质点振幅随传播距离增大而减小的现象称为衰减,这种衰减现象和传声介质的黏塑性、内部结构特征和波源扩散的几何特征有关。

1)声波的衰减系数

声波在某种介质中传播,由于存在衰减现象,质点振幅将逐渐减小,常用分贝(dB)衡量衰减,采用分贝为单位后,衰减系数的单位为 dB/cm。

2）声波衰减的原因

按照引起声波衰减的不同原因，可把声波衰减分为吸收衰减、散射衰减、扩散衰减三类，前两类衰减取决于介质的特性，而后一类衰减则由声源空间特征决定。

（1）吸收衰减。声波在介质中传播时，部分机械能被介质转换成其他形式的能量（如热能）而散失，这种衰减现象称为吸收衰减。

一般认为，固体介质吸收衰减系数 a_a 与声波频率的二次方成正比。

（2）散射衰减。声波在一种介质中传播时，因碰到另一种介质组成的障碍物而向不同方向产生散射，从而导致声波减弱（即声传播的定向性减弱）的现象称为散射衰减。

散射衰减也是一个复杂的问题，它既与介质的性质、状况有关，又与障碍物的性质、形状、尺寸及数量有关。当障碍物尺寸远小于波长时，散射衰减系数 a_g 与频率的四次方成正比；当障碍物尺寸与波长相近时，a_g 与频率的平方成正比。

吸收衰减与散射衰减都取决于介质本身的特性，对于固体介质，其衰减系数为吸收衰减与散射衰减之和。

（3）扩散衰减。这类衰减主要源于声波传播过程中，因波阵面的面积扩大，导致波阵面上的能流密度减弱。显然这仅仅取决于声源辐射的波形及声束状况（即声场的几何特征），而与介质的性质无关。且在这个过程中，总的声能并未变化，若声源辐射的是球面波，因其波阵面面积随半径 r 的平方增大，故其声强随 r^{-2} 规律减弱。

同理，对柱面波，声强随 r^{-2} 规律衰减。这种因波形形成的扩散衰减，因不符合衰减规律且与介质的特征无关，不能纳入衰减系数中，应根据具体波形分析和单独计算。

常用的声波换能器，一般发射有限宽度的声束，对其扩散衰减的估算，应按照其指向性图，特别是指向性图的主瓣波束宽度进行分析和计算。

3）级与分贝

在声学中，许多声学量常用其比值的对数来表示。这一方面是因为这些量（声压、声强、声功率）的变化范围很大，往往可达十几个数量级，因此使用对数标度要比绝对标度方便；另一方面，在可闻声波频段内，人耳听觉对这些声学量的响应，并不与这些量成线性关系，而是符合对数规律。对声波在介质中衰减量的度量也用对数标度比较方便，因此，在声学测试与计量中，广泛使用对数标度。

在声学中，一个量与同类基准量之比的对数称为级。它代表该量比基准量高出多少"级"。

为具体表示级的大小，必须明确规定对数的底、基准量，并给出相应单位。声学中常用的级的单位是"分贝"，符号为 dB。

8. 声波在混凝土中传播的特点

前面关于声学原理的论述，大多是以各向同性的均匀弹性介质为基础的，而实际的工程材料大多为非均匀介质。比如混凝土实际上近似于一种黏弹塑性材料，其力学模型如图 2-4-28 所示。

在混凝土的声学检测中，我们的研究对象混凝土实际上是一种集结型复合材料，是多相复合体系，其内部存在着广泛分布的复杂界面，例如砂浆与骨料的界面、各种缺陷所形成的界面。因此，声波在混凝土中的传播状况要比在均匀介质中的传播复杂得多，如图 2-4-29 所示。

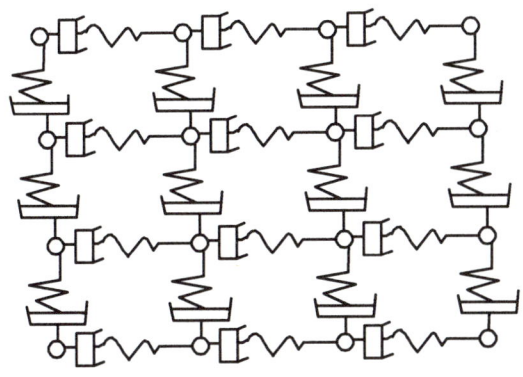

图 2-4-28　混凝土材料的力学模型

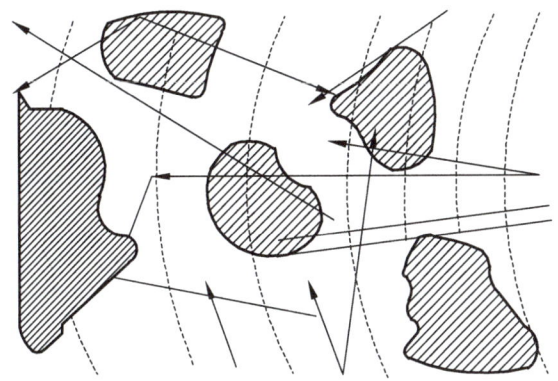

图 2-4-29　声波在混凝土中的传播状态示意图

声波在混凝土中的传播状况有以下几个方面的特点：

1）声波能量衰减较大

由于混凝土中存在广泛的异质界面，因此，其散射损失是十分明显的，如果把混凝土中的骨料视为分散在水泥砂浆中的球状障碍物，这种散射功率的大小与声波频率的平方成正比。

为了使声波在混凝土中的传播距离增大，往往采用比金属材料探伤中所采用的频率低得多的声波进行检测。

2）指向性差

混凝土中声波指向性较差的原因主要有两个方面：

（1）使用的声波频率较低，波长较长，扩散角 θ 较大。

（2）混凝土内存在众多的声学界面导致出现许多反射波和折射波，虽然这些波的声强比入射波低，但由于数量众多，而且彼此相互干涉和叠加，因而造成较大的漫射声能。

3）声传播路径复杂

波线往往因界面反射和折射而曲折，因此，当声波在混凝土中遇到较大缺陷时，

147

并非直线传播。

4）经混凝土介质特性调制后声波的构成复杂

混凝土中，在声场所及的空间内的任何一点，都存在着一次声波（即入射声波）及二次声波（即反射声波、折射声波和波形转换后的横波）。换能器的接收信号是一次声波和二次声波的叠加。直接穿越的一次声波所走的距离较短，首先到达接收换能器，但由于衰减作用往往波幅较低。二次波经多次反射，所走距离较长，其中横波波速较慢，它到达的时间要比一次波滞后，但由于相互的叠加，使接收信号变大，而且使波形畸变。正确地认识这一现象，对于波形分析以及声波传播时间的精确测量均是有益的。

声波在混凝土中的传播过程是非常复杂的，混凝土内部的缺陷、粗骨料与水泥砂浆构成的声学界面的数量和空间分布也是随机的、多样性的，很难找到合适的力学模型去模拟。因此，对声波在混凝土中传播机理的把握目前只停留在定性的水平上。但是，了解声波在混凝土中的传播特点，是用声波进行混凝土质量检测的基础。

9. 混凝土声波透射法检测中使用的声波

声波在介质中传播时，声源持续发射声波，使介质中各质点均作连续不断的振动，这种波称为连续波；如果介质中各质点的振动是同频率的谐振动，则称为连续余弦波。如果声源间歇地发射一组组声波，介质中各质点作间歇的脉冲振动，这种波称为脉冲波。

1）脉冲声波的特点

在混凝土的无损检测中，常用的是脉冲声波（又称声脉冲），这种脉冲声波有两大特点：

（1）每次发射的持续时间短，重复间断发射，这种重复发射的频率（每秒钟发射脉冲的次数）称为声脉冲的重复频率，一般的声波仪为 50 Hz 或 100 Hz。而脉冲声波本身的频率取决于压电晶体的特性，它表示声波每秒振荡的次数，称为声波频率。

虽然脉冲波与连续波不同，但单一界面的反射率和透过率公式仍适用。至于异质薄层的反射和透射率公式只有在异质薄层相对于脉冲宽度很窄（比如裂隙），脉冲波近似于连续波时才适用。

（2）声脉冲经频谱分析后，具有众多的频率成分，因此声脉冲是一种复频波（多种频率成分的余弦波叠加而成的声波），其主频就是声波换能器的标称频率。

2）脉冲声波在介质中的传播的特征

（1）复频波在介质中的频散现象造成声脉冲的畸变。不同频率的余弦波在介质中传播时，具有不同的传播速度。一般高频快、低频慢，这种现象称为频散。

频散现象必然导致声脉冲在介质中传播时，与传播距离俱增的畸变，如图 2-4-30 所示。

（2）声波在介质中的频漂引起声脉冲的畸变。

声脉冲在介质中传播时，由于各种频率成分的衰减量不同，频率高的成分比频率低的成分衰减大，因此脉冲频谱将发生变化，主频将向低频段漂移，造成声脉冲波形的畸变，如图 2-4-30（b）所示，这种现象称为"频漂"。

声脉冲主频的漂移程度，也是介质对声波衰减作用的一个表征。

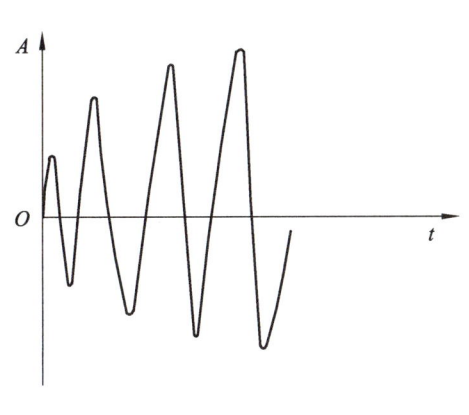 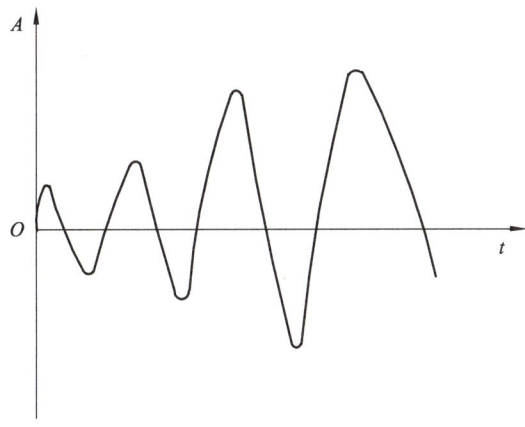

（a）声波在均质混凝土中的发射信号　　（b）经介质缺陷后的畸变信号

图 2-4-30　声波信号

10. 声波信号的频域分析

声脉冲在被测介质中传播时，介质的性能和内部结构将影响到声脉冲的各种参数（声时、波幅、频率、波形），因而在接收信号中带有大量反映被测介质性能的信息。

脉冲波"频散"和"频漂"必将导致波的主频变化，因此声脉冲在介质中传播时，其主频的漂移程度是介质对声脉冲衰减作用的一个表征，而介质对声脉冲的衰减作用又反映了介质的黏塑性和内部结构状况。因此，通过对声脉冲信号的"主频漂移"分析可定性地反映介质的力学性能和内部结构状况。

声脉冲信号的"主频漂移"可通过对脉冲信号的频域分析获得。

1）声波信号的时域分析和频域分析

测试信号的传统分析方法通常是在时间域上进行的。所谓时域分析是指对信号波形在时间域内进行分析处理；所谓频域分析是指对信号波形在频率域内进行分析处理。时域分析和频域分析是以两种不同的角度对同一物理现象进行描述和解释，如图 2-4-31 所示。一般而言，时域分析较为形象直观，频域分析则更为简洁、深入。时域分析往往出现大信号掩盖小信号的现象，而频域分析则可找出某些微弱而又重要的信号。因此，两种分析方法是相辅相成的，它们之间的变换可以通过傅里叶变换来进行。快速傅里叶变换（FFT）是计算傅里叶变换的一种特殊方法，它可由相应的计算机软件完成。

在声波信号的频谱图上（幅值谱）振幅最大值对应的频率为信号的主频率（简称"主频"）。

2）声波检测信号频域分析的特点

与一般工程结构的动态检测相比，声波透射法检测的频域分析有以下特点：

（1）在一般的工程结构物的动态检测中，频域分析的主要目的是获得结构物的自振频率和固有振型，研究对象是结构物的固有振动状态；在声波检测中，频谱分析的对象是发射换能器所发射的声脉冲穿越被测介质后仪器所接收的声波信号，其目的是要分析声脉冲穿越被测介质后的频谱变化，而不是被测介质自振特性。因此，声波换能器的频率特性起着非常重要的作用。一般要求换能器有尽可能宽的频带范围，在这个范围内幅值基本不变，这样才能在发射脉冲穿过介质后明显地显现各频率成分幅值的变化（各频率成分的衰减状况）。

（2）声脉冲在穿越介质的过程中，由于介质内的各种声学界面的影响，必然产生反射、折射、绕射等现象，致使接收信号的整个波列中，越往后叠加的信号越复杂，因此频谱分析中截取不同的波列长度将得到不同的频谱图。

通常在频谱分析中，对时域波形截取长度越长，频域分辨率就越高，泄漏的信号也越小。

在声波频谱分析中，由于后续波的叠加，使问题复杂化。对同一采样结果采用不同的截取长度进行频谱分析时，主频位置随着截取长度的增大而向低频区漂移。这显然是低频后续波叠加造成的。因此，在声脉冲的频谱分析中，不仅要考虑分辨率的影响，还要考虑后续波叠加的影响。

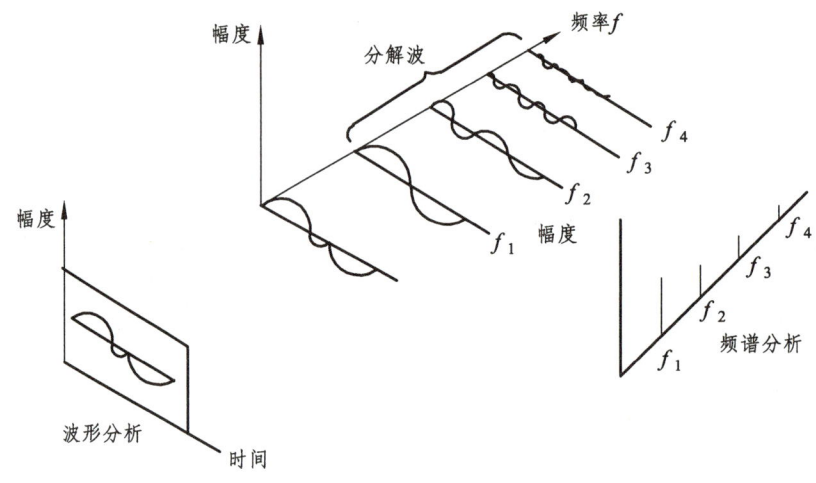

图 2-4-31　信号的时域和频域

（3）声波透射法使用的声波频率远大于一般工程结构物的自振频率，为了使采样结果能如实地反映接收波形，必须有足够的采样密度，应适当选取采样频率或采样间隔。因此，声波频谱分析对仪器有更高的要求。

为了使声波时域信号不失真，仪器的采样系统必须符合采样定理的要求。在混凝土声波透射法检测中，换能器主频值为 20～200 kHz，且带宽较宽的换能器，其上限频率比主频值大得多。因此，声波的频谱分析对仪器采样频率的要求比一般振动分析的要求高得多。

当采样频率一定时，增加采样点数 N，使 Δf 变小，频域分辨率提高；当采样点数 N 一定时，提高采样频率，使 Δf 变大，频域分辨率降低。

因此，时域精度和频域精度存在一定的矛盾，在实际检测时，应合理选择采样频率，使信号的时域分析和频域分析都有足够的精度。

2.4.2.2 仪器设备

混凝土声波检测设备主要包括声波仪和换能器两大部分。用于混凝土检测的声波频率一般在 20～250 kHz 范围内，属超声频段，因此，通常也可称为混凝土的超声波检测，相应的仪器也叫超声仪。常见的声波透射仪器设备如图 2-4-32 所示。

图 2-4-32　声波透射仪器设备

1. 混凝土声波仪

混凝土声波仪（见图 2-4-33）的功能是向待测的结构混凝土发射声波脉冲，使其穿过混凝土，然后接收穿过混凝土的脉冲信号。仪器显示和记录声脉冲穿过混凝土所需时间、接收信号的波形、波幅等。根据声脉冲穿越混凝土的时间（声时）和距离（声程），可计算声波在混凝土中的传播速度；波幅可反映声脉冲在混凝土中的能量衰减状况，根据所显示的波形，经过适当处理后可对被测信号进行频谱分析。

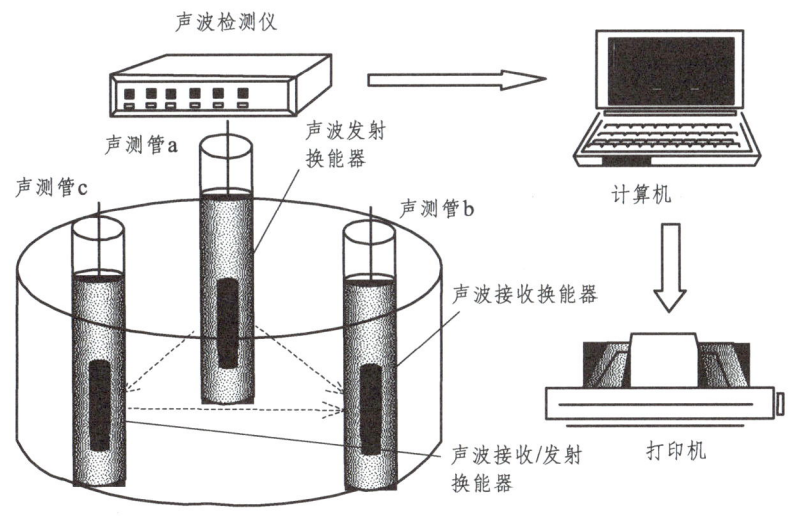

图 2-4-33　混凝土声波仪

声波检测仪应符合下列规定：

（1）具有实时显示和记录接收信号时程曲线以及频率测量或频谱分析的功能；

（2）最小采样时间间隔小于或等于 0.5 μs，系统频带宽度为 1～200 kHz，声波幅值测量相对误差小于 5%，系统最大动态范围不小于 100 dB；

（3）声波发射脉冲为阶跃或矩形脉冲，电压幅值为 200～1 000 V；

（4）具有首波实时显示功能；

（5）具有自动记录声波发射与接收换能器位置功能。

2. 声波换能器

运用声波检测混凝土，首先要解决的问题是如何产生声波以及接收经混凝土传播后的声波，然后进行测量。解决这类问题通常采用能量转换方法：首先将电能转化为声波能量，向被测介质（混凝土）发射声波，当声波经混凝土传播后，为了度量声波的各声学参数，又将声能量转化为最容易量测的量——电量，这种实现电能与声能相互转换的装置称为换能器。

换能器依据其能量转换方向的不同，又分为发射换能器和接收换能器。发射换能器实现电能向声能的转换，接收换能器实现声能向电能的转换。

声波发射换能器与接收换能器应符合下列规定：

（1）圆柱状径向振动，沿径向无指向性；

（2）外径小于声测管内径，有效工作段长度不大于 150 mm；

（3）谐振频率为 30～60 kHz；

（4）水密性满足 1 MPa 水压不渗水。

发射换能器和接收换能器的基本构成是相同的，一般情况下，可以互换使用，但有的接收换能器为了增加测试系统的接收灵敏度而增设了前置放大器，这时，收、发换能器就不能互换使用。

2.4.2.3 现场检测技术

1. 灌注桩声波透射法检测的方式及适用范围

1）声波透射法检测混凝土灌注桩的几种方式

按照声波换能器通道在桩体中不同的布置方式，声波透射法检测混凝土灌注桩可分为三种方式：① 桩内跨孔透射法；② 桩内单孔透射法；③ 桩外孔透射法。

上述三种方法中，桩内跨孔透射法是一种较成熟可靠的方法，是声波透射法检测灌注桩混凝土质量最主要的形式，另外两种方式在检测过程的实施、数据的分析和判断上均存在不少困难，检测方法的实用性、检测结果的可靠性均较低。基于上述原因，《建筑基桩检测技术规范》（JGJ 106—2014）中明确声波透射法适用于已预埋声测管的混凝土灌注桩桩身完整性检测，即适用于桩内声波跨孔透射法检测桩身完整性。

2）关于用声波透射法测试声速来推定桩身混凝土强度的问题

由于混凝土声速与其强度有一定的相关性，通过建立专用"强度-声速"关系曲线来推定混凝土强度的方法广泛地应用于结构混凝土的声波检测中，但作为隐蔽工程的桩与上部结构有较大差别。

"强度-声速"关系曲线受混凝土混合比、骨料品种、硬化环境等多种因素的影响，上部结构混凝土的配合比和硬化环境我们可以较准确地模拟。而在桩中的混凝土由于重力、地下水等多种因素的影响而产生离析现象，导致桩身各个区段混凝土的实际配比产生变化，且这种变化情况无法预估，因而无法对"强度-声速"关系曲线作合理的修正。

另外，声测管的平行度也会对强度的推定产生很大影响，声测管在安装埋设过程中难以保证管间距离恒定不变，检测时，我们只能测量桩顶的两管间距，并用于计算各测点的声速，这就必然造成声速检测值的偏差。

而"强度-声速"关系一般是幂函数或指数函数关系，声速的较小偏差所对应的强度偏差被指数放大了。所以即使在检测前已按桩内混凝土的设计配合比制定了专用"强度-声速"曲线，以实际检测声速来推定桩身混凝土强度仍有很大误差。

因此，《建筑基桩检测技术规范》（JGJ 106—2014）中，声波透射法的适用范围回避了桩身强度推定问题，只检测灌注桩桩身完整性，确定桩身缺陷位置、程度和范围。

当桩径太小时，换能器与声测管的耦合会引起较大的相对误差，一般采用声透法时，桩径大于 0.6 m。

2. 现场检测

1）声测管的埋设及要求

声测管是声波透射法测桩时，径向换能器的通道，其埋设数量决定了检测剖面的个数，同时也决定了检测精度。声测管埋设数量越多，则两两组合形成的检测剖面越多，声波对桩身混凝土的有效检测范围更大、更细致，但需消耗更多的人力、物力，增加成本。减少声测管数量虽然可以缩减成本，但同时也减小了声波对桩身混凝土的有效检测范围，降低了检测精度和可靠性。声测管的埋设质量（平行度）直接影响检测结果的可靠性和检测试验的成败。《建筑基桩检测技术规范》（JGJ 106—2014）对声测管的埋设数量作了具体规定。

（1）声测管埋设数量及布置。

声测管的埋设数量由桩径大小决定，如图 2-4-34 所示。

在检测时沿箭头所指方向开始将声测管沿顺时针方向编号。

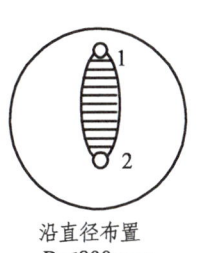
沿直径布置
$D \leqslant 800$ mm

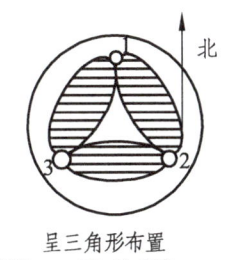
呈三角形布置
800 mm$< D \leqslant 1\,600$ mm

呈四方形布置
$D > 1\,600$ mm

图 2-4-34 测管布置

（注：图中阴影为声波的有效检测范围；当 $D > 2\,500$ mm 时，宜增加检测管数量。）

（2）声测管的管材、规格及连接。

对声测管的材料有以下几个方面的要求：

① 有足够的强度和刚度，保证在混凝土灌注过程中不会变形、破损，声测管外壁与混凝土黏结良好，不产生剥离缝，影响测试结果。

② 有较大的透声率。一方面保证发射换能器的声波能量尽可能多地进入被测混凝土中，另一方面，又可使经混凝土传播后的声波能量尽可能多地被接收换能器接收，提高测试精度。

在发射换能器与接收换能器之间存在四个异质界面，水→声测管管壁→混凝土→声测管管壁→水，目前常用的声测管有钢管、钢质波纹管、塑料管3种。

（3）声测管的连接与埋设。

用作声测管的管材一般都不长（钢管为6 m长一根）。当受检桩较长时，需把管材一段一段地连接，接口必须满足下列要求：

① 有足够的强度和刚度，保证声测管不致因受力而弯折、脱开；

② 有足够的水密性，在较高的静水压力下不漏浆；

③ 接口内壁保持平整通畅，不应有焊渣、毛刺等突出物，以免妨碍接头的上、下移动。

通常有两种连接方式：螺纹连接和套筒连接（见图2-4-35）。

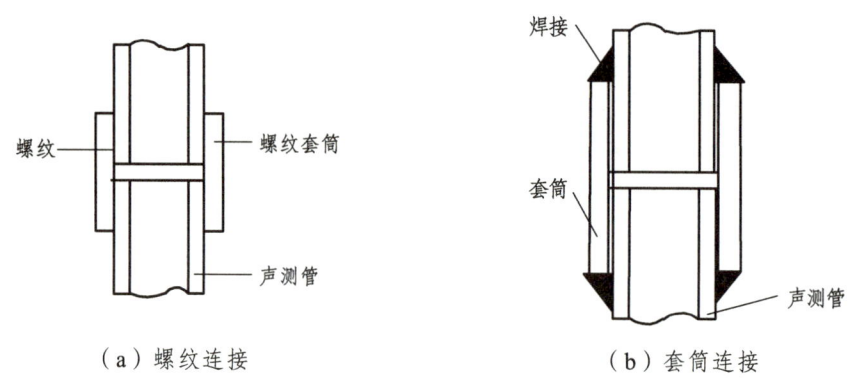

（a）螺纹连接　　　　　（b）套筒连接

图2-4-35　声测管的连接

声测管一般用焊接或绑扎的方式固定在钢筋笼内侧，在成孔后，灌注混凝土之前随钢筋笼一起放置于桩孔中，声测管应一直埋到桩底，声测管底部应密封，如果受检桩不是通长配筋，则在无钢筋笼处的声测管间应设加强箍，以保证声测管的平行度。

安装完毕后，声测管的上端应用螺纹盖或木塞封口，以免落入异物，阻塞管道。

声测管的连接和埋设质量是保证现场检测工作顺利进行的关键，也是决定检测数据的可靠性以及试验成败的关键环节，应引起高度重视。

2）现场测试

（1）检测前的准备工作。

① 安排检测工作程序。

② 调查、收集待检工程及受检桩的相关技术资料和施工记录。比如桩的类型、尺寸、标高、施工工艺、地质状况、设计参数、桩身混凝土参数、施工过程及异常情况

记录等信息。

③ 检查测试系统的工作状况，必要时（更换换能器、电缆线等）应按"时-距"法对测试系统的延时 t_0 重新标定，并根据声测管的尺寸和材质计算耦合声时 t_w 和声测管壁声时 t_p。

④ 将伸出桩顶的声测管切割到同一标高，测量管口标高，作为计算各测点高程的基准。

⑤ 向管内注入清水，封口待检。

⑥ 在放置换能器前，先用直径与换能器略同的圆钢作吊绳。检查声测管的通畅情况，以免换能器卡住后取不上来或换能器电缆被拉断，造成损失。有时，对局部漏浆或焊渣造成的阻塞可用钢筋导通。

⑦ 用钢卷尺测量桩顶面各声测管之间外壁净距离，作为相应的两声测管组成的检测剖面各测点测距，测试误差小于 1%。

⑧ 测试时径向换能器宜配置扶正器，尤其是声测管内径明显大于换能器直径时，换能器的居中情况对首波波幅的检测值有明显影响。扶正器就是用 1~2 mm 厚的橡皮剪成一齿轮形，套在换能器上，齿轮的外径略小于声测管内径。扶正器既保证换能器在管中能居中，又保护换能器在上下提升中不致与管壁碰撞，损坏换能器。软的橡皮齿又不会阻碍换能器通过管中某些狭窄部位。

（2）检测前对混凝土龄期的要求。

原则上，桩身混凝土满 28 d 龄期后进行声波透射法检测是最合理的，也是最可靠的。但是，为了加快工程建设进度、缩短工期，当采用声波透射法检测桩身缺陷和判定其完整性等级时，可适当将检测时间提前。特别是针对施工过程中出现异常情况的桩，可以尽早发现问题，及时补救，赢得宝贵时间。

（3）检测步骤。

现场的检测过程一般分两个步骤进行，首先是采用平测法对全桩各个检测剖面进行普查，找出声学参数异常的测点。然后，对声学参数异常的测点采用加密测试、斜测或扇形扫测等细测方法进一步检测，这样一方面可以验证普查结果，另一方面可以进一步确定异常部位的范围，为桩身完整性类别的判定提供可靠依据。

① 声波发射与接收换能器应通过深度标志分别置于两根声测管中。

② 平测时，声波发射与接收换能器应始终保持相同深度[见图 2-4-36（a）]；斜测时，声波发射与接收换能器应始终保持固定高差[见图 2-4-36（b）]，且两个换能器中点连线的水平夹角不应大于 30°。

③ 声波发射与接收换能器应从桩底向上同步提升，声测线间距不应大于 100 mm；提升过程中，应校核换能器的深度和校正换能器的高差，并确保测试波形的稳定性，提升速度不宜大于 0.5 m/s。

④ 应实时显示、记录每条声测线的信号时程曲线，并读取首波声时、幅值；当需要采用信号主频值作为异常声测线辅助判据时，尚应读取信号的主频值；保存检测数据的同时，应保存波列图信息。

⑤ 同一检测剖面的声测线间距、声波发射电压和仪器设置参数应保持不变。

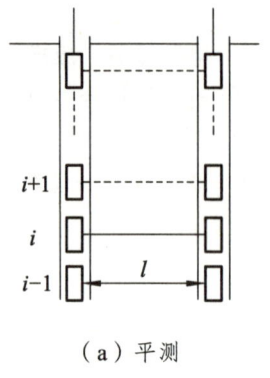 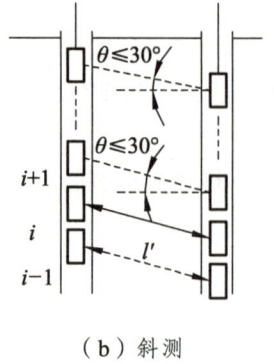

（a）平测　　　　　　　　　（b）斜测

图 2-4-36　平测、斜测示意图

⑥ 在桩身质量可疑的声测线附近，应采用增加声测线或采用扇形扫测（见图 2-4-37）、交叉斜测、CT 影像技术等方式进行复测和加密测试，确定缺陷的位置和空间分布范围，排除因声测管耦合不良等非桩身缺陷因素导致的异常声测线。采用扇形扫测时，两个换能器中点连线的水平夹角不应大于 40°。

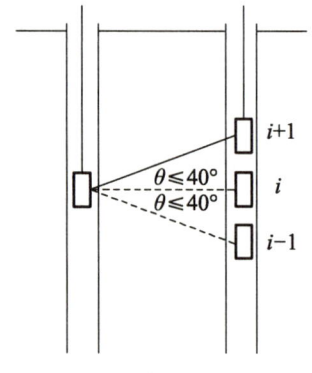

图 2-4-37　扇形扫测示意图

2.4.2.4　检测数据分析与结果判定

1. 测试数据的整理

声波透射法桩身完整性
类别判定分析

灌注桩的声波透射法检测需要分析和处理的主要声学参数是声速、波幅、主频，同时要注意对实测波形的观察和记录。目前大量使用的数字式声波仪有很强的数据处理、分析功能，几乎所有的数学运算都是由计算机来完成的。作为一名合格的现场检测技术人员，了解这些数据整理的方法有助于对桩身缺陷的正确判别和桩身完整性的正确判定。

1）波形记录与观察

实测波形的形态能综合反映发、收换能器之间声波能量在混凝土中各种传播路径上的总的衰减状况，应记录有代表性的混凝土质量正常的测点波形曲线和异常测点的波形曲线，可作为对桩身缺陷的辅助判断。

2）绘制声参数-深度曲线

根据各个测点声参数的计算值和测点标高，绘制声速-深度曲线、声幅-深度曲线、主频-深度曲线，将三条曲线对应起来进行异常测点的判断更直观，便于综合分析。

2. 数据分析与判断

1）声速判据

声速是分析桩身混凝土质量的一个重要参数，在《建筑基桩检测技术规范》(JGJ 106—2014）中对声速的分析、判断有两种方法：概率法和声速低限值法。

（1）概率法。

正常情况下，由随机误差引起的混凝土的质量波动是符合正态分布的，这可以从混凝土试件抗压强度的试验结果得到证实，由于混凝土质量（强度）与声学参数存在相关性，可大致认为正常混凝土的声学参数的波动也服从正态分布规律。

混凝土构件在施工过程中，可能因外界环境恶劣及人为因素导致各种缺陷，这种缺陷由过失误差引起，缺陷处的混凝土质量将偏离正态分布，与其对应的声学参数也同样会偏离正态分布。

（2）声速低限值法。

概率法本质上说是一种相对比较法，它考察的只是某测点声速与所有测点声速平均值的偏离程度，在使用时，没有与声速的绝对值相联系，可能会导致误判或漏判。

鉴于上述原因，在《建筑基桩检测技术规范》(JGJ 106—2014）中增加了低限值异常判据。一方面，当检测剖面 n 个测点的声速值普遍偏低且离散性很小时，宜采用声速低限值判据：

$$v_i < v_L \qquad (2\text{-}4\text{-}8)$$

式中　v_i——第 i 测点的声速（km/s）；

　　　v_L——声速低限值（km/s），由预留同条件混凝土试件的抗压强度与声速对比试验结果，结合本地区实际经验确定。

当式（2-4-8）成立时，可直接判定为声速低于低限值异常。

另一方面，当各测点声速离散较大，用概率法判据判断存在异常测点，但异常点的声速在混凝土声速的正常取值范围内时，不应判为桩身缺陷。

使用低限值异常判据应注意：当桩身混凝土龄期未够，提前检测时，应注意低限值的合理取值。应该在混凝土达到龄期后，对各类完整性等级的桩抽取若干根进行复检，考察声速随龄期增长的情况，否则低限值判据没有实际意义。

2）PSD 判据（斜率法判据）

根据桩身某一检测剖面各测点的实测声时 t_c（μs）及测点高程 z（mm），可得到一个以 t_c 为因变量，z 为自变量的函数。

$$t_c = f(z) \qquad (2\text{-}4\text{-}9)$$

当该桩桩身完好时，$f(z)$ 应是连续可导函数，即 $\Delta z \to 0$，$\Delta t_c \to 0$。

当该剖面桩身存在缺陷时，在缺陷与正常混凝土的分界面处，声介质性质发生突变，声时 t_c 也发生突变，当 Δz 趋于 0 时，Δt_c 不趋于 0，即 $f(z)$ 在此处不可导。因此函数 $f(z)$ 不可导点就是缺陷界面位置。在实际检测时，测点有一定间距，Δz 不可能趋于零，而且由于缺陷表面凸凹不平，以及孔洞等缺陷导致声波绕行声时变化，所以 $f(z)$ 的实测曲线在缺陷界面只表现为斜率的变化。$f(z)$-z 图上各测点的斜率只能反映缺陷的有无，不能明显反映缺陷的大小（声时差），因而用声时差对斜率加权。

3）波幅判据

接收波首波波幅是判定混凝土灌注桩桩身缺陷的另一个重要参数，首波波幅对缺陷的反应比声速更敏感，但波幅的测试值受仪器设备、测距、耦合状态等许多非缺陷因素的影响，因而其测值没有声速稳定。

如果说桩身质量正常的混凝土声速的波动与正态分布规律有一定的偏差，但大致符合的话，那么桩身混凝土声波波幅与正态分布的偏离可能更远，采用基于正态分布规律的概率法来计算波幅临界值可能更缺乏可靠理论依据。

在《建筑基桩检测技术规范》（JGJ 106—2014）中采用下列方法确定波幅临界值判据：

$$A_m = \frac{1}{n}\sum_{i=1}^{n} A_{pi} \quad (2\text{-}4\text{-}10)$$

$$A_{pi} < A_m - 6 \quad (2\text{-}4\text{-}11)$$

式中　A_m——同一检测剖面各测点的波幅平均值（dB）；

n——同一检测剖面测点数。

即波幅异常的临界值判据为同一剖面各测点波幅平均值的一半。

当式（2-4-11）成立时，波幅可判定为异常。

由于桩内测试时波幅本身波动很大，采用波幅平均值的一半作为临界值判据可能过严，造成误判。因此《建筑基桩检测技术规范》（JGJ 106—2014）中采用了"可"的措辞。

在实际应用中，应注意将异常点波幅与混凝土的其他声参量综合起来分析判断（见图2-4-38）。

4）实测声波波形

实测波形可以作为判断桩身混凝土缺陷的一个参考，前面讨论的声速和波幅只与接收波的首波有关，接收波的后续部分是发、收换能器之间各种路径声波叠加的结果，目前作定量分析比较难，但后续波的强弱在一定程度上反映了发、收换能器之间声波在桩身混凝土内各种声传播路径上总的能量衰减。在检测过程中应注意对测点实测波形的观察，应将混凝土质量正常的测点的代表性波形记录下来并打印输出，对声参数异常的测点的实测波形应注意观察其后续波的强弱，对确认桩身缺陷的测点宜记录并打印实测波形（见图2-4-39）。

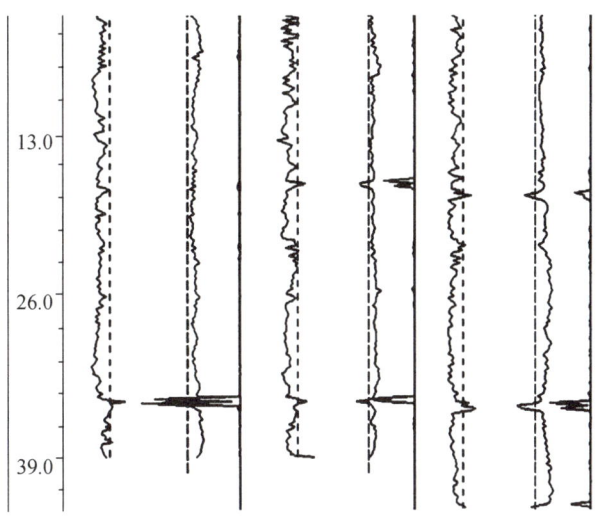

图 2-4-38　参数-深度曲线图

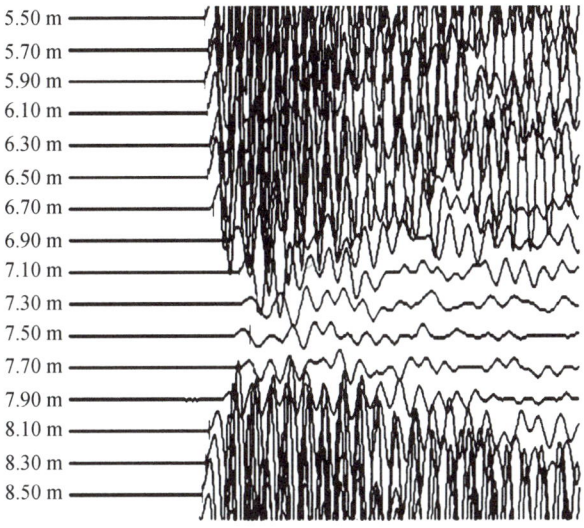

图 2-4-39　波形图

3. 桩身混凝土缺陷的综合判定

1）综合判定的必要性

在灌注桩的声波透射法检测中，如何利用所检测的混凝土声参数去发现桩身混凝土缺陷、评价桩身混凝土质量从而判定桩的完整性类别是我们检测的最终目的，同时又是声学检测中的一个难题。其原因一方面是混凝土作为一种多种材料的集结体，声波在其中的传播过程是一个相当复杂的物理过程；另一方面，混凝土灌注桩的施工工艺复杂、难度大，混凝土的硬化环境和条件以及影响混凝土质量的各种因素远比上部结构复杂和难以预见，因此桩身混凝土质量的离散性和不确定性明显高于上部结构混凝土。另外，从测试角度看，在桩内进行声测时，各测点的测距及声耦合状况的不确定性也高于上部结构混凝土的声学测试，因此一般情况下桩的声测测量误差高于上部结构混凝土。

用于判断桩身混凝土缺陷的多个声学指标——声速、PSD 判据、波幅、实测波形，它们各有特点，但均有不足，在实际应用时，既不能唯"声速论"，也不能不分主次将各种判据同等对待。声速与混凝土的弹性性质相关，波幅与混凝土的黏塑性相关，采用以声速、波幅判据为主的综合判定法对全面反映混凝土这种黏弹塑性材料的质量是合理的、科学的处理方法。

桩身完整性类别应结合桩身混凝土各声学参数临界值、PSD 判据、混凝土声速低限值以及桩身质量可疑点加密测试后确定的缺陷范围，按特征进行综合判定。

2）综合判定的方法

相对于其他判据来说，声速的测试值是最稳定的，可靠性也最高，而且测试值是有明确物理意义的量，与混凝土强度有一定的相关性，是进行综合判定的主要参数。波幅的测试值是一个相对比较量，本身没有明确的物理意义，其测试值受许多非缺陷因素的影响，测试值没有声速稳定，但它对桩身混凝土缺陷很敏感，是进行综合判定的另一重要参数。

综合分析往往贯彻于检测过程的始终，因为检测过程中本身就包含了综合分析的内容（例如对平测普查结果进行综合分析找出异常测点进行细测），而不是说在现场检测完成后才进行综合分析。

现场检测与综合分析可按以下步骤进行：

（1）采用平测法对桩的各检测剖面进行全面普查。

（2）对各检测剖面的测试结果进行综合分析确定异常测点。

① 采用概率法确定各检测剖面的声速临界值。

② 如果某一检测剖面的声速临界值与其他剖面或同一工程的其他桩的临界值相差较大，则应分析原因，如果是因为该剖面的缺陷点很多、声速离散太大，则应参考其他桩的临界值；如果是因声测管的倾斜所致，则应进行管距修正，再重新计算声速临界值；如果声速的离散性不大，但临界值明显偏低，则应参考声速低限值判据。

③ 对低于临界值的测点或 PSD 判据中的可疑测点，如果其波幅值也明显偏低，则这样的测点可确定为异常点。

（3）对各剖面的异常测点进行细测（加密测试）。

① 采用加密平测和交叉斜测等方法验证平测普查对异常点的判断并确定桩身缺陷在该剖面的范围和投影边界。

② 细测的主要目的是确定缺陷的边界，在加密平测和交叉斜测时，在缺陷的边界处，波幅较为敏感，会发生突变；声速和接收波形也会发生变化，应注意综合运用这些指标。

（4）综合各个检测剖面细测的结果推断桩身缺陷的范围和程度。

① 缺陷范围的推断。

考察各剖面是否存在同一高程的缺陷。

如果不存在同一高程的缺陷，则该缺陷在桩身横截面的分布范围不大，该缺陷的纵向尺寸将由缺陷在该剖面的投影的纵向尺寸确定。

如果存在同一高程的缺陷，则依据该缺陷在各个检测剖面的投影大致推断该缺陷的纵向尺寸和在桩身横截面上的位置和范围。

对桩身缺陷几何范围的推断是判定桩身完整性类别的一个重要依据，也是声波透射法检测混凝土灌注桩完整性的优点。

② 缺陷程度的推断。

对缺陷程度的推断主要依据以下四个方面：

a. 缺陷处实测声速与正常混凝土声速（或平均声速）的偏离程度。

b. 缺陷处实测波幅与同一剖面内正常混凝土波幅（或平均波幅）的偏离程度。

c. 缺陷处的实测波形与正常混凝土测点处实测波形相比的畸变程度。

d. 缺陷处 PSD 判据的突变程度。

（5）在对缺陷的几何范围和程度作出推断后，对桩身完整性类别的判定可按表2-4-4描述的各种类别桩的特征进行，但还需综合考察下列因素：桩的承载机理（摩擦型或端承型），桩的设计荷载要求，受荷状况（抗压、抗拔、抗水平力等），基础类型（单桩承台或群桩承台），缺陷出现的部位（桩上部、中部或桩底）等。

表 2-4-4 桩身完整性判定

类别	特征
Ⅰ	所有声测线声学参数无异常，接收波形正常； 存在声学参数轻微异常、波形轻微畸变的异常声测线，异常声测线在任一检测剖面的任一区段内纵向不连续分布，且在任一深度横向分布的数量小于检测剖面数量的一半
Ⅱ	存在声学参数轻微异常、波形轻微畸变的异常声测线，异常声测线在一个或多个检测剖面的一个或多个区段内纵向连续分布，或在一个或多个深度横向分布的数量大于或等于检测剖面数量的一半； 存在声学参数明显异常、波形明显畸变的异常声测线，异常声测线在任一检测剖面的任一区段内纵向不连续分布，且在任一深度横向分布的数量小于检测剖面数量的一半
Ⅲ	存在声学参数明显异常、波形明显畸变的异常声测线，异常声测线在一个或多个检测剖面的一个或多个区段内纵向连续分布，但在任一深度横向分布的数量小于检测剖面数量的一半； 存在声学参数明显异常、波形明显畸变的异常声测线，异常声测线在任一检测剖面的任一区段内纵向不连续分布，但在一个或多个深度横向分布的数量大于或等于检测剖面数量的一半； 存在声学参数严重异常、波形严重畸变或声速低于低限值的异常声测线，异常声测线在任一检测剖面的任一区段内纵向不连续分布，且在任一深度横向分布的数量小于检测剖面数量的一半
Ⅳ	存在声学参数明显异常、波形明显畸变的异常声测线，异常声测线在一个或多个检测剖面的一个或多个区段内纵向连续分布，且在一个或多个深度横向分布的数量大于或等于检测剖面数量的一半； 存在声学参数严重异常、波形严重畸变或声速低于低限值的异常声测线，异常声测线在一个或多个检测剖面的一个或多个区段内纵向连续分布，或在一个或多个深度横向分布的数量大于或等于检测剖面数量的一半

注：① 完整性类别由Ⅳ类往Ⅰ类依次判定。

② 对于只有一个检测剖面的受检桩，桩身完整性判定应按该检测剖面代表桩全部横截面的情况对待。

3）混凝土灌注桩的常见缺陷性质与声学参数的关系

灌注桩可能产生各种类型的缺陷。所有缺陷虽然都会引起声学参数的异常变化，但不同类型的缺陷使声学参数变化的特征有所不同。目前还难以根据声学参数的变化明确定出缺陷的性质，但可以总结出某些规律：

（1）沉渣：沉渣是松散介质，其本身声速很低，对声波的衰减也相当剧烈，所以凡遇到沉渣，必然是声速和振幅均剧烈下降。通常在桩底出现这种情况多属沉渣所引起。

（2）泥砂与水泥浆的混合物：这类缺陷多由浇注导管提升不当造成，若在桩身就是断桩；若在桩顶，就是桩顶标高不够。其特点也是声速和振幅均明显下降。只不过出现在桩身时往往是突变，在桩顶是缓变。若桩顶缓变低到某一界限（可根据波速值确定这一界限），其以上部位应截桩，根据应截桩的标高可判定桩顶标高是否够。

（3）若是挖孔桩出现各断面均测值异常的层状缺陷则往往是施工中的事故引起的疏松层或桩孔中下部排水不净或混凝土浇筑后出水，稀释混凝土所致。

（4）孔壁坍塌或泥团：声速与振幅均下降，但下降多少则视缺陷情况而定。如果是局部的泥团，并未包裹声测管，则下降的程度并不很大；如果泥团包裹声测管，则下降程度较大，特别是振幅的下降更为剧烈。一根声测管被泥团包裹将影响两个测试面。通过斜测可以分辨这些情况。

当确定为包裹声测管的泥团，可根据泥团处两声测管间的声时、正常混凝土处的声时，并假定泥团的声速（2 000 m/s 左右），大致估算在两声测管间泥团的尺寸。

（5）混凝土离析：灌注桩容易发生混凝土离析，造成桩身某处粗骨料大量堆积，而相邻部位浆多骨料少的情况。粗骨料多的地方，粗骨料本身波速高，往往造成这些部位声速值并不低，有时反而有所提高。但由于粗骨料多，声学界面多，对声波的反射、散射加剧，接收信号削弱，于是波幅下降。至于粗骨料少而砂浆多的地方则正好相反：由于该处砂浆多，粗骨料少，测得的波速下降，但振幅测值不但不下降，有时还会高于附近测值。这显然是由于粗骨料少，则声波被反射、散射少的缘故。应采用波速和振幅两个参数进行综合的分析判断。

（6）气泡密集的混凝土：灌注桩上部桩身有时因为混凝土浇注管提升过快有大量空气封在混凝土内。虽不一定造成孔洞，但可能形成大量气泡分布在混凝土内，使混凝土质量有所降低。这种混凝土内的分散气泡不会使波速明显降低，但却使声波能量明显衰减（散射），接收波能量明显下降，这是这类缺陷的特征。

4. 检测报告

检测报告应包括以下内容：

（1）委托方名称，工程名称、地点，建设、勘察、设计、监理和施工单位，基础、结构形式，层数，设计要求，检测目的，检测依据，检测数量，检测日期；

（2）地质条件描述；

（3）受检桩的桩号、桩位和相关施工记录；

（4）检测方法，检测仪器设备，检测过程叙述；

（5）受检桩的检测数据，实测与计算分析曲线、表格和汇总结果；

（6）与检测内容相应的检测结论；

（7）声测管布置图；

（8）受检桩每个检测剖面声速-深度曲线、波幅-深度曲线，并将相应判距临界值所对应的标志线绘制于同一个坐标系；

（9）采用主频值或 PSD 值进行辅助分析判定时，绘制主频-深度曲线或 PSD 曲线；

（10）缺陷分布图示。

2.4.2.5 声波透射法检测工程实例分析

1. 概　述

下面给出了四个工程实例，对应《建筑基桩检测技术规范》（JGJ 106—2014）表 10.5.11 中Ⅰ、Ⅱ、Ⅲ、Ⅳ类桩的特征各举了一个工程实例。

在各个工程实例中，对桩身缺陷的几何分布是依据对异常区域细测（加密平测和交叉斜测）后作出的大致推断，可能与实际情况有偏差。桩身缺陷在桩身的纵向分布范围可依据加密平测或交叉斜测的临界测线（缺陷边缘的测线）比较准确地确定；但桩身缺陷在桩横截面上的分布是依据缺陷在各检测剖面上的投影的横向尺寸去粗略推断的，其可靠性比缺陷纵向范围的推断要低得多。

2. 工程实例及分析

【工程实例 1】

工程概况见表 2-4-5，1 号桩三个剖面的数据实测曲线见图 2-4-40～图 2-4-42。

表 2-4-5　工程概况

工程名称	某高层建筑				
桩号	桩径/m	桩顶标高/m	桩底标高/m	混凝土设计强度等级	检测时混凝土龄期/d
1	1.40	0	−20.8	C30	36

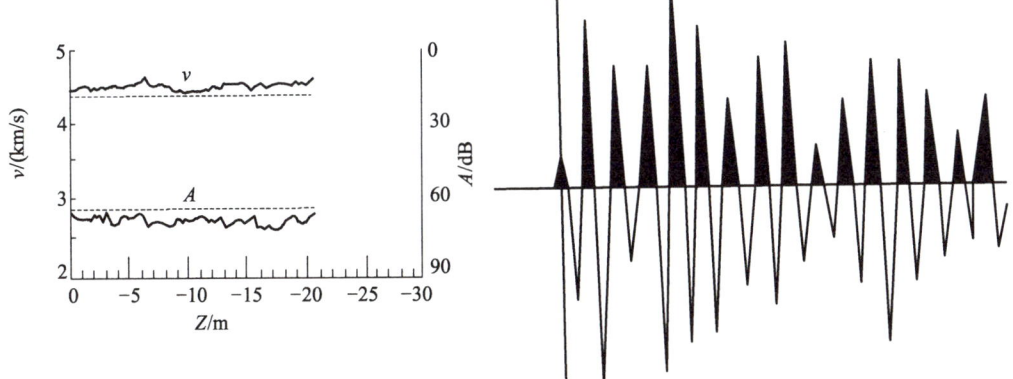

(a) 1 号桩 1—2 剖面声速（v）及波幅（A）曲线　　(b) 1 号桩 1—2 剖面正常测点实测波形

图 2-4-40　1 号桩 1—2 剖面实测曲线

（注：测点标高 −10.0 m；换能器主频 45.0 kHz；波形主频 36.4 kHz；测点波速 4.36 km/s。）

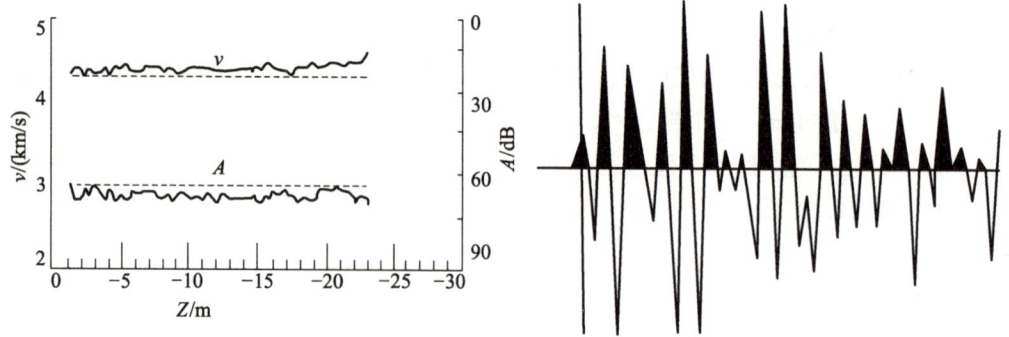

（a）1号桩2—3剖面声速（v）及波幅（A）曲线

（b）1号桩2—3剖面正常测点实测波形

图 2-4-41　1号桩2—3剖面实测曲线

（注：测点标高-15.0 m；换能器主频 45.0 kHz；波形主频 36.64 kHz；测点波速 4.40 km/s。）

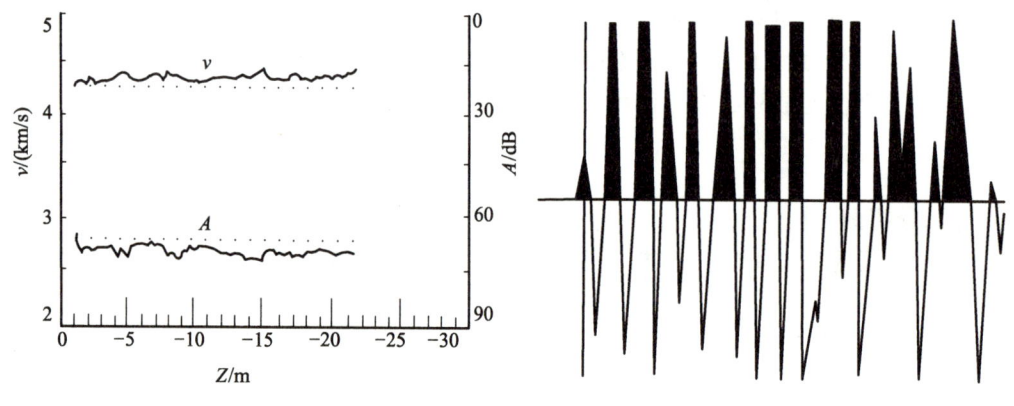

（a）1号桩1—3剖面声速（v）及波幅（A）曲线

（b）1号桩1—3剖面正常测点实测波形

图 2-4-42　1号桩1—3剖面实测曲线

（注：测点标高-20.0 m；换能器主频 46.0 kHz；波形主频 35.5 kHz；测点波速 4.50 km/s。）

综合分析与评价：

（1）该桩3个检测剖面 $v(z)$、$A(z)$ 曲线各测点测值离散性不大，可用概率法进行声速临界值的计算，用概率法计算声速临界值后无异常点出现，波幅也无异常点。

（2）3个检测剖面测点声速平均值在 4.4～4.5 m/s 之间，最小值 4.31 km/s，均在混凝土声速的正常取值范围内。

（3）实测波形首波陡峭，后续波波幅大。

（4）测波形主频为 35～37 kHz（换能器主频为 45 kHz），主频漂移量不大，且该漂移量较稳定。

综合以上特征，该桩桩身完整性等级判定为Ⅰ类。

【工程实例2】

工程概况见表 2-4-6，2号桩的实测曲线见图 2-4-43～图 2-4-46。

表 2-4-6　工程概况

工程名称	某商住楼工程				
桩号	桩径/m	桩顶标高/m	桩底标高/m	混凝土设计强度等级	检测时混凝土龄期/d
2	1.40	0	-17.5	C30	35

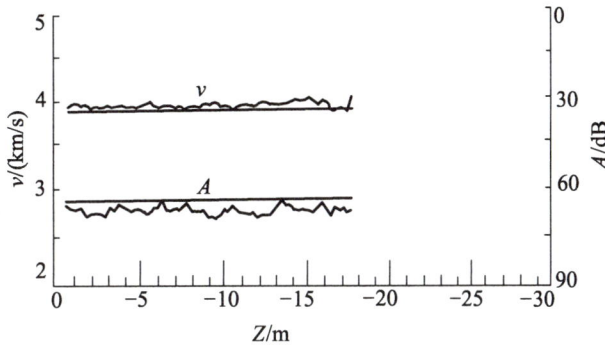

图 2-4-43　2 号桩 1—2 剖面声速（v）及波幅（A）曲线

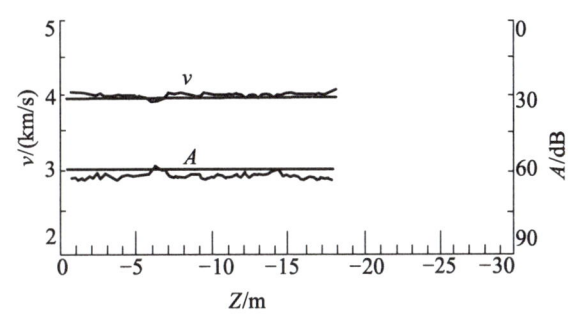

（a）2 号桩 2—3 剖面声速(v)及波幅(A)曲线

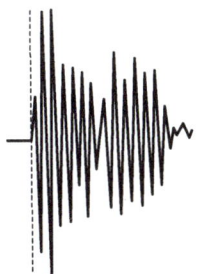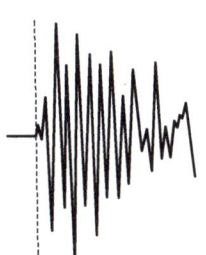

（b）2 号桩 2—3 剖面正常测点实测波形　　（c）2 号桩 2—3 剖面异常测点波形

图 2-4-44　2 号桩 2—3 剖面实测曲线

（注：图（b）中，测点标高-10.0 m，换能器主频 45.0 kHz，波形主频 36.8 kHz，测点波速 4.02 km/s；图（c）中，测点标高-6.0 m，换能器主频 45.0 kHz，波形主频 33.4 kHz，测点波速 3.78 km/s。）

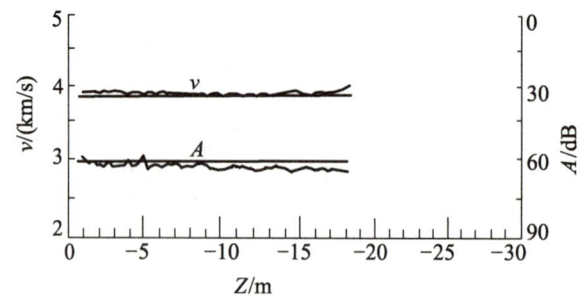

图 2-4-45 2 号桩 1—3 剖面声速（v）及波幅（A）曲线

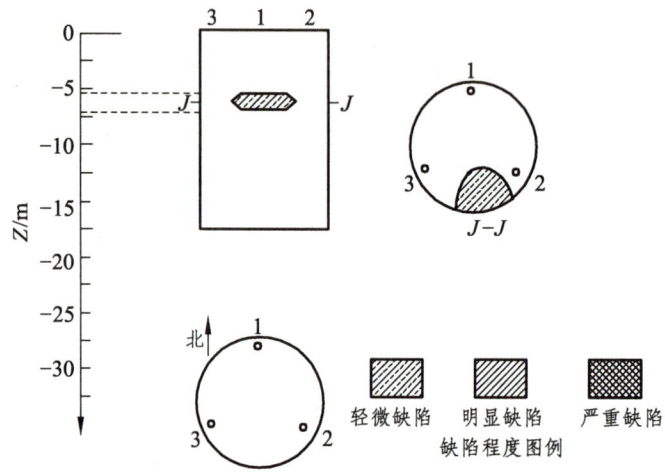

图 2-4-46 2 号桩声测管布置及桩身缺陷在桩中的分布

综合分析与评价：

（1）三个剖面声速测值离散性不大，可使用概率法的临界值判据。

1—2 剖面声速、波幅测值基本正常。2—3 剖面在 5.5～6.5 m 处声速、波幅测值异常，声速的最小值为 3.78 km/s，比混凝土声速的正常取值略低，波幅减小幅度不大。1—3 剖面声速测值基本正常，在 4.5 m 处波幅略小。

（2）三个剖面的实测声速平均值在 4.0～4.1 km/s 之间，属混凝土声速的正常取值。

（3）对异常测点加密测试后推断的缺陷大致范围如图 2-4-46 所示，三个剖面无同一高程缺陷。

（4）与正常测点相比，异常测点的实测波形波幅下降，主频漂移量增大，但漂移量增加幅度不大，后续波有较大幅度，波形畸变不明显，表明桩身缺陷在横截面上的分布范围有限，属局部轻微缺陷。

（5）综合以上分析，该桩桩身完整性等级判定为 Ⅱ 类。

该桩经钻芯检测发现在 5.5～6.5 m 范围内，一孔芯样完整，另一孔芯样存在大小不一的气孔。

【工程实例 3】

工程概况见表 2-4-7，4 号桩实测曲线见图 2-4-47～图 2-4-50。

表 2-4-7　工程概况

工程名称				某工厂办公楼	
桩号	桩径/m	桩顶标高/m	桩底标高/m	混凝土设计强度等级	检测时混凝土龄期/d
4	1.40	0	−27.8	C25	40

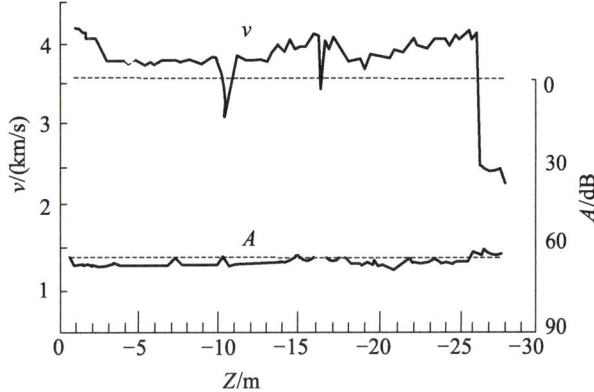

（a）4 号桩 1—2 剖面声速（v）及波幅（A）曲线

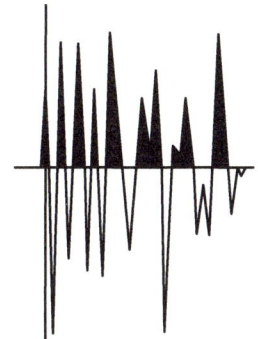　　　　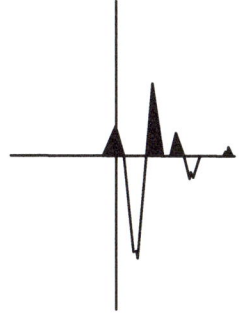

（b）4 号桩 1—2 剖面正常测点实测波形　　（c）4 号桩 1—2 剖面异常测点实测波形

图 2-4-47　4 号桩 1—2 剖面实测曲线

（注：图（b）中，测点标高−6.0 m，换能器主频 45.0 kHz，波形主频 33.2 kHz，测点波速 3.9 km/s；图（c）中，测点标高−26.0 m，换能器主频 45.0 kHz，波形主频 14.8 kHz，测点波速 2.8 km/s。）

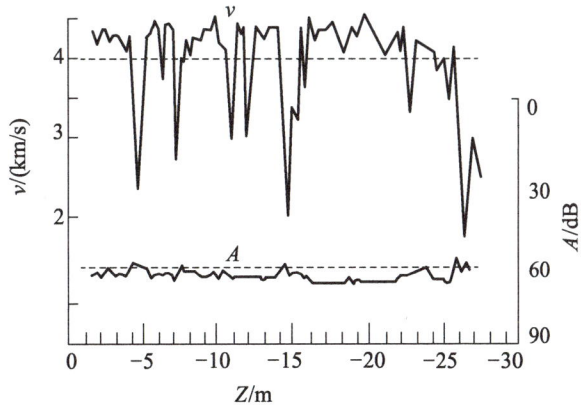

（a）4 号桩 2—3 剖面声速（v）及波幅（A）曲线

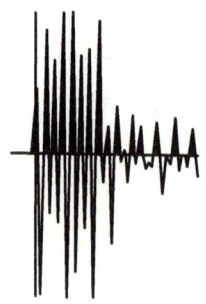 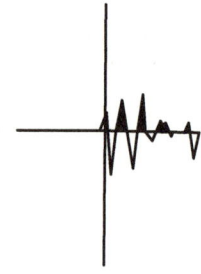

（b）4号桩1—2剖面正常测点实测波形　　　（c）4号桩1—2剖面异常测点实测波形

图 2-4-48　4号桩 2—3 剖面实测曲线

（注：图（b）中，测点标高-9.0 m，换能器主频 45.0 kHz，波形主频 41.7 kHz，测点波速 4.21 km/s；图（c）中，测点标高-26.5 m，换能器主频 45.0 kHz，波形主频 16.0 kHz，测点波速 2.82 km/s。）

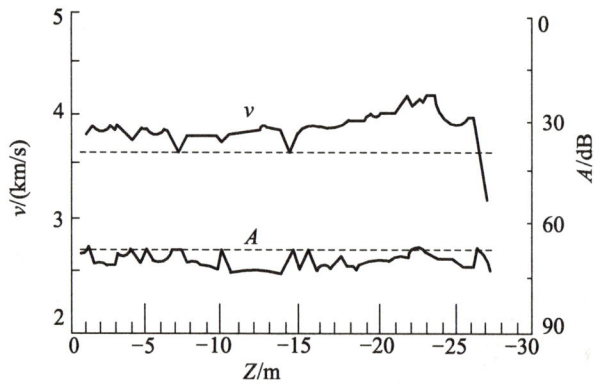

（a）4号桩1—3剖面声速（v）及波幅（A）曲线

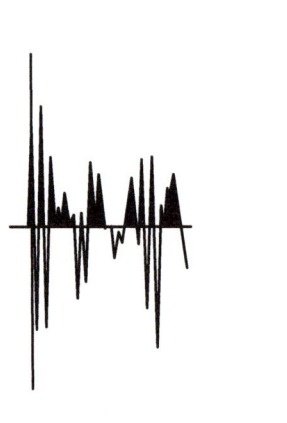 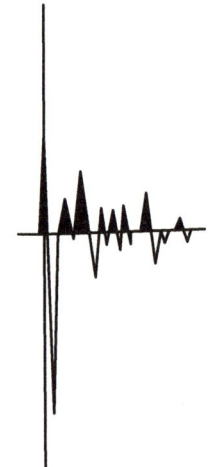

（b）4号桩1—3剖面正常测点实测波形　　　（c）4号桩1—3剖面异常测点实测波形

图 2-4-49　4号桩 2—3 剖面实测曲线

（注：图（b）中，测点标高-20.0 m，换能器主频 45.0 kHz，波形主频 37.4 kHz，测点波速 4.05 km/s；图（c）中，测点标高-27.0 m，换能器主频 45.0 kHz，波形主频 22.7 kHz，测点波速 3.0 km/s。）

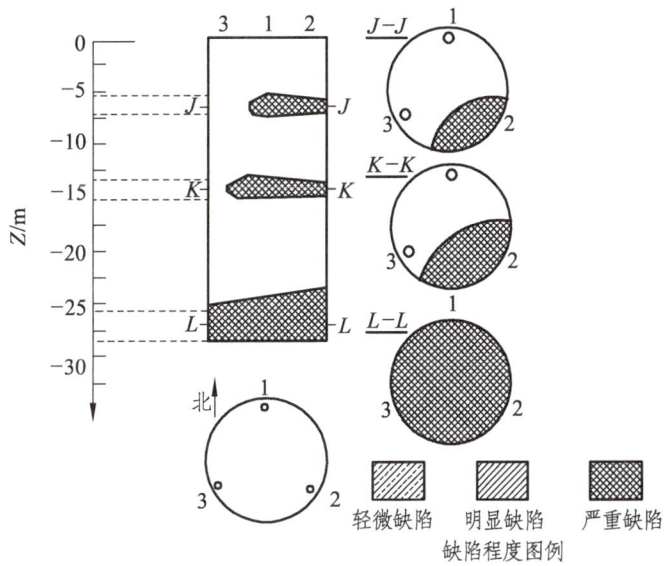

图 2-4-50　4 号桩声测管布置及桩身缺陷在桩中的分布

综合分析与评价：

（1）1—2 剖面在 10、16 m 处声速明显偏低，波幅偏小。2—3 剖面在 4、6.51、10、12、14、23 m 等多处声速测值明显偏低，波幅明显减小。1—3 剖面在 6.5、14 m 处声速测值偏低，波幅偏小。

3 个剖面在 26～27.8 m 范围内声速、波幅均明显异常（声速最小值不足 3.0 km/s）。由于桩身存在多个缺陷，概率法临界值无实际意义，以低限值判据为主。

（2）3 个剖面异常测点的实测波形与正常测点相比波幅明显下降，主频大幅度漂移，后续波幅度也明显降低，有些测点无法接收声波信号。

（3）缺陷在桩身的分布如图 2-4-50 所示，由于桩身存在多个缺陷，因此图中只画出明显缺陷和严重缺陷的分布特征，3 个剖面在 26～27.8 m 存在同一高程缺陷。

（4）根据上述分析，该桩桩身完整性等级判定为 Ⅳ 类。

该桩在声测完成后，经钻芯法验证桩身混凝土多处胶结差，桩底以上 2 m 范围内混凝土松散，无法获取芯样。

【工程实例 4】

工程概况见表 2-4-8，3 号桩实测曲线见图 2-4-51～图 2-4-53。

表 2-4-8　工程概况

工程名称	某商住楼工程				
桩号	桩径/m	桩顶标高/m	桩底标高/m	混凝土设计强度等级	检测时混凝土龄期/d
3	1.20	0	-25.7	C25	35

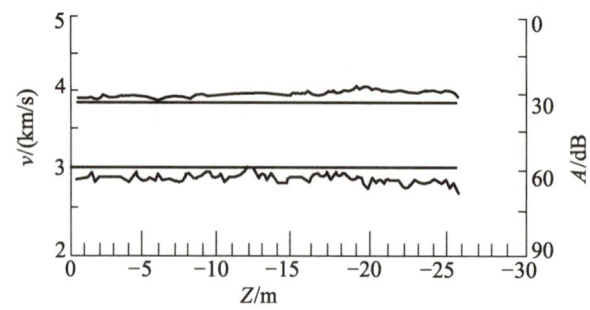

（a）3号桩1—2剖面声速（v）及波幅（A）曲线

（b）3号桩1—2剖面正常测点实测波形　　（c）3号桩1—2剖面异常测点实测波形

图 2-4-51　3号桩1—2剖面实测曲线

（注：图（b）中，测点标高-5.0 m，换能器主频 45.0 kHz，波形主频 38.0 kHz，测点波速 3.9 km/s；图（c）中测点标高-10.0 m，换能器主频 45.0 kHz，波形主频 39.0 kHz，测点波速 4.05 km/s。）

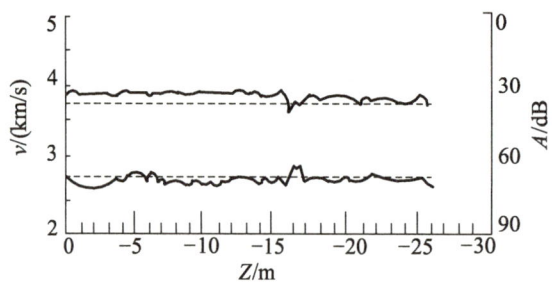

（a）3号桩2—3剖面声速（v）及波幅（A）曲线

 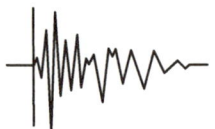

（b）3号桩2—3剖面正常测点实测波形　　（c）3号桩2—3剖面异常测点实测波形

图 2-4-52　3号桩2—3剖面实测曲线

（注：图（b）中，测点标高-8.0 m，换能器主频 45.0 kHz，波形主频 37.0 kHz，测点波速 3.8 km/s；图（c）中，测点标高-16.5 m，换能器主频 45.0 kHz，波形主频 21.4 kHz，测点波速 3.4 km/s。）

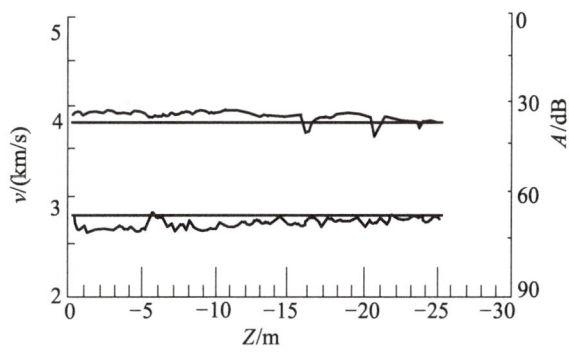

（a）3号桩1—3剖面声速(v)及波幅(A)曲线

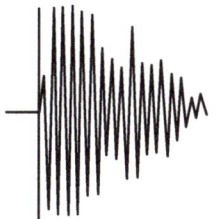   

（b）3号桩1—3剖面正常测点实测波形　　（c）3号桩1—3剖面异常测点实测波形

图2-4-53　3号桩1—3剖面实测曲线

（注：图（b）中，测点标高-12.0 m，换能器主频45.0 kHz，波形主频38.8 kHz，测点波速3.8 km/s；图（c）中，测点标高-21.0 m，换能器主频45.0 kHz，波形主频28.6 kHz，测点波速3.5 km/s。）

综合分析与评价：

（1）三个检测剖面测试数据离散性不大，可采用概率法判据。

1—2剖面声速和波幅测试值正常；2—3剖面在16～17.5 m处声速明显偏离混凝土声速的正常取值，波幅偏小，21～22 m处声速偏低，波幅偏离不大；1—3剖面在16～17 m处声速明显偏小，波幅偏小，21～23 m处声速偏小，波幅变化不大。

（2）2—3、1—3两剖面的平均声速分别为3.75 km/s和3.8 km/s，略低于混凝土声速的正常取值。

（3）2—3、1—3两剖面异常测点处，实测波形首波幅值明显下降，但后续波仍有一定幅度。

（4）综合以上分析，该桩桩身完整性等级判定为Ⅲ类。

2.4.3　钻芯法

基桩质量检测方法有静载试验、高应变法、低应变法、声波透射法、钻芯法等，但在实际工程中，可能由于现场条件、当地试验设备能力等条件限制无法进行静载试验和高应变法检测，也可能由于没有预埋声测管或声测管堵塞无法进行声波透射法检测，钻芯法检测设备安装对拟建工程场地条件要求要比静载试验和高应变法低得多，因此钻芯法是一种可行的检测方法。钻芯法适用于大直径混凝土灌注桩的成桩质量检测，不适用于预制桩和钢桩的成桩质量检测。

钻芯法是一种微破损或局部破损检测方法，具有科学、直观、实用等特点，不仅可检测混凝土灌注桩，也可检测地下连续墙的施工质量，检测地下连续墙的施工质量是钻芯法的优势所在；同时，它不仅可检测混凝土质量及强度，而且可检测沉渣厚度、混凝土与持力层的接触情况，以及持力层的岩土性状、是否存在夹层等，这一点也是目前其他检测方法无法比拟的。钻芯法借鉴了地质勘探技术，在混凝土中钻取芯样，通过芯样表观质量和芯样试件抗压强度试验结果，综合评价混凝土的质量是否满足设计要求。

1. 适用范围

钻芯法适用于检测混凝土灌注桩的桩长、桩身混凝土强度、桩底沉渣厚度和桩身完整性，判定或鉴别桩底持力层岩土性状。

理论上讲，钻芯法对所有混凝土灌注桩均可检测，但实际上，当受检桩长径比较大时，成孔的垂直度和钻芯孔的垂直度很难控制，钻芯孔容易偏离桩身，如果要求对全桩长进行检测，一般要求受检桩桩径不宜小于 800 mm、长径比不宜大于 30；如果仅仅是为了抽检桩上部的混凝土强度，可以不受桩径和长径比的限制，有些工程由于验收的需要，对中小直径的沉管灌注桩的上部混凝土也进行钻芯法检测。

大量工程实践表明，钻芯法是检测钻（冲）孔、人工挖孔等现浇混凝土灌注桩的成桩质量的一种有效手段，不受场地条件的限制，特别适用于大直径混凝土灌注桩的成桩质量检测。钻芯法检测的主要目的有四个：

（1）检测桩身混凝土质量情况，如桩身混凝土胶结状况、有无气孔、松散或断桩等，桩身混凝土强度是否符合设计要求；

（2）桩底沉渣厚度是否符合设计或规范的要求；

（3）桩底持力层的岩土性状（强度）和厚度是否符合设计或规范要求；

（4）施工记录桩长是否真实。

如果仅在桩身钻取芯样，是无法判断桩的入岩深度的，若要判断桩的入岩深度，还需在桩侧增加钻孔，通过桩侧钻孔结果与桩身钻芯结果比较可确定桩的入岩深度。钻芯法也可用于检测地下连续墙混凝土强度、完整性、墙深、沉渣厚度以及持力层的岩（土）性状。

2. 设备

（1）钻取芯样宜采用液压操纵的高速钻机，并配置适宜的水泵、孔口管、扩孔器、卡簧、扶正稳定器和可捞取松软渣样的钻具。

（2）基桩桩身混凝土钻芯检测，应采用单动双管钻具钻取芯样，严禁使用单动单管钻具。

（3）钻头应根据混凝土设计强度等级选用合适粒度、浓度、胎体硬度的金刚石钻头，且外径不宜小于 100 mm。

（4）锯切芯样的锯切机应具有冷却系统和夹紧固定装置。芯样试件端面的补平器和磨平机，应满足芯样制作的要求。

3. 现场操作

（1）每根受检桩的钻芯孔数和钻孔位置，应符合下列规定：

① 桩径小于 1.2 m 的桩的钻孔数量可为 1～2 个，桩径为 1.2～1.6 m 的桩的钻孔数量宜为 2 个，桩径大于 1.6 m 的桩的钻孔数量宜为 3 个。

芯样的相关规定

② 当钻芯孔为 1 个时，宜在距桩中心 10～15 cm 的位置开孔；当钻芯孔为 2 个或 2 个以上时，开孔位置宜在距桩中心 0.15D～0.25D 内均匀对称布置。

③ 对桩底持力层的钻探，每根受检桩不应少于 1 孔。

为准确确定桩的中心点，桩头宜开挖裸露；来不及开挖或不便开挖的桩，应由经纬仪测出桩位中心。灌注桩在浇筑混凝土时存在浇捣不均，不同深度或同一深度的不同位置混凝土浇捣质量可能不同，钻芯孔位合理布置，才能客观反映桩身混凝土的实际情况。当基桩钻芯孔为 1 个时，宜在距桩中心 100～150 mm 位置开孔，这主要是考虑导管附近的混凝土质量相对较差、不具有代表性，同时也方便第 2 个孔的位置布置；当钻芯孔为 2 个或 2 个以上时，宜在距桩中心 0.15D～0.25D 内均匀对称布置。

桩端持力层岩土性状的准确判断直接关系到受检桩的使用安全。《建筑地基基础设计规范》（GB 50007—2011）规定：嵌岩灌注桩要求按端承桩设计，桩端以下 3 倍桩径范围内无软弱夹层、断裂破碎带和洞隙分布，在桩底应力扩散范围内无岩体临空面。虽然施工前已进行岩土工程勘察，但有时钻孔数量有限，对较复杂的地质条件，很难全面弄清岩石、土层的分布情况。因此，应对桩底持力层进行足够深度的钻探。每桩至少应有 1 个孔钻至设计要求的深度，如设计未有明确要求时，宜钻入持力层 3 倍桩径且不应少于 5 m。

（2）钻机设备安装必须周正、稳固、底座水平。钻机立轴中心、天轮中心（天车前沿切点）与孔口中心必须在同一铅垂线上。应确保钻机在钻芯过程中不发生倾斜、移位，钻芯孔垂直度偏差≤0.5%。

（3）当桩顶面与钻机底座的距离较大时，应安装孔口管，孔口管应垂直且牢固。

（4）钻进过程中，钻孔内循环水流不得中断，应根据回水含砂量及颜色调整钻进速度。

（5）提钻卸取芯样时，应拧卸钻头和扩孔器，严禁敲打卸芯。

钻芯设备应精心安装、认真检查。钻进过程中应经常对钻机立轴进行校正，及时纠正立轴偏差，确保钻芯过程不发生倾斜、移位。设备安装后，应进行试运转，在确认正常后方能开钻。

桩顶面与钻机塔座距离大于 2 m 时，宜安装孔口管。开孔宜采用合金钻头，开孔深为 0.3～0.5 m 后安装孔口管，孔口管下入时应严格测量垂直度，然后固定。

当出现钻芯孔与桩体偏离时，应立即停机记录，分析原因。当有争议时，可进行钻孔测斜，以判断是受拉桩倾斜超过规范要求还是钻芯孔倾斜超过规定要求。

（6）每回次进尺宜控制在 1.5 m 内；钻至桩底时，应采取减压、慢速钻进、干钻等适宜的钻进方法和工艺，钻取沉渣并测定沉渣厚度；对桩底强风化岩层或土层，可采用标准贯入试验、动力触探等方法对桩端持力层的岩土性状进行鉴别。

①桩身钻芯。桩身混凝土钻芯每回次进尺宜控制在 1.5 m 内；钻进过程中，尤其是前几米的钻进过程中，应经常对钻机立轴垂直度进行校正，可用垂直吊线法校正，即在钻机两侧吊两根与立轴平行的铅垂线，如发现平行出现偏差，应及时纠正立轴偏差，同时应注意钻机塔座的稳定性，确保钻芯过程不发生倾斜、移位。如果发现芯样侧面有明显的波浪状磨痕，或芯样端面有明显磨痕，应查找原因，如重新调整钻头、扩孔器、卡簧的搭配，检查塔座是否牢固稳定等。

松散的混凝土应采用合金钻"烧结法"钻取，必要时应回灌水泥浆护壁，待护壁稳定后再钻取下一段芯样。

钻探过程中发现异常时，应立即分析其原因，根据发现的问题采用适当的方法和工艺，尽可能地采取芯样，或通过观察回水含砂量及颜色、钻进的速度变化，结合施工记录及已有的地质资料，综合判断缺陷位置和程度，保证检测质量。

应区分松散混凝土和破碎混凝土芯样，松散混凝土芯样完全是施工所致，而破碎混凝土仍处于胶结状态，但施工造成其强度低，钻机机械扰动使之破碎。

②桩底钻芯。钻至桩底时，应采取适宜的钻芯方法和工艺钻取沉渣并测定沉渣厚度。一般来说，钻至桩底时，为检测桩底沉渣或虚土厚度，应采用减压、慢速钻进，若遇钻具突降，应立即停钻，及时测量机上余尺，准确记录孔深及有关情况。当持力层为中、微风化岩石时，可将桩底 0.5 m 左右的混凝土芯样、0.5 m 左右的持力层以及沉渣纳入同一回次。当持力层为强风化岩层或土层时，可采用合金钢钻头干钻的方法和工艺钻取沉渣并测定沉渣厚度。

③桩底持力层钻芯。应采用适宜的方法对桩底持力层岩土性状进行鉴别。对中、微风化岩的桩底持力层，应采用单动双管钻具钻取芯样，如果是软质岩，拟截取的岩石芯样应及时包裹浸泡在水中，避免芯样受损；根据钻取芯样和岩石单轴抗压强度试验结果综合判断岩性。对于强风化岩层或土层，宜采用合金钻钻取芯样，并进行动力触探或标准贯入试验等，试验宜在距桩底 1 m 内进行，并准确记录试验结果；根据试验结果及钻取芯样综合鉴别岩性。

（7）钻取的芯样应由上而下按回次顺序放进芯样箱中，芯样侧面上应清晰标明回次数、块号、本回次总块数，并对芯样质量作初步描述（见表 2-4-9）。

表 2-4-9 钻芯法检测现场操作记录表

桩号					孔号		工程名称	
时间		钻进/m			芯样编号	芯样长度/m	残留芯样	芯样初步描述及异常情况记录
自	至	自	至	计				
检测日期：					机长：		记录：	页次：

钻取的芯样应由上而下按回次顺序放进芯样箱中,每个回次的芯样应排成一排,为了避免丢失或人为调换,芯样侧面上应清晰标明回次数、块号、本回次总块数,采用写成带分数的形式是比较好的唯一性标识方法,具有较好的溯源性,如第 2 个回次共有 5 块芯样,在第 3 块芯样上标记 $2\frac{3}{5}$,那么可以非常清楚地表示出这是第 2 回次的芯样,第 2 回次共有 5 块芯样,本块芯样为第 3 块。有时由于现场管理不到位,现场人员未分工或分工不合理,往往未填写或未及时填写钻芯现场记录表,或填写不规范;或未使用芯样箱,芯样未编号或未及时编号,或编号不符合要求,芯样随意摆放,本应能拼接上的,结果人为地造成拼接不上,碎块未摆上去,甚至发生芯样丢失现象;有的将两个回次编成一个回次,一般来说,应该一个回次摆成一排。

（8）应对芯样混凝土、桩底沉渣以及桩端持力层作详细编录（见表 2-4-10）。

对桩身混凝土芯样的描述包括混凝土钻进深度,芯样连续性、完整性、胶结情况、表面光滑情况、断口吻合程度、混凝土芯样是否为柱状、骨料大小分布情况,气孔、蜂窝麻面、沟槽、破碎、夹泥、松散的情况,以及取样编号和取样位置。

对持力层的描述包括持力层钻进深度,岩土名称、芯样颜色、结构构造、裂隙发育程度、坚硬及风化程度,以及取样编号和取样位置,或动力触探、标准贯入试验位置和结果。分层岩层应分别描述。

表 2-4-10　钻芯法检测芯样编录表

工程名称				日期		
桩号/钻芯孔号			桩径		混凝土设计强度等级	
项目	分段(层)深度/m	芯样描述		取样编号/取样深度		备注
桩身混凝土		混凝土钻进深度,芯样连续性、完整性、胶结情况、表面光滑情况、断口吻合程度、混凝土芯是否为柱状、骨料大小分布情况,以及气孔、空洞、蜂窝麻面、沟槽、破碎、夹泥、松散的情况				
桩底沉渣		桩端混凝土与持力层接触情况、沉渣厚度				
持力层		持力层钻进深度,岩土名称、芯样颜色、结构构造、裂隙发育程度、坚硬及风化程度;分层岩层应分层描述		强风化或土层时的动力触探或标准贯入试验结果		

（9）应对芯样和标有工程名称、桩号、钻芯孔号、芯样试件采取位置、桩长、孔深、检测单位名称的标示牌的全貌进行拍照（见图 2-4-54）。应先拍彩色照片,后截取芯样试件,拍照前应将被包封浸泡在水中的岩样打开并摆在相应位置。取样完毕剩余的芯样宜移交委托单位妥善保存。

图 2-4-54　钻芯取样

（10）当单桩质量评价满足设计要求时，应从钻芯孔孔底往上用水泥浆回灌封闭，否则应封存钻芯孔，留待处理。

钻芯工作完毕，如果钻芯法检测结果满足设计要求，应对钻芯后留下的孔洞回灌封闭，以保证基桩的工作性能；可采用 0.5～1.0 MPa 压力，从钻芯孔孔底往上用水泥浆回灌封闭，水泥浆的水灰比可为 0.5～0.7。如果钻芯法检测结果不满足设计要求，则应封存钻芯孔，留待处理。钻芯孔可作为桩身桩底高压灌浆加固补强孔。

为了加强基桩质量的追溯性，要求在试验完毕后，由检测单位将芯样移交委托单位封样保存。保存时间由建设单位和监理单位根据工程实际商定或至少保留到基础工程验收。

4. 芯样试件截取与加工

（1）截取混凝土抗压芯样试件应符合下列规定：

① 当桩长小于 10 m 时，每孔应截取 2 组芯样；当桩长为 10～30 m 时，每孔应截取 3 组芯样；当桩长大于 30 m 时，每孔应截取不少于 4 组。

② 上部芯样位置距桩顶设计标高不宜大于 1 倍桩径或超过 2 m，下部芯样位置距桩底不宜大于 1 倍桩径或超过 2 m，中间芯样宜等间距截取。

③ 缺陷位置能取样时，应截取 1 组芯样进行混凝土抗压试验。

④ 同一基桩的钻芯孔数大于 1 个，且某一孔在某深度存在缺陷时，应在其他孔的该深度处，截取 1 组芯样进行混凝土抗压试验。

以概率论为基础、用可靠性指标度量桩基的可靠度是比较科学的评价基桩强度的方法，即在钻芯法受检桩的芯样中截取一批芯样试件进行抗压强度试验，采用统计的方法判断混凝土强度是否满足设计要求。但在应用上存在以下一些困难：

① 由于基桩施工的特殊性，评价单根受检桩的混凝土强度比评价整个桩基工程的混凝土强度更合理。

② 混凝土桩应作为受力构件考虑，薄弱部位的强度（结构承载力）能否满足使用要求，直接关系到结构的安全。

综合多种因素考虑，规定按上、中、下截取芯样试件的原则，同时对缺陷和多孔取样作了规定。

一般来说，蜂窝麻面、沟槽等缺陷部位的强度较正常胶结的混凝土芯样强度低，无论是严把质量关，尽可能查明质量隐患，还是便于设计人员进行结构承载力验算，都有必要对缺陷部位的芯样进行取样试验。因此，缺陷位置能取样试验时，本条明确规定应截取一组芯样进行混凝土抗压试验。

如果同一基桩的钻芯孔数大于一个，其中一孔在某深度存在蜂窝麻面、沟槽、空洞等缺陷，芯样试件强度可能不满足设计要求，按多孔强度计算原则，在其他孔的相同深度部位取样进行抗压试验是非常必要的，在保证结构承载能力的前提下，减少加固处理费用。

（2）当桩底持力层为中、微风化岩层且岩芯可制作成试件时，应在接近桩底部位 1 m 内截取一组岩石芯样；如遇分层岩性时宜在各层取样。岩石芯样的加工和测量应符合《建筑基桩检测技术规范》（JGJ 106—2014）附录 E 的规定。

为便于设计人员对端承力的验算，提供分层岩性的各层强度值是必要的。为保证岩石天然状态，拟选取的岩石芯样应及时密封包装后并浸泡在水中，避免暴晒雨淋，特别是软岩。

（3）每组芯样应制作 3 个芯样抗压试件。混凝土芯样试件的加工和测量应符合以下要求：

① 芯样加工时应将芯样固定，锯切平面垂直于芯样轴线。锯切过程中应淋水冷却金刚石圆锯片。

② 当锯切后的芯样试件不满足平整度及垂直度要求时，应选用以下方法进行端面加工：

a. 在磨平机上磨平。

b. 用水泥砂浆、水泥净浆、硫黄胶泥或硫黄等材料在专用补平装置上补平。水泥砂浆或水泥净浆补平厚度不宜大于 5 mm，硫黄胶泥或硫黄补平厚度不宜大于 1.5 mm。

③ 补平层应与芯样结合牢固，受压时补平层与芯样的结合面不得提前破坏。

④ 试验前，应对芯样试件的几何尺寸做下列测量：

a. 平均直径：在相互垂直的两个位置上，用游标卡尺测量芯样表观直径偏小的部位直径，取其两次测量的算术平均值，精确至 0.5 mm。

b. 芯样高度：用钢卷尺或钢板尺进行测量，精确至 1 mm。

c. 垂直度：用游标量角器测量两个端面与母线的夹角，精确至 0.1°。

d. 平整度：用钢板尺或角尺紧靠在芯样端面上，一面转动钢板尺，一面用塞尺测量与芯样端面之间的缝隙。

对于基桩混凝土芯样来说，芯样试件可选择的余地较大，因此，不仅要求芯样试件不能有裂缝或有其他较大缺陷，而且要求芯样试件内不能含有钢筋；同时，为了避免试件强度的离散性较大，在选取芯样试件时，应观察芯样侧面的表观混凝土粗骨料粒径，确保芯样试件平均直径不小于 2 倍表观混凝土粗骨料最大粒径。

为了避免再对芯样试件高径比进行修正，规定有效芯样试件的高度不得小于 $0.95d$ 且不得大于 $1.05d$（d 为芯样试件平均直径）。

《钻芯法检测混凝土强度技术规程》（CECS 03—2007）规定平均直径测量精确至 0.5 mm；沿试件高度任一直径与平均直径相差达 2 mm 时不得用作抗压强度试验。

5. 芯样试件抗压强度试验

（1）混凝土芯样试件的抗压强度试验应按现行国家标准《普通混凝土力学性能试验方法标准》（GB/T 50081）进行。

芯样试件抗压破坏时的最大压力值与混凝土标准试件明显不同，芯样试件抗压强度试验时应合理选择压力机的量程和加荷速率，保证试验精度。

根据桩的工作环境状态，试件宜在 20 ℃±5 ℃ 的清水中浸泡一段时间后进行抗压强度试验。但考虑到钻芯过程中诸因素影响均使芯样试件强度降低，同时也为方便起见，允许芯样试件加工完毕后，立即进行抗压强度试验。

（2）在混凝土芯样抗压强度试验中，当发现试件内混凝土粗骨料最大粒径大于 0.5 倍芯样试件平均直径，且强度值异常时，该试件的强度值不得参与统计。

当出现截取芯样未能制作成试件、芯样试件平均直径小于 2 倍试件内混凝土粗骨料最大粒径时，应重新截取芯样试件进行抗压强度试验。条件不具备时，可将另外两个强度的平均值作为该组混凝土芯样试件抗压强度值。在报告中应对有关情况予以说明。

（3）混凝土芯样试件抗压强度应按下列公式计算：

$$f_{\text{cor}} = \frac{4P}{\pi d^2} \tag{2-4-12}$$

式中 f_{cor}——混凝土芯样试件抗压强度（MPa），精确至 0.1 MPa；

P——芯样试件抗压试验测得的破坏荷载（N）；

d——芯样试件的平均直径（mm）。

混凝土芯样试件的强度值不等于在施工现场取样、成型、同条件养护试块的抗压强度，也不等于标准养护 28 d 的试块抗压强度。

（4）混凝土芯样试件抗压强度可根据本地区的强度折算系数进行修正。

（5）桩底岩芯单轴抗压强度试验以及岩石单轴抗压强度标准值的确定，宜按现行国家标准《建筑地基基础设计规范》（GB 50007）执行。

与工程地质钻探相比，桩端持力层钻芯的主要目的是判断或鉴别桩端持力层岩土性状，因单桩钻芯所能截取的完整岩芯数量有限，当岩石芯样单轴抗压强度试验仅仅是配合判断桩端持力层岩性时，检测报告中可不给出岩石单轴抗压强度标准值，只给出单个芯样单轴抗压强度检测值。

按岩土工程勘察的做法和《建筑地基基础设计规范》（GB 50007）的相关规定，需要在岩石的地质年代、名称、风化程度、矿物成分、结构、构造相同条件下至少钻取 6 个完整岩石芯样，才有可能确定岩石单轴抗压强度标准值。显然这项工作要通过多桩、多孔钻芯来完成。

岩土工程勘察提供的岩石单轴抗压强度值一般是在岩石饱和状态下得到的，因为水下成孔、灌注施工会不同程度造成岩石强度下降，故采用饱和强度是安全的做法。基桩钻芯法钻取岩芯相当于成桩后的验收检验，正常情况下应尽量使岩芯保持钻芯时的"天然"含水状态。只有明确要求提供岩石饱和单轴抗压强度标准值时，岩石芯样试件应在清水中浸泡不少于 12 h 后进行试验。

6. 检测数据分析与判定

每根受检桩混凝土芯样试件抗压强度的确定应符合下列规定：

（1）取一组 3 块试件强度值的平均值，作为该组混凝土芯样试件抗压强度检测值。

（2）同一受检桩同一深度部位有两组或两组以上混凝土芯样试件抗压强度检测值时，取其平均值为该桩该深度处混凝土芯样试件抗压强度检测值。

（3）取同一受检桩不同深度位置的混凝土芯样试件抗压强度检测值中的最小值，作为该桩混凝土芯样试件抗压强度检测值。

7. 工程案例分析

某工程采用混凝土灌注桩，桩径为 1.8 m，桩长为 24 m，设计混凝土强度等级为 C30。钻芯法取芯采取 3 孔，每孔同一深度部位截取 3 组混凝土芯样，芯样各组试件强度试验结果如表 2-4-11 所示。请依据《建筑基桩检测技术规范》（JGJ 106—2014），计算并回答下列问题：

（1）计算各取样深度混凝土芯样试件的抗压强度检测值。

（2）计算受检桩混凝土芯样试件的抗压强度检测值，并判定该桩混凝土强度是否满足设计要求。

表 2-4-11　各孔混凝土芯取试件抗压试验结果　　　　　　　　单位：MPa

序号	桩上部第 1 组			桩中部第 2 组			桩下部第 3 组		
1 号孔	31.5	28.8	29.3	30.5	28.6	29.2	32.5	31.2	32.0
2 号孔	32.8	30.1	30.6	27.5	30.8	28.3	29.5	30.9	34.6
3 号孔	32.1	27.5	26.8	28.6	29.6	25.9	31.5	29.6	33.5

解：（1）各组芯样试件平均值。

一号孔：

上部第 1 组：(31.5+28.8+29.3)/3 = 29.9 MPa

中部第 2 组：(30.5+28.6+29.2)/3 = 29.4 MPa

下部第 3 组：(32.5+31.2+32.0)/3 = 31.9 MPa

二号孔：

上部第 1 组：(32.8+30.1+30.6)/3 = 31.2 MPa

中部第 2 组：(27.5+30.8+28.3)/3 = 28.9 MPa

下部第 3 组：(29.5+30.9+34.6)/3 = 31.7 MPa

三号孔：

上部第 1 组：(32.1+27.5+26.8)/3 = 28.8 MPa

中部第 2 组：(28.6+29.6+25.9)/3 = 28.0 MPa

下部第 3 组：(31.5+29.6+33.5)/3 = 31.5 MPa

各取样深度混凝土芯样试件的抗压强度检测值：

桩上部：(29.9+31.2+28.8)/3 = 30.0 MPa

桩中部：(29.4+28.9+28.0)/3 = 28.8 MPa

桩下部：(31.9+31.7+31.5)/3 = 31.7 MPa

（2）根据《建筑基桩检测技术规范》（JGJ 106—2014），取同一受检桩不同深度位置的混凝土芯样试件抗压强度检测值中的最小值，作为该桩混凝土芯样试件抗压强度检测值。该桩混凝土芯样试件抗压强度检测值为 28.8 MPa，小于设计混凝土强度等级为 C30，因此不满足设计要求。

8. 桩身完整性判断

（1）桩身完整性类别应结合钻芯孔数、现场混凝土芯样特征、芯样单轴抗压强度试验结果，按表 2-4-12 所列特征进行综合判定。

当混凝土出现分层现象时，宜截取分层部位的芯样进行抗压强度试验。当混凝土抗压强度满足设计要求时，可判为Ⅱ类；当混凝土抗压强度不满足设计要求或不能制作成芯样试件的，应判为Ⅳ类。

表 2-4-12 桩身完整性判定

类别	特征		
	单孔	两孔	三孔
Ⅰ	混凝土芯样连续、完整、胶结好，芯样侧表面光滑、骨料分布均匀，芯样呈长柱状、断口吻合 芯样侧表面仅见少量气孔	局部芯样侧表面有少量气孔、蜂窝麻面、沟槽，但在另一孔同一深度部位的芯样中未出现，否则应判为Ⅱ类	局部芯样侧表面有少量气孔、蜂窝麻面、沟槽，但在三孔同一深度部位的芯样中未同时出现，否则应判为Ⅱ类
Ⅱ	混凝土芯样连续、完整、胶结较好，芯样侧表面较光滑、骨料分布基本均匀，芯样呈柱状、断口基本吻合。有下列情况之一： 1. 局部芯样侧表面有蜂窝麻面、沟槽或较多气孔； 2. 芯样侧表面蜂窝麻面严重、沟槽连续或局部芯样骨料分布极不均匀，但对应部位的混凝土芯样试件抗压强度检测值满足设计要求，否则应判为Ⅲ类	1. 芯样侧表面有较多气孔、严重蜂窝麻面、连续沟槽或局部混凝土芯样骨料分布不均匀，但在两孔同一深度部位的芯样中未同时出现； 2. 芯样侧表面有较多气孔、严重蜂窝麻面、连续沟槽或局部混凝土芯样骨料分布不均匀，且在另一孔同一深度部位的芯样中同时出现，但该深度部位的混凝土芯样试件抗压强度检测值满足设计要求，否则应判为Ⅲ类； 3. 任一孔局部混凝土芯样破碎段长度不大于 10 cm，且在另一孔同一深度部位的局部混凝土芯样的外观判定完整性类别为Ⅰ类或Ⅱ类，否则应判为Ⅲ类或Ⅳ类	1. 芯样侧表面有较多气孔、严重蜂窝麻面、连续沟槽或局部混凝土芯样骨料分布不均匀，但在三孔同一深度部位的芯样中未同时出现； 2. 芯样侧表面有较多气孔、严重蜂窝麻面、连续沟槽或局部混凝土芯样骨料分布不均匀，且在任两孔或三孔同一深度部位的芯样中同时出现，但该深度部位的混凝土芯样试件抗压强度检测值满足设计要求，否则应判为Ⅲ类； 3. 任一孔局部混凝土芯样破碎段长度不大于 10 cm，且在另两孔同一深度部位的局部混凝土芯样的外观判定完整性类别为Ⅰ类或Ⅱ类，否则应判为Ⅲ类或Ⅳ类

续表

类别	特征		
	单孔	两孔	三孔
Ⅲ	大部分混凝土芯样胶结较好,无松散、夹泥现象。有下列情况之一: 1. 芯样不连续、多呈短柱状或块状; 2. 局部混凝土芯样破碎段长度不大于10 cm	1. 芯样不连续、多呈短柱状或块状; 2. 任一孔局部混凝土芯样破碎段长度大于10 cm但不大于20 cm,且在另一孔同一深度部位的局部混凝土芯样的外观判定完整性类别为Ⅰ类或Ⅱ类,否则应判为Ⅳ类	大部分混凝土芯样胶结较好。有下列情况之一: 1. 芯样不连续、多呈短柱状或块状; 2. 任一孔局部混凝土芯样破碎段长度大于10 cm,小于30 cm,且在另两孔同一深度部位的局部混凝土芯样的外观判定完整性类别为Ⅰ类或Ⅱ类,否则应判为Ⅳ类; 3. 任一孔局部混凝土芯样松散段长度不大于10 cm,且在另两孔同一深度部位的局部混凝土芯样的外观判定完整性类别为Ⅰ类或Ⅱ类,否则应判为Ⅳ类
Ⅳ	有下列情况之一: 1. 因混凝土胶结质量差而难以钻进; 2. 混凝土芯样任一段松散或夹泥; 3. 局部混凝土芯样破碎长度大于10 cm	1. 任一孔因混凝土胶结质量差而难以钻进; 2. 混凝土芯样任一段松散或夹泥; 3. 任一孔局部混凝土芯样破碎长度大于20 cm; 4. 两孔同一深度部位的混凝土芯样破碎	1. 任一孔因混凝土胶结质量差而难以钻进; 2. 混凝土芯样任一段松散或夹泥段长度大于10 cm; 3. 任一孔局部混凝土芯样破碎长度大于30 cm; 4. 其中两孔在同一深度部位的混凝土芯样破碎、松散或夹泥

注:如果上一缺陷的底部位置标高与下一缺陷的顶部位置标高的高差小于30 cm,可认定两缺陷处于同一深度部位。

(2)成桩质量评价应按单根受检桩进行。当出现下列情况之一时,应判定该受检桩不满足设计要求:

① 混凝土芯样试件抗压强度检测值小于混凝土设计强度等级。

② 桩长、桩底沉渣厚度不满足设计或规范要求。

③ 桩底持力层岩土性状(强度)或厚度不满足设计要求。

当桩基设计资料未作具体规定时,应按国家现行标准判定成桩质量。

钻芯法的桩身完整性Ⅰ类判据中，也未考虑混凝土强度问题，因此，如没有对芯样抗压强度检测的要求，有可能出现完整性为Ⅰ类但混凝土强度却不满足设计要求。

判定受检桩是否满足设计要求除考虑桩长和芯样试件抗压强度检测值外，当设计有要求时，应判断桩底的沉渣厚度、持力层岩土性状（强度）或厚度是否满足设计要求，否则，应判断是否满足相关规范的要求。关于Ⅳ类桩判据的描述，Ⅳ类桩肯定存在局部的、影响桩身结构承载力的低质混凝土，即桩身混凝土强度不满足设计要求。因此，对于完整性评价为Ⅳ类的桩，可以明确该桩不满足设计要求。

（3）检测报告除应规范内容外，尚应包括下列内容：

① 钻芯设备情况。

② 检测桩数、钻孔数量，开孔位置，架空高度、混凝土芯进尺、岩芯进尺、总进尺，混凝土试件组数、岩石试件个数、动力触探或标准贯入试验结果。

③ 按表2-4-13的格式编制每孔的柱状图。

表2-4-13　钻芯法检测芯样综合柱状图

桩号/孔号		混凝土设计强度等级		桩顶标高		开孔时间	
施工桩长		设计桩径		钻孔深度		终孔时间	
层序号	层底标高/m	层底深度/m	分层厚度/m	混凝土/岩土芯柱状图（比例尺）	桩身混凝土、持力层描述	芯样强度序号—深度/m	备注
				□			
				□			
				□			

④ 芯样单轴抗压强度试验结果。

⑤ 芯样彩色照片。

⑥ 异常情况说明。

项目 3　锚杆（索）检测技术

任务 3.1　概　　述

锚杆按作用对象可分为岩石锚杆和土层锚杆两种。岩石锚杆一端与建筑物柱基或基础相连，另一端与基岩连成整体；土层锚杆是一种新型的受拉杆件，它的一端与支护结构等连接，另一端锚固在土体中。锚杆将支护结构和其他结构所承受的荷载（侧向的土压力、水压力以及水上浮力和风力带来的倾覆力等）通过拉杆传递到处于稳定岩层或土层中的锚固体上，再由锚固体将传来的荷载分散到周围稳定的岩层或土层中去。锚杆不仅用于临时支护结构，而且在永久性建筑工程中亦得到广泛的应用，如图 3-1-1 所示。

锚杆（索）概述及基础知识

图 3-1-1　锚杆支护

锚杆技术是基坑工程边坡支护中的一项实用技术，当深基础邻近有建（构）筑物、交通干线或地下管线，基坑开挖不能放坡时，采用单层或多层锚杆以维护支护挡墙的稳定。锚杆由锚头、锚头垫座、钻孔、防护套管、拉杆、锚固体等组成，锚杆杆体（拉杆）由变形钢筋（直径 18～32 mm）、特制钢管或钢绞线等材料组成。锚杆长度根据潜在滑裂面，分为自由段 L_1 和锚固段 L_0 两部分。锚固段是通过注浆体或机械装置将拉力传递到周围稳定岩土层中的杆件部分，是锚杆受力的主体。自由段位于不稳定土层中，处于自由段的锚杆杆体与土层脱离，一旦土层滑动，它可以自由伸缩，其作用是利用弹性伸长将拉力传递给锚固体的杆件部分。试验证明锚杆受力时，沿锚固段全长分布的黏结应力是很不均匀的。特别当采用较长的锚固段时，受荷初期，黏结应力峰值在锚固段前段，并随荷载增大峰值向锚固段根部转移，前段的黏结应力则显著下降。当荷载进一步增大，黏结应力峰值传递到接近锚固段根部，在锚固段前部较长范围内，黏结应力进一步下降，甚至趋近于零。由此可见，能有效发挥锚固作用的黏结应力分布长度是有一定限度的。也就是说，平均黏结应力随着锚固段长度的增加而减小。

利用预应力筋自由段（张拉段）的弹性伸长，对锚杆施加预应力，由锚头、预应力筋、锚固体组成预应力锚杆。锚杆对稳定岩土层的约束力称为锚固力，阻止锚杆从岩土体中拔出的力称为抗拔力。

基坑支护中采用的锚杆，均为设计使用期不超过 24 个月的临时性锚杆。

任务 3.2　一般规定

（1）锚杆锚固段浆体强度达到 15 MPa 或达到设计强度等级的 75%时可进行锚杆试验（图 3-2-1）。

图 3-2-1　锚杆抗拔试验

锚杆是一种将拉力传至稳定岩层或土层的结构体系，主要由锚头、自由段和锚固段组成，如图 3-2-2 所示。

① 锚头：锚杆外端用于锚固或锁定锚杆拉力的部件，由垫墩、垫板、锚具、保护帽和外端锚筋组成。

② 锚固段：锚杆远端将拉力传递给稳定地层的部分，锚固深度和长度应按照实际

情况计算获取，要求能够承受最大设计拉力。

③自由段：将锚头拉力传至锚固段的中间区段，由锚拉筋、防腐构造和注浆体组成。

④锚杆配件：为了保证锚杆受力合理、施工方便而设置的部件，如定位支架、导向幅、架线环、束线环、注浆塞等。

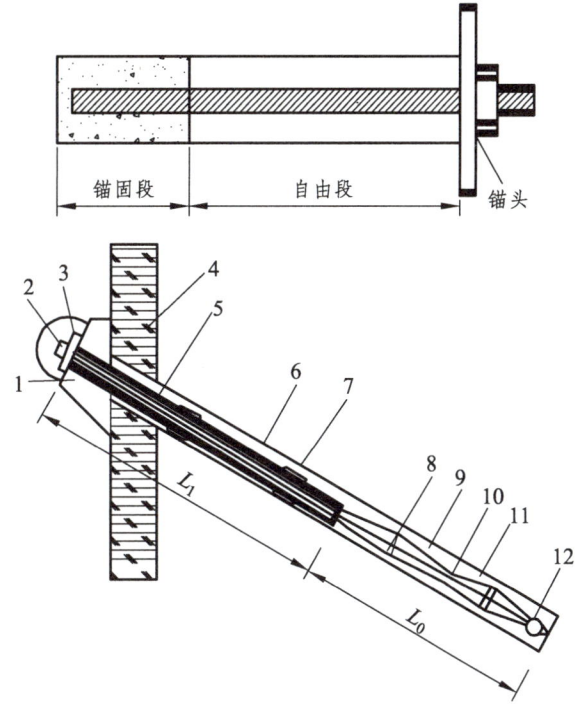

1—台座；2—锚具；3—承压板；4—支挡结构；5—自由隔离层；6—钻孔；7—对中支架；8—隔离架；9—钢绞线；10—架线环；11—注浆体；12—导向幅；L_1—自由段；L_0—锚固段。

图 3-2-2 锚杆结构示意图

（2）加载装置（千斤顶、油泵）的额定压力必须大于试验压力，且试验前应进行标定。

试验用加载装置一般采用穿心油压千斤顶和电动高压油泵，千斤顶的额定吨位应不小于最大加压荷载的 1.2 倍。

（3）加荷反力装置的承载力和刚度应满足最大试验荷载要求，加载时千斤顶应与锚杆同轴。

（4）计量仪表（测力计、位移计等）应满足测试要求的精度。

试验用计量仪表应满足测试要求的精度，一般采用油压表或采用测力计计量荷载，采用百分表或位移传感器计量位移，采用秒表记录时间。试验用千斤顶、压力表（测力计）、位移计（百分表）应经过法定计量单位检定并在有效期内。

（5）基本试验和蠕变试验锚杆数量不应少于 3 根，且试验锚杆的材料尺寸、施工工艺及其所处的地质条件应与工程锚杆相同。

强调试验锚杆材料尺寸及施工工艺应与工程锚杆相同，是为了确保检测数据的有效性。

（6）验收试验锚杆的数量应不少于锚杆总数的 5%，且同一土层中的检测数量不应少于 3 根。

任务 3.3 基本试验

（1）最大试验荷载下的锚杆杆体应力，不应超过其极限强度标准值的 0.85 倍，确定锚杆极限抗拔承载力的试验，最大试验荷载不应小于预估破坏荷载。图 3-3-1 所示为锚杆破坏的几种情况。

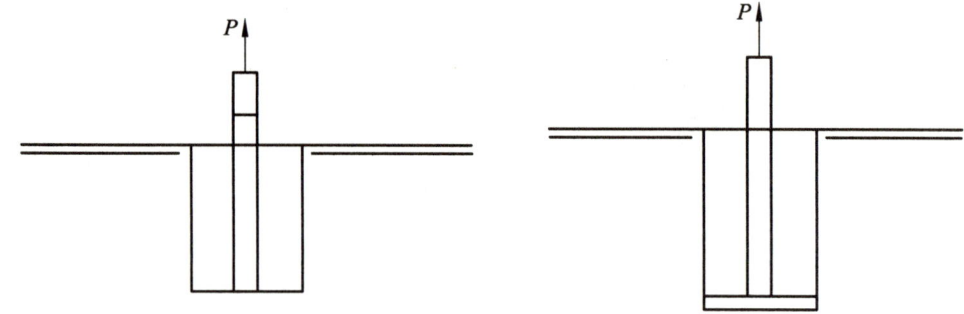

（a）锚杆杆体的拉断式破坏　　　（b）锚杆锚固体与岩土体胶结面的破坏

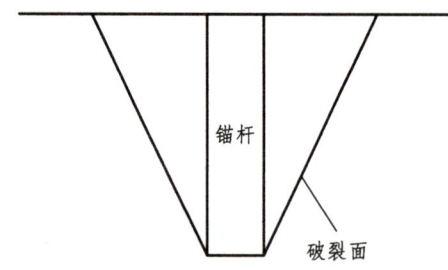

（c）锚杆离锚固体与岩土体胶结面一定距离的岩土层发生破坏

图 3-3-1 锚杆破坏示意图

锚杆杆体承载力标准值由组成杆体的钢筋强度和钢筋面积决定。

$$Q_{\max} = 0.85 f_{ptk} A_s \tag{3-3-1}$$

式中　$Q_{\max}$——预估的最大试验荷载（N）；

　　　f_{ptk}——杆体（钢筋）的抗拉强度标准值（MPa）；

　　　A_s——杆体（钢筋）的截面面积（mm²）。

（2）锚杆基本试验宜采用多循环加载法，其加载分级与锚头位移测读时间应按表 3-3-1 确定。

表 3-3-1　多循环加载试验的分级与锚头位移观测时间

循环次数	分级荷载与最大试验荷载的百分比/%						
	初始荷载	加载过程			卸载过程		
第一循环	10	20	40	50	40	20	10
第二循环	10	30	50	60	50	30	10
第三循环	10	40	60	70	60	40	10
第四循环	10	50	70	80	70	50	10
第五循环	10	60	80	90	80	60	10
第六循环	10	70	90	100	90	70	10
观测时间/min		5	5	10	5	5	5

（3）锚杆极限抗拔承载力试验，其锚头位移测读和加卸载应符合下列规定：

① 初始荷载下，应测读锚头位移基准值 3 次，当每间隔 5 min 的读数相同时，方可作为锚头位移基准值。

② 在每级加、卸载稳定后，在观测时间内测读锚头位移不应少于 3 次。

③ 在每级荷载的观测时间内，锚头位移增量不大于 0.1 mm 时，可施加下一级荷载，否则应延长观测时间，并应每隔 30 min 测读锚头位移 1 次。当连续两次出现 1 h 内的锚头位移增量小于 0.1 mm 时，可施加下一级荷载。

④ 加至最大试验荷载后，当未出现规定的终止加荷情况，且继续加载后满足对锚杆杆体应力的要求时，宜继续进行下一循环加载，加卸载的各分级荷载增量宜取最大试验荷载的 10%。

（4）终止加载标准。

① 从第二级加载开始，后一级荷载产生的单位荷载下的锚头位移增量大于前一级荷载产生的单位荷载下的锚杆位移增量的 5 倍。

② 锚头位移不收敛。

③ 锚杆杆体破坏。

锚杆破坏是指锚杆锚固体与周围土体产生不容许的相对位移、锚杆杆体破坏、锚杆丧失承载力的现象。当设计对锚杆总位移有限制时，还应满足总位移的要求。

（5）试验结果宜按循环荷载与对应的锚头位移读数列表整理，并绘制锚杆荷载-位移（Q-S）曲线，锚杆荷载-弹性位移（Q-S_e）曲线和锚杆荷载-塑性位移（Q-S_p）曲线。

三组曲线示例如图 3-3-2、图 3-3-3 所示。

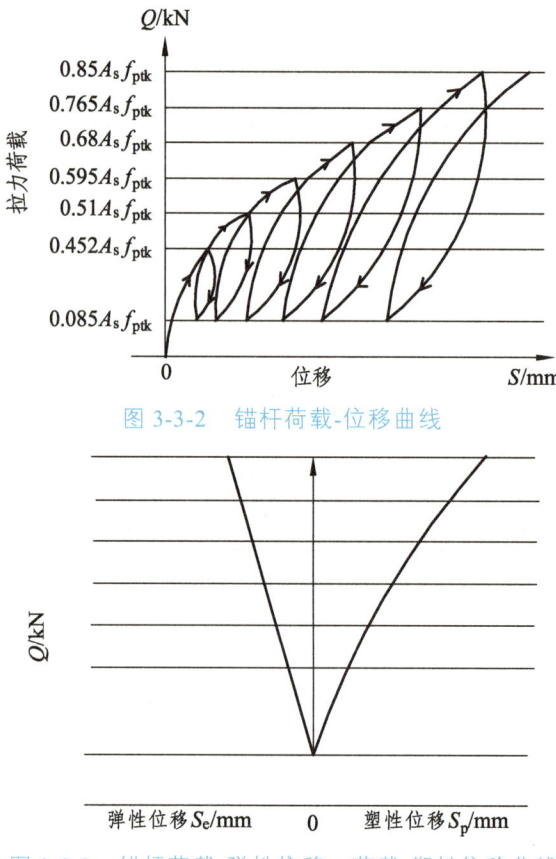

图 3-3-2 锚杆荷载-位移曲线

图 3-3-3 锚杆荷载-弹性位移、荷载-塑性位移曲线

（6）锚杆极限抗拔承载力标准值的确定。

① 锚杆的极限抗拔承载力，在某级试验荷载下出现终止继续加载情况时，应取终止加载时的前一级荷载值；未出现时，应取终止加载时的荷载值。

② 参加统计的试验锚杆，当极限抗拔承载力的极差不超过其平均值的 30% 时，锚杆极限抗拔承载力标准值可取平均值；当极差超过平均值的 30% 时，宜增加试验锚杆数量，并应根据极差过大的原因，按实际情况重新进行统计后确定锚杆极限抗拔承载力标准值。

单根锚杆的承载力主要决定于锚杆拉杆的抗拉极限强度、拉杆与锚固体（注浆体）之间的极限握裹力，以及锚固体与土体之间的极限摩阻力。对于土层锚杆，一般情况下拉杆强度、拉杆与锚固体之间的握裹力总是比较大的，所以锚杆的承载能力主要决定于锚固体与土体之间的极限摩阻力。土层锚杆的承载能力主要与下列因素有关：

① 随着土体密度的增大，土层锚杆的承载能力迅速提高，在黏性土体中的土层锚杆的承载能力，还随土体塑性指数的提高而减小。

② 土层锚杆的承载能力与锚固体长度成正比，但在砂性土中承载能力的增值，随着锚杆长度的增长而递减。锚固体的适宜长度为 6~12 m，但最佳长度为 6~7 m。在黏性土中当锚固体直径为 90~160 mm 时，土层锚杆的承载能力与直径成正比。

③ 土层锚杆的承载能力与成孔方法（冲击或螺旋钻孔）无明显影响，而与灌浆压

力有关，尤其采用二次劈裂注浆时承载能力明显提高。

④ 土层锚杆的锚固段形式对承载能力有显著影响。例如锚杆端部形成扩大头，或以机械扩成几个连续球型，锚杆的承载能力增大很多。

任务 3.4　验收试验

（1）最大试验荷载应根据支护结构的安全等级来确定，其数值与锚杆轴向拉力标准值 N_k 的关系如表 3-4-1 所示。

表 3-4-1　锚头抗拔承载力检测值

支护结构的安全等级	抗拔承载力检测值与轴向拉力标准值的比值
一级	≥1.4
二级	≥1.3
三级	≥1.2

（2）锚杆验收试验可采用单循环加载法，加荷分级及锚头位移观测时间如表 3-4-2 所示。

表 3-4-2　单循环加载试验的分级与锚头位移观测时间

最大试验荷载		分级荷载与锚杆轴向拉力标准值 N_k 的百分比/%						
$1.4N_k$	加载	10	40	60	80	100	120	140
	卸载	10	30	50	80	100	120	—
$1.3N_k$	加载	10	40	60	80	100	120	130
	卸载	10	30	50	80	100	120	—
$1.2N_k$	加载	10	40	60	80	100	—	120
	卸载	10	30	50	80	100	—	—
观测时间/min		5	5	5	5	5	5	10

（3）验收试验加、卸载的要求。

① 初始荷载应测读锚头位移基准值 3 次，当每间隔 5 min 的读数相同时，方可作为锚头位移的基准值。

② 每级加、卸载稳定后，在观测时间内测读锚头位移不应少于 3 次。

③ 当观测时间内锚头位移增量不大于 1.0 mm 时，可视为位移收敛；否则，观测时间应延长至 60 min，并应每隔 10 min 测读锚头位移 1 次。当该 60 min 内锚头位移增量小于 2.0 mm 时，可视为锚头位移收敛，否则视为不收敛。

（4）终止加载标准。

① 从第二级加载开始，后一级荷载产生的单位荷载下的锚头位移增量大于前一级荷载产生的单位荷载下的锚杆位移增量的 5 倍。

② 锚头位移不收敛。
③ 锚杆杆体破坏。
（5）试验结果宜按荷载与对应的锚头位移读数列表整理，并绘制锚杆荷载-位移（Q-S）曲线（图 3-4-1）。

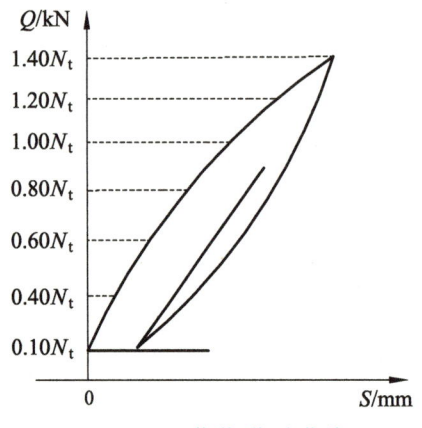

图 3-4-1　荷载-位移曲线

（6）锚杆合格的评价，应满足以下条件：
① 在抗拔承载力检测值下，锚杆位移稳定或收敛。
② 在抗拔承载力检测值下测得的弹性位移量应大于杆体自由段长度理论弹性伸长量的 80%。

任务 3.5　蠕变试验

（1）锚杆蠕变试验加荷等级与观测时间应满足表 3-5-1 的规定，在观测时间内荷载应保持恒定。

表 3-5-1　锚杆蠕变试验加荷等级及观测时间

加载分级	$0.50N_k$	$0.75N_k$	$1.00N_k$	$1.20N_k$	$1.50N_k$
观测时间 t_2/min	10	30	60	90	120
观测时间 t_1/min	5	15	30	45	60

注：表中 N_k 为锚杆轴向拉力标准值。

锚杆的蠕变是指锚杆受力时随着时间的增加，土层锚杆塑性位移增大的现象，锚杆的蠕变是导致预应力损失的主要原因，实践证明塑性指数大于 17 的土层中的土层锚杆、极度风化的泥质岩层或节理裂隙发育张开且充填有黏性土的岩层中的岩石锚杆对蠕变较为敏感。荷载水平对锚杆蠕变性能有明显影响，即荷载水平愈高，蠕变量愈大，趋于收敛的时间也越长。锚杆在受力达到破坏时，荷载水平达到了最大值，蠕变量也达到了最大值，此时由于钢拉杆伸长、土的变形、锚固体伸长、拉杆与锚固体砂浆之间的蠕变组成了锚杆的蠕变，其中土的变形和拉杆伸长占了蠕变的主导地位。

（2）每级荷载按时间间隔1、5、10、15、30、45、60、90、120 min记录蠕变量。

（3）试验结果宜按每级荷载在观测时间内不同时段的蠕变量列表整理，并绘制蠕变量-时间对数曲线，蠕变系数可由式（3-5-1）计算。

$$K_c = \frac{S_2 - S_1}{\lg(t_2/t_1)} \quad (3\text{-}5\text{-}1)$$

式中　S_1——t_1时所测得的蠕变量（mm）；

　　　S_2——t_2时所测得的蠕变量（mm）。

蠕变系数是指每级荷载作用下，观测周期内最终时刻蠕变曲线的斜率。蠕变系数是锚杆蠕变特性的一个主要参数，它表明了蠕变的变化趋势，由此可判断锚杆的长期工作性能。

锚杆蠕变量-时间数曲线示例如图3-5-1所示。

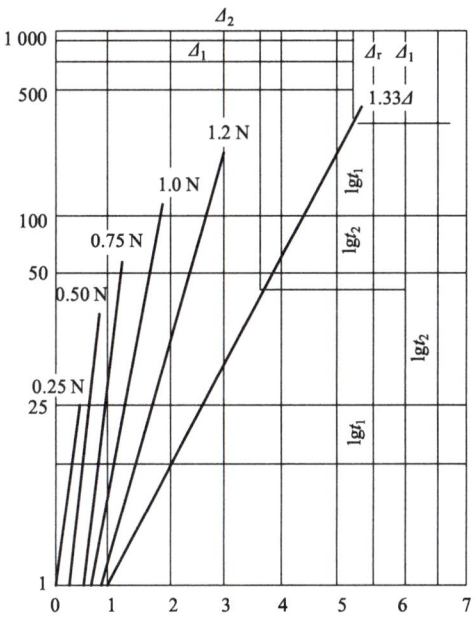

图3-5-1　锚杆蠕变量-时间对数关系曲线

（4）蠕变试验和验收标准为最后一级荷载作用下的蠕变系数小于2.0 mm。

试验报告编制、审签、归档的具体内容与要求可参照单桩竖向抗压载荷试验的有关规定进行。试验报告应将试验得出的荷载-位移值绘制成曲线及曲线所反映数据的相应汇总表。同时，报告应详细描述土层性状、注浆材料和配合比、注浆压力、锚杆参数、施工工艺、试验荷载、锚头位移和试验中出现的情况。

项目 4　土钉检测技术

任务 4.1　概　述

土钉是一种加固或锚固现场原位边坡土体的细长杆件，一般采用土中钻孔、置入变形钢筋并沿孔全长压浆而成。土钉在稳定边坡中是以群体起作用的，土钉墙通过密集的土钉群、被加固的原位土体、喷射混凝土面层和必要的防水系统组成。在基坑边坡土体中形成补强复合体，达到稳定土壁、限制基坑土体位移的作用。可见土钉支护技术是以土钉作为主要受力构件的边坡稳定技术，土钉依靠与土体间的界面黏结力和摩阻力，在土体发生变形的条件下被动承受拉力作用（见图 4-1-1）。土钉也可采用钢管或角钢作为钉体直接击入土中。土钉支护技术一般只能在安全等级为二、三级的基坑中采用。土钉墙体从上到下分层构筑，典型的施工步骤为：基坑开挖一定深度；在这一深度的作业面上设置一排土钉并灌浆；喷射混凝土面层，继续向下开挖并重复上述步骤，直至达到基坑开挖深度。

土钉施工的基本知识

土钉支护适用于可塑、硬塑或坚硬状态的黏性土、胶结或弱胶结的粉土、砂土、角砾、填土、风化岩层等土层中。在松散砂土和夹有局部软塑、流塑黏性土地层中，如采用土钉墙支护时，应在开挖前预先对开挖面上的基坑边坡土体进行注浆加固。

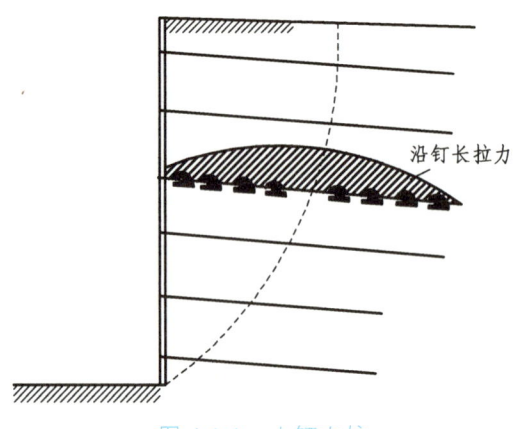

图 4-1-1　土钉支护

任务 4.2　土钉的基础知识

土钉边坡稳定性分析分两种情况：土钉支护外部稳定性分析和内部稳定性分析。土钉支护的外部稳定性分析与重力挡土墙的稳定分析相同，可将由土钉加固的整个土体视作重力式挡墙分别验算：

（1）整个支护沿底面水平滑动。

（2）整个支护绕基坑内底角倾覆，并验算此时支护底面的地基承载力。

（3）整个支护连同外部土体沿深部的圆弧破坏面失稳，此时可能破坏面发生在土钉的设置范围以外，计算时将土钉抗力视为零，安全系数按基坑深度确定：基坑深度 ≤6 m 时，安全系数最低值取 1.2；基坑深度为 6~12 m 时，安全系数最低值取 1.3；基坑深度 ≥12 m 时，安全系数最低值取 1.4。当支护变形较大会造成严重环境安全问题时，上述安全系数值应增加 0.1~0.3。

验算整个支护底面水平滑动或绕基坑内底角倾覆时，计算时可近似取墙体背部的土压力为水平作用的朗金主动土压力，取墙体的宽度等于底部土钉的水平投影长度，抗水平滑动的安全系数不小于 1.2；抗整体倾覆的安全系数不小于 1.3，且此时的墙体底面最大竖向压应力不应大于墙底土体作为地基持力层的地基承载力设计值的 1.2 倍。

土钉的内部稳定性分析是指边坡土体可以出现的破坏面发生在支护内部并穿过全部或部分土钉。假定破坏面的土钉只承受拉力且达到极限抗拉能力时，可按下列公式计算，并取其中的最小值：

按土钉受拔条件：

$$R = \pi d_0 l_a \tau \tag{4-2-1}$$

按土钉受拉屈服条件：

$$R = 1.1 \frac{\pi d^2}{4} f_{yk} \tag{4-2-2}$$

式中　d_0——土钉孔径（mm）；

　　　d——土钉钢筋直径（mm）；

　　　l_a——土钉深入稳定土体的长度（mm）；

　　　τ——土钉黏结体与土体之间的界面黏结强度（MPa）；

　　　f_{yk}——钢筋抗拉强度标准值（MPa）。

计算土钉极限抗拉能力时通常作一条与水平面倾角成 $45°+\phi/2$ 的直线（见图 4-2-1），以此近似替代土钉墙可能出现的圆弧滑动面，此直线将土钉切割为两部分，外侧段土钉处在滑动体内实际是不受力的，伸入稳定土层内的土钉长度才是真正受到土钉黏结体与土体的界面黏结力作用，根据土钉现场试验实测的界面黏结强度验算土钉墙的内部稳定性。

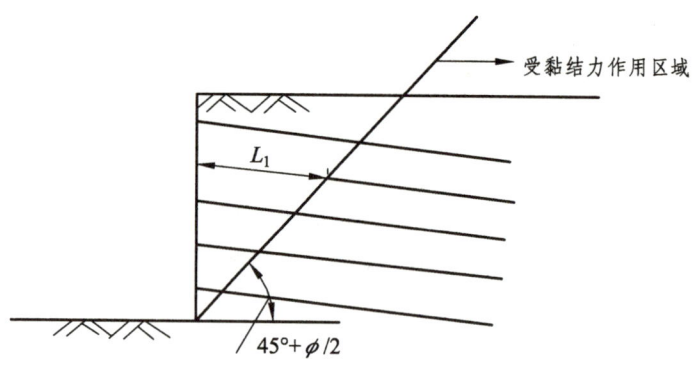

图 4-2-1　土钉内部稳定性计算

土钉支护与混凝土面层的连接形式见图 4-2-2。承受土体自重作用的钻孔注浆土钉主要技术要求如下：

（1）土钉钢筋采用Ⅲ级、Ⅱ级热轧变形钢筋，直径为 18～32 mm。

（2）土钉孔径为 75～150 mm，注浆强度等级不低于 12 MPa，3 d 强度不低于 6 MPa。

（3）土钉长度与基坑深度之比（L/H）对非饱和土宜在 0.6～1.2 范围内，密实砂土和坚硬黏土中可取低值；对软塑黏性土，比值 L/H 不应小于 1.0。为了减小支护变形，控制地面开裂，顶部土钉的长度宜适当加长。非饱和土中的底部土钉长度可适当减小，但不宜小于 $0.5H$。

（4）土钉的水平和竖向间距宜在 1.2～2.0 的范围内，在饱和黏性土中可小到 1 m，在干硬黏性土中可超过 2 m；土钉的竖向间距应与每步开挖深度相对应。

（5）土钉墙面坡度一般为 1∶0.2～1∶0.7，不宜大于 1∶0.1。土钉向下倾角宜在 0°～20°之内，当采用重力向孔内注浆时，倾角不宜小于 15°。

（6）土钉支护的混凝土面层宜插入基坑底部以下，插入不小于 0.2 m；在基坑顶部也宜设置宽度为 1～2 m 的混凝土护顶。

（7）当土质较差，且基坑边坡靠近重要建设设施须严格控制支护变形时，宜在开挖前先沿基坑边缘设置密排竖向微型桩、竖向土钉等，其间距不宜大于 1 m，竖向微型桩深入基坑底部不小于 1 m。

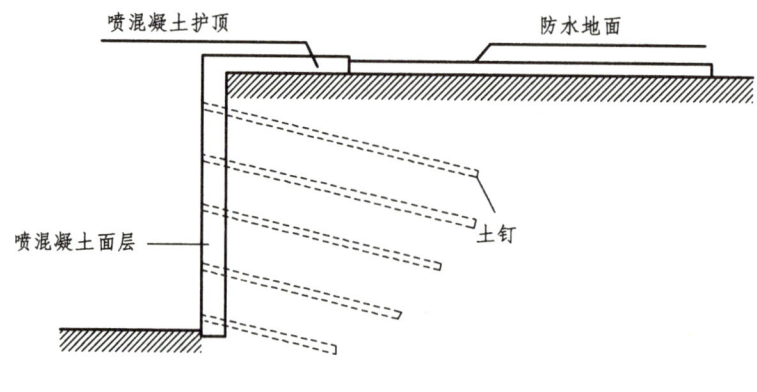

（a）土钉支护

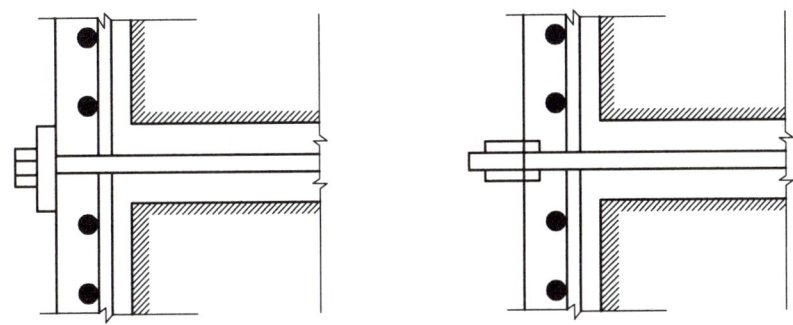

(b) 土钉与层面的连接

图 4-2-2　土钉支护及土钉与面层的连接

任务 4.3　土钉现场测试

（1）检测土钉应采用随机抽样的方法选取；检测试验应在注浆固结体强度达到 10 MPa 或达到设计强度的 70% 后进行，试验土钉的参数、材料、施工工艺及所处的地质条件应与工程土钉相同。

（2）土钉的现场抗拔试验宜用穿孔液压千斤顶加载，土钉、千斤顶、测力杆三者应在同一轴线上，加载装置（千斤顶、油压系统）的额定压力必须大于最大试验压力，且试验前应进行标定。加荷反力装置的承载力和刚度应满足最大试验荷载的要求，土钉的计量仪表（位移计、压力表）的精度应满足试验要求。（拔出）位移量用百分表（精度不小于 0.02 mm，量程不小于 50 mm）测量，百分表的支架应远离混凝土面层着力点。

（3）土钉杆体应力的规定：最大试验荷载下的土钉杆体应力不应超过其屈服强度标准值。

（4）确定土钉极限抗拔承载力的试验，最大试验荷载不应小于预估破坏荷载。

（5）应对土钉的抗拔承载力进行检测，土钉检测数量不宜少于土钉总数的 1%，且同一土层中的土钉检测数量不应少于 3 根。

（6）对安全等级为二级、三级的土钉墙，抗拔承载力检测值分别不应小于土钉轴向拉力标准值的 1.3 倍、1.2 倍。

（7）当检测的土钉不合格时，应扩大检测数量。

（8）确定土钉极限抗拔承载力的试验和土钉抗拔承载力检测试验可采用单循环加载法，其加载分级和土钉位移观测时间应按表 4-3-1 确定。

表 4-3-1　单循环加载试验的加载分级与土钉位移观测时间

观测时间/min		5	5	5	5	5	10
加载量与最大试验荷载的百分比/%	初始荷载	—	—	—	—	—	10
	加载	10	50	70	80	90	100
	卸载	10	20	50	80	90	—

注：单循环加载试验用于土钉抗拔承载力检测时，加至最大试验荷载后，可一次卸载至最大试验荷载的 10%。

（9）土钉极限抗拔承载力试验，其土钉位移测读和加卸载应符合下列规定：

① 初始荷载下，应测读土钉位移基准值 3 次，当每间隔 5 min 的读数相同时，方可作为土钉位移基准值。

② 每级加、卸载稳定后，在观测时间内测读土钉位移不应少于 3 次。

③ 在每级荷载的观测时间内，当土钉位移增量不大于 0.1 mm 时，可施加下一级荷载；否则应延长观测时间，并应每隔 30 min 测读土钉位移 1 次；当连续两次出现 1 h 内的土钉位移增量小于 0.1 mm 时，可施加下一级荷载。

（10）土钉抗拔承载力检测试验，其土钉位移测读和加、卸载应符合下列规定：

① 初始荷载下，应测读土钉位移基准值 3 次，当每间隔 5 min 的读数相同时，方可作为土钉位移基准值。

② 每级加、卸载稳定后，在观测时间内测读土钉位移不应少于 3 次。

③ 当观测时间内土钉位移增量不大于 1.0 mm 时，可视为位移收敛；否则，观测时间应延长至 60 min，并应每隔 10 min 测读土钉位移 1 次；当该 60 min 内土钉位移增量小于 2.0 mm 时，可视为土钉位移收敛，否则视为不收敛。

（11）土钉试验中遇下列情况之一时，应终止继续加载：

① 从第二级加载开始，后一级荷载产生的单位荷载下的土钉位移增量大于前一级荷载产生的单位荷载下的土钉位移增量的 5 倍。

② 土钉位移不收敛。

③ 土钉杆体破坏。

（12）土钉极限抗拔承载力标准值应按下列方法确定：

① 土钉的极限抗拔承载力，在某级试验荷载下出现第（11）条规定的终止继续加载情况时，应取终止加载时的前一级荷载值；未出现时，应取终止加载时的荷载值。

② 参加统计的试验土钉，当满足其极差不超过平均值的 30% 时，土钉极限抗拔承载力标准值可取平均值；当极差超过平均值的 30% 时，宜增加试验土钉数量，并应根据极差过大的原因，按实际情况重新进行统计后确定土钉极限抗拔承载力标准值。

（13）试验应绘制土钉的荷载-位移（$Q\text{-}S$）曲线。土钉的位移不应包括试验反力装置的变形。

（14）检测试验中，在抗拔承载力检测值下，土钉位移稳定或收敛应判定土钉合格。

任务 4.4　工程实例分析

（1）工程概况：某综合楼的拟建基坑为不规则形状，大体近方形，基坑底边长度约 1 160 m，拟建场地设-1F～-2F 地下室，开挖深度为 3～11 m。基坑东北侧采用支护桩及土钉墙支护形式，其余采用放坡。本基坑工程支护结构安全等级为二级。土钉杆体材料采用 1Φ16 规格的钢筋，孔径 130 mm，入射倾角为向下 15/20°，注浆体为配合比 0.45～0.55 的纯水泥浆，长度为 6～8 m，总数为 973 根，3—3 剖面第 1 道至第 7 道土钉轴向拉力标准值分别为 70、80、90、100、120、140、150 kN。

（2）检测目的：检验土钉抗拔承载力是否满足规范及设计要求，并为施工验收提供依据。

（3）检测方法：按设计图纸要求，以土钉轴向拉力标准值 N_k 的 1.3 倍为最大试验荷载，按单循环分级加载法加载。

（4）抽样规则：根据设计及规范要求，土钉抗拔力检测数量为土钉总数的 1%，且同一土层中的土钉检测数量不少于 3 根。根据委托方、规范及各方签批的检测方案要求，该工程土钉总数 973 根，共抽检 10 根。具体抽检部位由监理方及建设方根据规范要求现场随机选定，所抽检土钉的试验参数如表 4-4-1 所示。

表 4-4-1　抽检土钉参数

序号	类型	编号	自由段长度/m	锚固段长度/m	轴向拉力标准值 N_k/kN	杆体材料	最大试验荷载/kN
1	土钉	3—3 剖 4-4	0	6	100	1Φ16	130
2	土钉	3—3 剖 4-7	0	6	100	1Φ16	130
3	土钉	3—3 剖 4-12	0	8	100	1Φ16	130
4	土钉	3—3 剖 4-17	0	8	100	1Φ16	130
5	土钉	3—3 剖 4-22	0	7	100	1Φ16	130
6	土钉	3—3 剖 5-3	0	7	120	1Φ16	156
7	土钉	3—3 剖 5-8	0	8	120	1Φ16	156
8	土钉	3—3 剖 5-14	0	8	120	1Φ16	156
9	土钉	3—3 剖 5-21	0	8	120	1Φ16	156
10	土钉	3—3 剖 5-25	0	8	120	1Φ16	156

（5）受检土钉示意图：受检土钉抗拔试验由甲方根据设计要求指定，具体位置见图 4-4-1。

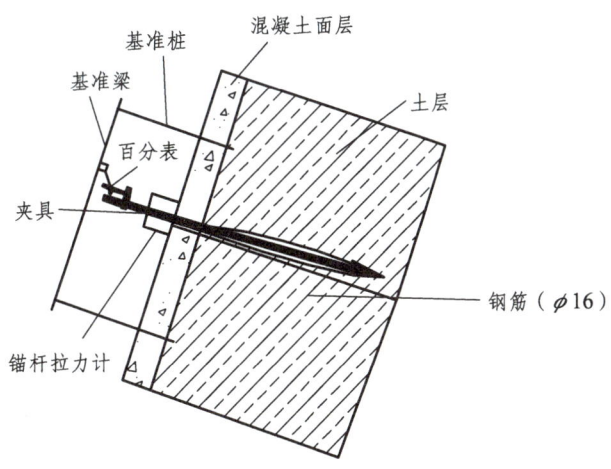

图 4-4-1　土钉抗拔示意图

（6）检测成果汇总（见表 4-4-2）。

表 4-4-2　检测成果汇总

序号	土钉编号	设计计算承载力标准值/kN	试验最大加载/kN	最大位移量/mm
1	3—3 剖 4-4	100	130	4.05
2	3—3 剖 4-7	100	130	3.54
3	3—3 剖 4-12	100	130	3.37
4	3—3 剖 4-17	100	130	3.66
5	3—3 剖 4-22	100	130	3.61
6	3—3 剖 5-3	120	156	3.47
7	3—3 剖 5-8	120	156	3.69
8	3—3 剖 5-14	120	156	3.49
9	3—3 剖 5-21	120	156	3.90
10	3—3 剖 5-25	120	156	3.53

根据检测基坑土钉抗拔的实测数据可绘制各监测点的 Q-S 曲线，如图 4-4-2 所示。

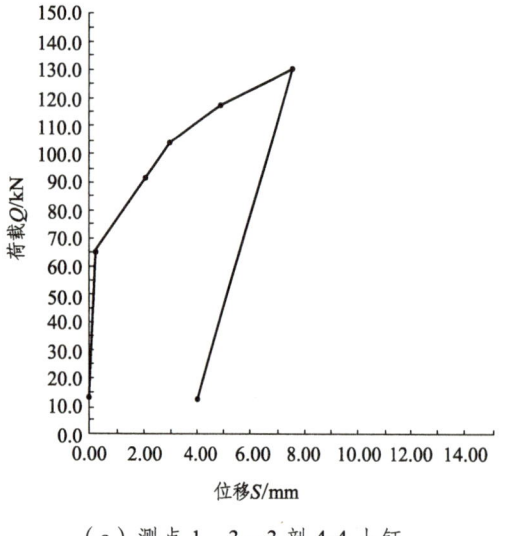

（a）测点 1　3—3 剖 4-4 土钉

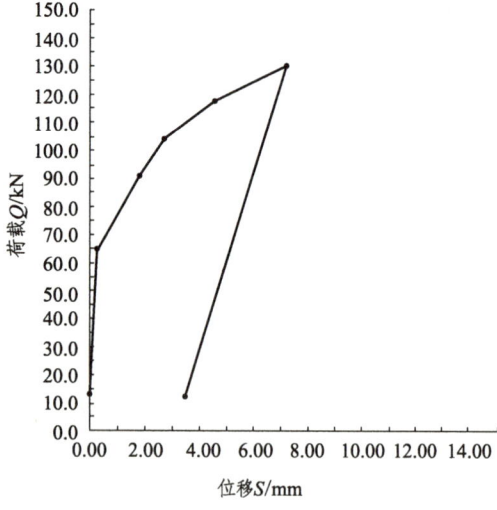

（b）测点 2　3—3 剖 4-7 土钉

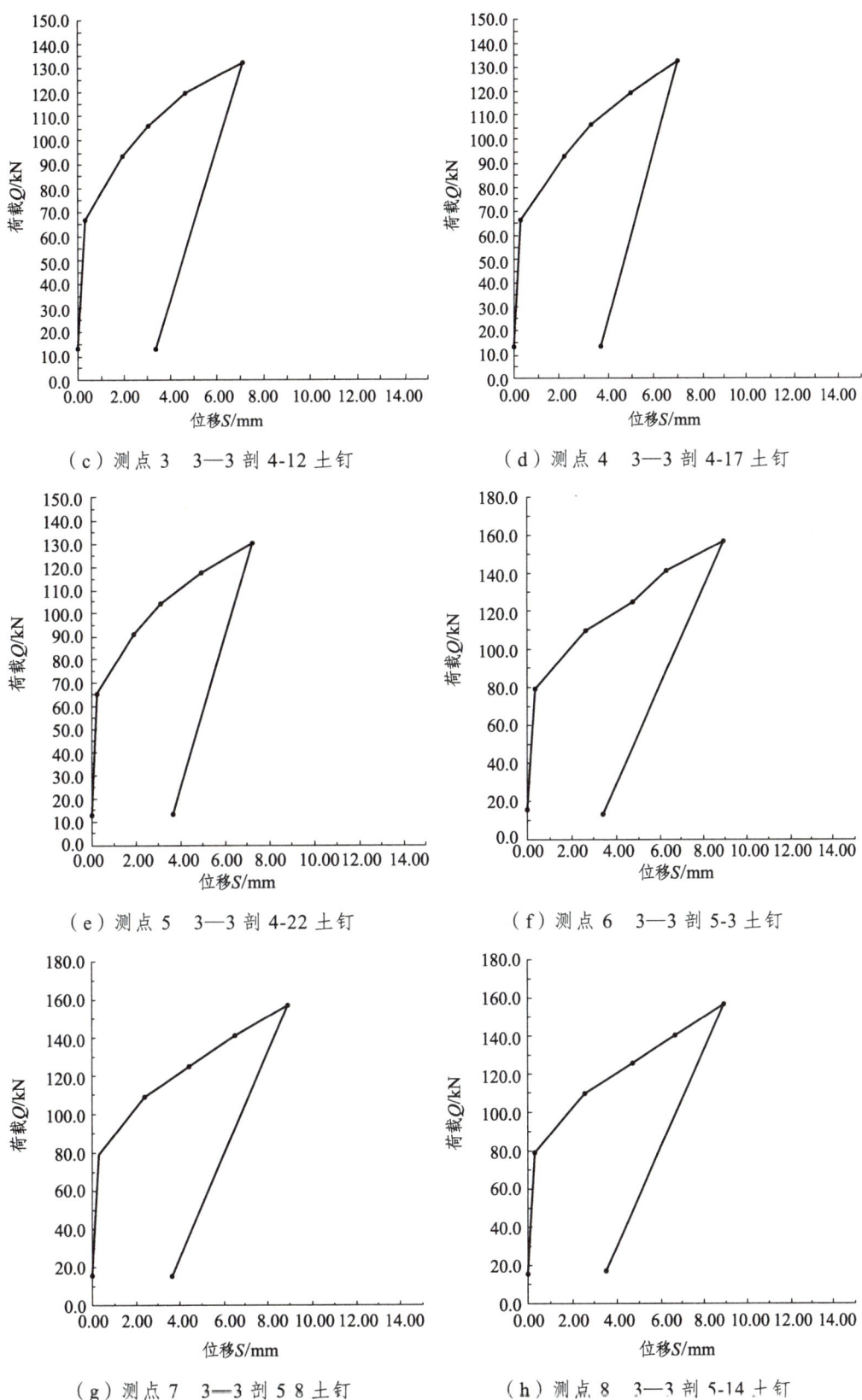

（c）测点3　3—3剖4-12土钉

（d）测点4　3—3剖4-17土钉

（e）测点5　3—3剖4-22土钉

（f）测点6　3—3剖5-3土钉

（g）测点7　3—3剖5 8土钉

（h）测点8　3—3剖5-14土钉

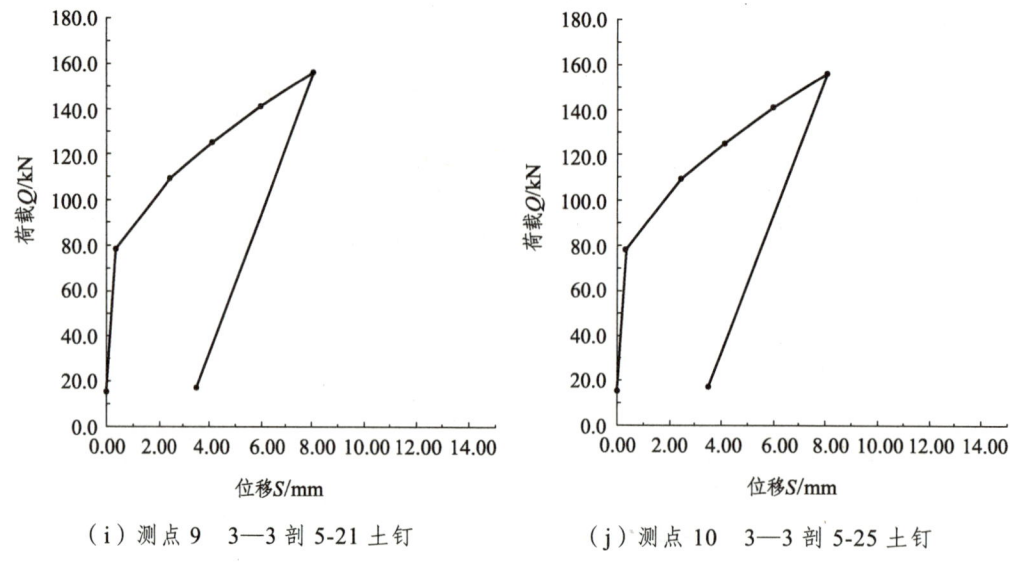

（i）测点 9　3—3 剖 5-21 土钉　　　　（j）测点 10　3—3 剖 5-25 土钉

图 4-4-2　各测点荷载-位移（Q-S）曲线

（7）结论：通过以上分析可知，经过对某综合楼基坑土钉抗拔 10 个点的检测，试验的 10 根土钉单循环加载到最大试验荷载后土钉均变形稳定，抗拔承载力符合设计要求。